U0940512

高等职业教育“十二五”规划教材

制药专业顶岗实习教程

主　编　丁岚峰　关　力

中国轻工业出版社

图书在版编目（CIP）数据

制药专业顶岗实习教程/丁岚峰，关力主编．—北京：中国轻工业出版社，2015.10

高等职业教育“十二五”规划教材

ISBN 978-7-5184-0503-9

Ⅰ.①制… Ⅱ.①丁… ②关… Ⅲ.①制药工业—生产工艺—教育实习—高等职业教育—教材 Ⅳ.①TQ460.6-45

中国版本图书馆 CIP 数据核字（2015）第 204280 号

责任编辑：江 娟

策划编辑：江 娟　　责任终审：张乃柬　　封面设计：锋尚设计

版式设计：宋振全　　责任校对：燕 杰　　责任监印：张 可

出版发行：中国轻工业出版社（北京东长安街 6 号，邮编：100740）

印　　刷：三河市万龙印装有限公司

经　　销：各地新华书店

版　　次：2015 年 10 月第 1 版第 1 次印刷

开　　本：720×1000　1/16　印张：25

字　　数：501 千字

书　　号：ISBN 978-7-5184-0503-9　定价：48.00 元

邮购电话：010-65241695　传真：65128352

发行电话：010-85119835　85119793　传真：85113293

网　　址：http://www.chlip.com.cn

Email：club@chlip.com.cn

如发现图书残缺请直接与我社邮购联系调换

140385J2X101ZBW

本书编写人员

主　　编　丁岚峰（黑龙江民族职业学院）

关　力（黑龙江农业职业技术学院）

副 主 编　王喜艳（黑龙江农垦科技职业学院）

刘红煜（黑龙江生物科技职业学院）

苏德龙（哈药集团中药二厂）

王佳波（哈尔滨天地药业有限公司）

参编人员　（按姓氏笔画为序）

包玉清（黑龙江民族职业学院）

刘佰猛（黑龙江农业经济职业学院）

刘程诚（黑龙江农业职业技术学院）

朱丽波（哈药集团制药六厂）

孙佳琳（黑龙江民族职业学院）

张　括（黑龙江民族职业学院）

张多婷（黑龙江民族职业学院）

张祥云（黑龙江农业经济职业学院）

欧阳慧英（黑龙江职业学院）

侯晓亮（黑龙江民族职业学院）

董术发（黑龙江职业学院）

主　审　刘伯臣（黑龙江民族职业学院）

钱　航（哈尔滨天戈药业有限公司）

审定人员

张永宏（哈药集团制药六厂）

杨桂谦（吉林大药房有限公司）

前　言

根据教育部《关于全面提高高等职业教育教学质量的若干意见》（教高［2006］16号）和《国务院关于加快发展现代职业教育的决定》（国发［2014］19号）等文件精神，结合我国高等职业教育的发展需要和人才培养目标的要求，由校企合作编写了《制药专业顶岗实习教程》，填补了高职高专制药专业学生顶岗实习实践教学环节没有教材的空白，也为制药专业学生顶岗实习提供了有实实在在内容的实训参考资料，为高等职业教育的“高等性”和“职业性”做出一点贡献。在编写过程中，以制药企业的岗位需要和技能型人才培养的要求为指导原则，力求突出“观念创新，内容创新，特色创新”，体现以技能为目标的高职高专教学理念。

《制药专业顶岗实习教程》是经过多年的校企深度融合，走访百家以上药品生产企业和药品经营企业，并通过黑龙江省教育科学规划课题专项研究（省重点课题GZB1211014），最终由企业技术人员和专业教师共同编写而成的，本书紧密结合企业生产经营实际，学生易学易懂，学以致用，内容涵盖了学生顶岗实习的生产、质量管理、药品经营三大类岗位群的技能要求，是为高职高专制药专业顶岗实习学生独立设置的实践教学环节的实训教材。还可供制药生产部门、质量管理部门、药品经营等企业有关技术人员学习参考。

本教材由丁岚峰和关力担任主编和统稿。编写分工：项目一由孙佳琳编写；项目二由刘红煜编写；项目三由苏德龙编写；项目四由刘程诚编写；项目五由张祥云编写；项目六的实训一至十由朱丽波编写；项目六的实训十一至二十由张括编写；项目七由张多婷编写；项目八由董术发编写；项目九的实训一至三由丁岚峰编写；项目九的实训四至六由包玉清编写；项目九的实训七至十由侯晓亮编写；项目九的实训十一至十五由王喜艳编写；项目九的实训十六至三十六由刘佰猛编写；项目十由关力编写；项目十一的实训一至六由欧阳慧英编写；项目十一的实训七至十八由王佳波编写。

我们由衷地感谢黑龙江民族职业学院的大力支持，感谢各编者所在单位和全体审稿人员的通力支持，感谢有关制药企业和药品经营企业的大力配合和支持。编写过程中参考引用了有关书籍和文献资料，在此一并表示诚挚谢意。由于水平、能力和学识有限，本书不足之处在所难免，恳请使用本教材的老师和同学给予批评指正。

编者

2015年7月

目　　录

项目一　制药企业基本操作技能

实训一　人员进出非无菌洁净室（区）的净化操作规程

一、实训目的

1. 掌握人员进出非无菌洁净室（区）规程。
2. 掌握人员进出非无菌洁净室（区）的基本要求。

二、实训范围

适用于非无菌洁净室。

三、实训职责

1. 非无菌洁净室的操作人员遵守本规程。
2. 非无菌洁净室的管理人员及 QA 检查员负责监督本规程的实施。

四、实训内容

（一）存放个人物品

进入洁净室（区）的生产人员，先在门厅外刷净鞋上粘附的泥土杂物，将携带物品（包、雨具等）存放于指定位置的储柜内，进入更鞋室。

（二）更鞋

（1）进入更鞋室，坐在“拦路虎”更鞋柜上，脱下家居鞋，按工号放入鞋柜外侧柜内，转身 180 度。

（2）按工号从鞋柜内侧取出拖鞋穿上，进入一次更衣室。

（三）一次更衣

（1）在一次更衣室，按工号打开自己的更衣柜。

（2）脱下外衣、外裤，叠放整齐，放入柜内或整齐挂好，锁好柜子。

（3）进入缓冲洗手室。

（四）洗手

（1）先用饮用水润湿手部（至手腕上 5cm 处），打上液体皂反复搓洗，使液体皂液泡涂满手部。

（2）注意对指缝、指甲缝、手背、掌纹等处加强搓洗。

(3) 饮用水冲净手部泡沫，纯化水淋洗后将手放感应烘干机下烘干。

(4) 进入二次更衣室。

(五) 二次更衣

(1) 按工号从更衣柜内取出洁净的工作服。

(2) 按从上到下的顺序，先戴口罩，穿上衣，戴帽子，再穿裤子。

(3) 然后坐在“拦路虎”更鞋柜上，脱下拖鞋，将拖鞋放入鞋柜外侧柜内。

(4) 转身180度，从鞋柜内侧取出洁净工作鞋穿上，关闭柜门。进入缓冲消毒间。

(六) 穿戴好洁净工作服后在整衣镜前检查确认工作服穿戴是否合适

(1) 将头发完全包在帽内，不外露。

(2) 上衣筒入裤腰，扣紧领口、袖口、裤腰、裤管口，内衣不得外露。

(3) 口罩将口鼻完全遮盖。

(七) 手部消毒

将手放在感应清洗消毒机消毒口下，从手（至手腕上5cm处）均匀喷洒消毒液（0.1%新洁尔灭溶液或75%乙醇溶液，每月更换）使全部湿润，晾干。

(八) 进入洁净室（区）

经洁净室（区）走廊缓步进入各操作间。

(九) 离开洁净室（区）

按进入洁净室（区）的逆向顺序更衣（鞋）（不需洗手及手部消毒）。

实训二　人员进出无菌洁净室（区）的净化操作规程

一、实训目的

1. 掌握人员进出无菌洁净室（区）的规程。
2. 掌握人员进出无菌洁净室（区）的基本要求。

二、实训范围

适用于无菌洁净室（区）。

三、实训职责

1. 无菌洁净室（区）的操作人员遵守本规程。
2. 无菌洁净室（区）的管理人员及QA检查员负责监督本规程的实施。

四、实训内容

(一) 存放个人物品

进入洁净区生产人员，先在门厅外刷净鞋上黏附的泥土杂物，将携带物品

（包、雨具等）存放于指定位置的储柜内，进入更鞋室。

（二）更鞋

进入更鞋室，坐在“拦路虎”更鞋柜上，脱下家居鞋，按工号放入鞋柜外侧柜内，转身。按工号从鞋柜内取出拖鞋穿上，进入一次更衣室。

（三）一次更衣

在一次更衣室，按工号打开自己的更衣柜，脱下外衣、外裤及内衣，叠放整齐，放入柜内或整齐挂好，锁好柜子，进入缓冲洗手室。

（四）洗手、洗脸、洗腕

先用饮用水润湿手部及手腕，打上液体皂反复搓洗，使液体皂液泡沫涂满手部，注意对指缝、指甲缝、手背、掌纹等处加强搓洗，用饮用水冲净手部泡沫，然后用手接饮用水润湿面、颈及耳部，打上液体皂仔细轻轻搓洗，应注意对眼、眉、鼻孔、耳廓、发际及颈部等处加强搓洗，再用纯化水淋洗至无泡沫后（浴室淋浴后）用无菌风吹干，进入二次更衣室。

（五）二次更衣

用手腕推开房门，进入二次更衣室，按工号从更衣柜内取出无菌内衣，按从上到下顺序，穿好无菌内衣，将手放感应消毒机消毒口下，双手及前臂均匀喷洒消毒液（0.1%新洁尔灭溶液或75%乙醇溶液，每月更换）使全部湿润，消毒，晾干后按从上到下顺序穿无菌外衣，先戴口罩，穿上衣，戴帽子，再穿裤子，然后坐在“拦路虎”更鞋柜上，脱下拖鞋，将拖鞋按工号放入鞋柜外侧柜内。转身180度，按工号从鞋柜内侧柜内取出无菌工作鞋穿上，关闭柜门。进入缓冲消毒间。

（六）穿戴好无菌工作服后在整衣镜前检查确认工作服穿戴是否合适

注意：将头发完全包在帽内，不外露；上衣筒入裤腰，扣紧领口、袖口、裤腰、裤管口，内衣不得外露；口罩将口鼻完全遮盖。

（七）手部消毒

将手放感应清洗消毒机消毒口下，双手（至手腕上5cm处）均匀喷洒消毒液（0.1%新洁尔灭溶液或75%乙醇溶液，每月更换）使全部湿润，晾干。

（八）进入洁净区

经洁净室（区）走廊缓步进入各操作间。

（九）离开洁净区

按进入洁净室（区）的逆向顺序更衣（鞋）（不需洗手及手部消毒）。

实训三　物料进出一般生产区转运操作规程

一、实训目的

1. 掌握物料进出一般生产区转运操作规程。
2. 掌握物料进出一般生产区转运操作的基本要求。

二、实训范围

适用于一般生产区物料转运管理。

三、实训职责

1. 一般生产区物料转运的操作人员遵守本规程。
2. 生产部管理人员及QA检查员负责监督本规程的实施。

四、实训内容

（一）物料进入一般生产区转运操作程序

（1）仓库管理员接到领料单，按规定的品种、规格、数量备料，领料人员办理领料手续。

（2）生产人员将物料转运到车间物料通道口，按“物料进出一般生产区清洁操作规程”清洁物料，除去灰尘、污迹，将物料转移到车间物料暂存间。

（3）物料经QA质检员复核，确认无误，方可投入生产。

（二）物料退出一般生产区操作规程

（1）物料退出一般生产区需经处理（包装），从物流通道转运出车间。

（2）需存入专用库房的物料，如有机溶媒——酒精（乙醇），其转运应符合下列条件。

①回收酒精经精馏处理存入贮罐内，长期不使用时通过管道输送至危险品库房酒精贮罐。

②转运过程中及时联系，注意安全。

③成品按“成品入库验收管理规程”转入库房存放。

④生产废弃物，如药渣、废物，量少应装入编织袋转运；量大应用货车转运，车厢上覆盖塑料篷布，以防运输途中废弃物撒落，污染环境。

⑤废弃设备应搬出生产区进行清洁，并用塑料薄膜覆盖，转报废设备暂存处存放或按要求处理。在“报废设备台账”登记。

（三）所有生产物料进出一般生产区应建立台账，规范物料流通程序

（四）检查

（1）QA检查员负责物料流通的日常监督检查，并如实记录检查情况。

（2）生产部门、物料部门应定期（每周 2 次）检查。

实训四　物料进出一般生产区清洁操作规程

一、实训目的

1. 掌握物料进出一般生产区的清洁操作规程。
2. 掌握物料进出一般生产区的基本要求。

二、实训范围

适用于一般生产区物料卫生管理。

三、实训职责

1. 一般生产区物料转运的操作人员遵守本规程。
2. 生产部管理人员及 QA 检查员负责监督本规程的实施。

四、实训内容

（一）进入一般生产区的物料清洁操作

（1）操作人员在将物料转运到车间物料通道或脱包间时脱去外包装。

（2）不能脱去外包装的特殊物料，进行如下处理，清洁灰尘、污物。

（3）用湿抹布蘸清洁剂擦净物料包装物表面污物，如，油垢、锈迹、泥土等。

（4）用吸尘器吸除物料包装物表面灰尘，如，木/纸箱装、编织袋装、硬质纸包装物料。

（5）用湿抹布擦净物料包装物表面灰尘，如桶装（纸质、塑料、不锈钢）、塑料袋装。

（6）物料清洁完毕，清理废弃包装物，将废弃包装物存入废弃物暂存容器。

（二）退出一般生产区的物料清洁操作

1. 中药浸膏桶

因在收膏时已进行清洁处理，转运出 30 万级洁净区时，不需再清洁。

2. 有机溶媒——酒精（乙醇）贮桶

用清洁湿抹布擦净表面灰尘、污迹，转运到危险品库房存放。

3. 成品

用清洁干抹布擦净外包装表面灰尘，再用清洁湿抹布擦净表面污迹，整齐码放在仓垫板上，按批堆垛。

4. 生产废弃物

如药渣、废物、污物等，量少应装入编织袋转运；量大应用车辆转运，车厢上覆盖塑料篷布，以防运输途中废弃物撒落，污染环境。物料、成品、废弃物退出一般生产区，均应从物料通道转运。

实训五　物料进出洁净区转运操作规程

一、实训目的

1. 掌握物料进出洁净区转运操作规程。
2. 掌握物料进出洁净区转运操作的基本要求。

二、实训范围

适用于洁净区的物料转运管理。

三、实训职责

1. 洁净区物料转运的操作人员遵守本规程。
2. 生产部管理人员及QA检查员负责监督本规程的实施。

四、实训内容

（一）生产物料、设备、容器具进入清洁区转运操作程序

1. 操作人员将物料转运到相应的物料进出洁净区通道的拆外包间

整件密封包装的生产物料（如，淀粉辅料，包装规格为25kg/桶），必须整件备料，进入洁净区内配料间拆开内包装物，按指令单规定数量称量配料。

2. 在拆外包间内

操作人员按“物料进出洁净区操作规程”清除生产物料、设备、容器具等的外包装物并对物品的转运小车进行有效消毒处理后，转入缓冲间，将物料转入缓冲间内的洁净小车内，转运小车和人员退出缓冲间。转运物料时注意随手关门，以保持缓冲间洁净空气压差，预防污染。

3. 生产物料

设备、维修工具、容器具等在缓冲间内净化20min后，接料人员进入缓冲间。

（1）药物原料、辅料　洁净区接料人员进入缓冲间，将物料转入原辅料暂存室。

（2）空心胶囊、内包装材料　由胶囊填充岗位操作人员从缓冲间转运至内包材暂存间存放。

（3）设备　设备由设备安装人员从缓冲间转运到相应的安装位置。容器具

由生产人员从缓冲间转运到容器具存放室。清洁剂/消毒剂及清洁工具：由洗衣人员从缓冲间转运至清洁工具存放间存放。中转筐：外包装间操作人员将中转筐进行表面擦拭消毒放入缓冲间，通知洁净区操作人员将中转筐从缓冲间转入器具清洗时进行清洗。

（二）物料退出洁净区转运操作程序

1. 内包装中间产品

如，片剂——内包装小袋；胶囊剂——铝塑板。

（1）内包装岗位操作人员将合格的中间产品装入中转筐，放传递窗内，关闭柜门，通知外包装间操作人员接收。

（2）外包装间操作人员打开传递窗门，取出中间产品物料，关闭柜门。

2. 剩余药物原料、辅料

（1）配料人员将剩余原辅料转入生产物料通道缓冲间。人员按照“人员进出洁净区更衣操作规程”退出洁净区。

（2）操作人员进入缓冲间，将剩余物料分类装入事先准备的外包装物内，封紧袋/桶/箱口，贴上物料标签，标明品名、代号、规格、数量、日期等内容。转运至相应的仓库。

（3）仓库管理员将剩余物料核实后转运到相应库区货位存放，根据“退料单”填写物料台账，登记库卡。

（三）剩余的空心胶囊/内包装材料

（1）批药品生产结束，胶囊填充岗位操作人员/内包装岗位操作人员将剩余的空心胶/内包装材料称重计量，装入洁净的塑料袋内，扎紧袋口，填写“退料单”（一式份）、“物料标签”（标明退库物料品名、规格、数量、退料日期、退料人签名）。

“物料标签”贴在塑料袋上，将剩余物料转运到物料通道缓冲间内 。人员按照“人进出洁净区更衣操作规程”退出洁净区。

（2）操作人员进入缓冲间，将剩余物料分类装入事先准备的外包装物内，封紧袋、桶、箱口，贴上物料标签标明品名规格、数量、日期等内容，转运至相应的仓库。

（3）仓库管理员将剩余物料核实后转运到相应库区和位置。

（四）生产废弃物

（1）生产过程产生的污物、废弃物应及时清理分类装入废弃物暂存容器内的塑料袋中，扎紧袋口，封盖。

（2）各工序每班生产结束，各操作间生产人员清洁工作现场，将生产的废弃物装入废弃物暂存容器内的塑料袋中，扎进袋口，封盖；用洁净抹布蘸消毒剂对废弃物暂存容器表面擦拭消毒。

（3）生产人员将废弃物暂存容器由操作间经洁净走廊转运至废弃物传出通

道口，打开传递窗门，将废弃物暂贮器内盛装废弃物的塑料袋放入传递窗内，关闭柜门；将废弃物暂存容器封盖，转移至洁具清洗间，按“清洁工具清洁操作规程”清洁，存放于洁净区洁具存放间，晾干备用。

（4）生产人员由车间出来后，到废弃物传出通道外口，进入废弃物收集处，打开废弃物传递窗门，取出废弃物袋，关闭柜门，将废弃物袋放入废弃物收集容器内，封盖。

（5）将废弃物收集容器转移到生产废弃物暂存站，取出废弃物分类堆放整齐；将废弃物收集容器清洗干净、消毒后，放回废弃物收集处。

（6）废弃物通道清洁

①废弃物传递窗由洁净区内清洁人员按“传递窗清洁操作规程”进行清洁。

②废弃物收集处、缓冲室由一般生产区清洁人员按“一般生产区清洁操作规程”进行清洁。

实训六　物料进出洁净区清洁消毒操作规程

一、实训目的

1. 掌握物料进出洁净区规程。
2. 掌握物料进出洁净区的基本要求。

二、实训范围

适用于进出洁净区物料清洁和消毒。

三、实训职责

操作人员对本标准的实施负责，QA 检查员负责监督本规程的实施。

四、实训内容

（一）物料进入洁净区的清洁操作

操作人员将物料转运到物料通道内的除外包装间，进行如下清洁处理：

（1）中药浸膏桶/原料细粉桶　脱除外层包装物（塑料袋），转入缓冲间。

（2）纸/编织袋装化学药品原料、辅料　用抹布擦拭包装物表面灰尘，除去外包装，连同转运小车再用清洁抹布蘸消毒剂（消毒剂用75%乙醇溶液、0.2%新洁尔灭溶液）擦拭消毒一遍，转入缓冲间，将物料放在缓冲间的洁净小车上，转运小车离开缓冲间。

（3）空心胶囊、内包材料　用抹布擦拭包装箱表面灰尘，脱去外包装，连同转运的小车再用清洁抹布蘸消毒剂擦拭消毒一遍，转入缓冲间，将物料放在缓冲间的洁净小车上，转运小车离开缓冲间。

（4）增添设备、维修工具、容器具　除去外包装物，用清洁抹布蘸消毒剂擦拭消毒一遍，转入缓冲间。

（5）消毒剂及清洁工具　用抹布擦拭包装箱/袋表面灰尘，除去外包装物转入缓冲间。操作人员将物料转入缓冲间后退出缓冲间，物料净化20min后方可进入洁净区。洁净区生产人员进入缓冲间将物料转出送往各物料贮存间存放。

（二）物料退出洁净区的清洁操作

1. 内包装半成品

颗粒剂如内包装小袋，片剂/胶囊剂如铝塑板。内包装岗位操作人员将合格的内包装半成品装入中转盘，放传递柜内，关闭柜门；外包装间操作人员打开传递柜门，取出半成品物料，关闭柜门。

2. 空中转盘进入洁净区

外包装间操作人员将合格的内包装半成品装入中转盘，放传递柜内，关闭柜门；外包装间操作人员打开传递柜门，取出半成品物料，关闭柜门。

3. 剩余药物原料、辅料

（1）配料人员将剩余原辅料转入生产物料通道缓冲间。

（2）生产人员进入缓冲间，将剩余物料分类装入事先准备的外包装物内，封紧袋/桶/箱口，转运出物料通道，办理退库手续。

（三）生产废弃物退出洁净区的清洁操作

（1）各工序每班生产结束，各操作间生产人员用洁净抹布蘸消毒剂对废弃物容器表面擦拭消毒，以防转运过程中污染洁净区环境。

（2）生产人员将废弃物容器转运至废弃物传出通道口，打开传递柜门，将废弃物容器内盛装废弃物的塑料袋放入传递柜内，关闭柜门。

（3）将废弃物容器封盖，转移至洁具清洗间，按“清洁工具清洁操作规程”清洁，存放于本洁净区洁具存放间，晾干备用。

（4）生产人员由车间出来后，到废弃物传出通道外口，进入废弃物收集处，打开废弃物传递柜门，取出废弃物袋，关闭柜门，将废弃物袋放入废弃物收集容器内，封盖。

（5）将废弃物收集容器转移到生产废弃物暂存站，取出废弃物分类堆放整齐；将废弃物收集容器清洗干净、消毒后，放回废弃物收集处。

（6）废弃物通道清洁

①废弃物传递柜：洁净区内清洁人员按“传递柜清洁操作规程”进行清洁。

②废弃物收集处、缓冲室：一般生产区清洁人员按“一般生产区清洁操作规程”进行清洁。

实训七　吸尘器操作、维护保养、清洁规程

一、实训目的

1. 掌握吸尘器的使用规程。
2. 掌握吸尘器维护保养的基本要求。

二、实训范围

适用于吸尘器操作、维护保养、清洁。

三、实训职责

生产部、配料班班组、压片班班组、操作人员对本标准的实施负责，QA 检查员负责监督本规程的实施。

四、实训内容

（一）操作规程

（1）检查过滤袋是否安装完好。

（2）接通电源，打开开关，即可使用。

（3）使用完后，将线盘收好，同时将管子收盘起来。

（二）维护保养

（1）经常检查滤袋是否有破损。

（2）检查线路是否有擦皮现象，应及时包贴，以免出现短路。

（3）经常注意机器有无异常声音。

（4）使用时不要吸过大或过软的杂物，以免卡住机器。

（三）清洁规程

（1）使用完后，必须从内到外擦拭干净。

（2）经常清洗吸尘器过滤袋，保持滤袋清洁。

（3）及时对滤袋中的杂物进行清理。

（4）对吸尘器管道内壁应及时清洗。

（5）用丝巾蘸 75% 乙醇将机器表面擦拭干净。

（6）清洁工具的清洗与存放　将使用的清洁工具用清洁剂彻底清洁，用水漂洗干净后，在清洁工具间烘干或晾干，存放于指定位置。

（7）清洁效果评价　设备见底色，无残留物及水痕，用白绸布擦拭无不洁痕迹。

（8）清洁有效期 3d。

实训八　传递柜（窗）的操作规程

一、实训目的

1. 掌握传递柜（窗）操作规程。
2. 掌握开关传递柜（窗）进出物料的基本要求。

二、实训范围

适用于传递柜（窗）。

三、实训职责

操作人员、工艺员对本标准的实施负责，QA 检查员负责监督本规程的实施。

四、实训内容

（1）用0.5%过氧乙酸或5%碘伏液擦拭待传递的物品。

（2）打开传递窗外侧门，迅速放置待传递物品，用0.5%过氧乙酸喷雾消毒传递窗，关闭传递窗外侧门。

（3）开启传递窗内的紫外灯，紫外线照射待传递物品不少于15min。

（4）通知屏蔽系统内的操作人员或工作人员，打开传递窗内侧门，取出物品。

（5）关闭传递窗内侧门。

实训九　传递柜（窗）清洁操作规程

一、实训目的

1. 掌握传递柜（窗）清洁操作规程。
2. 掌握传递柜（窗）清洁的基本要求。

二、实训范围

适用于传递柜（窗）清洁。

三、实训职责

使用传递柜（窗）的操作人员对本标准的实施负责，QA 检查员负责监督本规程的实施。

四、实训内容

（一）清洁消毒频率及范围

每天生产前、生产结束后，按本规程对传递柜（窗）清洁、消毒一次。

（二）清洁工具

洁净抹布、洁净布、毛刷、清洁盆/桶。

（三）清洁剂

纯化水。

（四）消毒剂

0.2%新洁尔灭或75%乙醇溶液，每月轮换使用。

（五）清洁方法

1. 传递柜（窗）的内腔及洁净区外侧表面清洁

洁净区清洁人员先用洁净布蘸清洁剂擦传递柜（窗）内壁各角落、顶壁、紫外灯管、传递柜（窗）门内壁等处粉尘、污迹，粉尘堆积处用毛刷蘸清洁剂刷洗清除残留粉垢，用洁净抹布浸纯化水将各表面清洗干净，再用洁净抹布浸消毒剂（直接接触药粉处用75%乙醇溶液消毒）擦拭消毒一遍。

2. 传递柜（窗）的低一级洁净区侧外表面清洁

低一级洁净区清洁人员先用洁净布蘸清洁剂擦除外表面的粉尘、污迹，粉尘堆积处用毛刷蘸清洁剂刷洗清除残留粉垢，用清洁布/洁净抹布浸纯化水将各表面清洗干净，再用清洁布/洁净抹布浸消毒剂（直接接触药料处用75%乙醇溶液消毒）擦拭消毒一遍。

3. 传递柜（窗）的净化

清洁后，用紫外灯照射消毒15min。

4. 清洁工具

用完后，按“清洁工具清洁操作规程”清洁，分类存放于各级洁净区清洁工具间，晾干，备用。清洁完毕，经QA检查员检查清洁合格，在传递柜（窗）两侧门贴挂“已清洁”状态标志。

5. 清洁效果评价

确认各表面应光洁，无可见异物及污迹。

实训十　人员进出洁净室（区）着装要求及注意事项

一、实训目的

1. 掌握人员进出洁净室（区）要求规程。

2. 掌握人员进出洁净室（区）着装的基本要求。

二、实训范围

适用于进出洁净室（区）操作人员。

三、实训职责

进出洁净室（区）操作人员对本标准的实施负责，QA 检查员负责监督本规程的实施。

四、实训内容

（一）着装要求

1. 万级洁净区的着装要求

罩住头发和胡须，上衣、裤子或连体服紧腰、高领，专用鞋或鞋套，所用材料不产生污染。

2. 10 万级洁净区的着装要求

罩住头发和胡须，穿戴该区域专用工作服、专用鞋或鞋套。

3. 100 级洁净区的着装要求

带兜帽、口罩、无尘灭菌手套，穿无菌鞋或鞋套，所用材料不产生污染，无私人衣物，每次进入洁净区均需穿新灭菌的工作服。

（二）注意事项

（1）生产人员进入车间前，各班组长、车间主任必须检查个人卫生状况。个人卫生不符合“洁净区个人卫生管理规程”要求者，拒绝进入车间。

（2）生产人员经过洁净区、无菌洁净区各道门时，应随手关门，保持洁净区相对正压，预防污染。

（3）更洁净衣、无菌洁净衣时，不得让工作服接触到易污染的地方（如地面）。

（4）进出无菌室（区）不能用手抓门把手。

（5）无菌操作室要戴无菌手套。

（三）工作服式样及洁净要求

工作服洗涤周期如下：

（1）一般生产区工作服，至少每周洗两次。

（2）10 万级和 30 万级洁净区工作服，每 1 ~2d 洗 1 次。

（3）1 万级洁净区工作服，每班或每天换洗（非无菌区工作服每天 1 次，无菌工作服至少每班 1 次）。

（四）穿洁净工作服正确的更衣要求

（1）在净化室工作，必须遵守洁净室内每一个细节的工作规范。

（2）不允许将任何有害的物质带入洁净室。

（3）避免污染带给产品可能的严重损伤。

（4）人员的清洁和卫生是很重要的。

（5）进入洁净室必须卸妆。

（6）工作服帽子大小要合适，必须遮盖所有头发，以防止皮肤碎片及头皮屑污染。

（7）不得将手机、传呼机、手表及首饰带入洁净室。

（8）戴口罩是控制来自口腔污染的有效方法之一。

（9）洁净工作服不得接触地面。

（10）穿洁净鞋或鞋套时，脚不得接触地面。

（11）进入洁净室要正确着装。

实训十一　清场技能训练

一、实训目的

1. 掌握清场规程。
2. 掌握清场的基本要求。

二、实训范围

适用于清场的操作人员。

三、实训职责

清场的操作人员对本标准的实施负责，QA 检查员负责监督本规程的实施。

四、实训内容

（一）操作前准备

（1）清场人员入场　生产结束后，清场人员（该岗位生产操作人员已更衣，穿本岗位工作服）按照人员进入一般生产区、1 万级或 10 万级生产区的更衣程序进入相应洁净级别生产区拟清场岗位。

（2）清场工器具准备　将清场用清洁剂、水、洁具、清洁剂、消毒剂准备好。

（3）清场前检查确认　检查并确认该岗位生产工作确已完成或结束。

（4）清场的程序　清场人员对各工序操作间的清场程序按先物后地、先内后外、先上后下的顺序进行。

（二）清场操作

1. 清物料

（1）将岗位生产剩余原料、半成品（料头、料尾）等物料准确计量、严密包装。

（2）认真填写物料标示卡，注明品名、批号、数量、质量指标和状况，填写人、复核人签名，并在生产记录中注明。

（3）将剩余原料送物料暂存室存放，半成品（料头、料尾）送交中间站保管，并办理相应交接手续。

2. 清垃圾废弃物

（1）生产中产生的废弃物、垃圾及污染的不可回收的物料，计量包装严密，送废弃物暂存室，由废弃物专用通道传递出生产区或车间。

（2）生产中盛印有批号的剩余标签、说明书或印有说明书内容的包装物，按照标签、说明书管理规定计数封存，清出生产区或车间，存放于指定区域，按规定处理。

3. 清文件

（1）生产结束后将前次生产的相关生产技术文件存放于指定地点。

（2）将前次生产的相关的生产记录，收集齐全存放于指定地点或纳入批生产记录保存于指定地点。

（三）清生产区环境

1. 一般生产区清洁规程

（1）清洁频率及范围

①每天操作前和生产结束后各清洁1次；清除并清洗废物贮器；擦拭操作台面、地面及设备外壁；擦拭室内桌、椅、柜等外壁；擦去走廊、门窗、卫生间、水池及其他设施上污迹。

②每周六工作结束后全面清洁1次：擦洗门窗、水池及其他设施；刷洗废物贮器、地漏、排水道等处。

（2）每月工作结束后进行全场大清洁 对墙面、顶棚、照明、消防设施及其他附属装置除尘，全面清洗工作场所。

2. 清洁工具

拖布、水桶、扫帚、抹布、吸尘器、毛刷、废物贮器。

3. 清洁剂

洗衣粉、洗涤剂、药皂。

4. 消毒剂

5%甲酚皂液。

5. 清洁方法

操作前用抹布蘸饮用水擦拭生产环境（顶棚、墙面、门、窗、灯具、水池、地漏）各部分，地面用地拖蘸饮用水擦拭地面。工作结束后，先用清洁剂擦去各部位表面污迹，再用饮用水擦洗干净。

6. 一般原则

（1）每个岗位必须有自己的清洁工具，不得跨区使用。

（2）生产岗位洗手池不得清洗私人物品。

（3）清洁工必须遵守各项卫生规程。

7. 清净工具的存放

（1）清洁工具用完后，按清洁工具清洁规程处理备用。

（2）水桶用后洗刷干净，倒置存放。

（3）各岗位的清洁工具分别存放于清洁工具间，并有标示，卫生间的清洁工具存放于本卫生间指定位置。

（四）10万级洁净区清洁消毒规程

1. 清洁频率及范围

（1）每天生产操作前、工作结束后进行1次清洁，直接接触药品设备表面清洁后再用消毒剂进行消毒。清洁范围：清除并清洗废物贮器，用纯化水擦拭墙面、门窗、地面、室内用具及设备外壁污迹。

（2）每周六工作结束后，进行清洁、消毒1次。清洁范围：用纯化水擦洗室内所有部位，包括地面、废物贮器、地漏、灯具、排风口、顶棚等。

（3）每月生产结束后，进行大清洁消毒1次，包括拆洗设备附件及其他附属装置。

（4）根据室内菌检情况，决定消毒频率。

2. 清洁工具

拖布、清洁布（不脱落纤维和颗粒）、毛刷、塑料盆。

3. 清洁剂

洗涤剂。

4. 消毒剂

0.2%新洁尔灭、75%乙醇溶液、5%甲酚皂液、1%碳酸钠溶液，以上消毒剂每月轮换使用。

5. 清洁消毒方法

（1）清洁程序　先物后地、先内后外、先上后下。

（2）用过滤的纯化水擦拭1遍，必要时用清洁剂擦去污迹，然后擦去清洁剂残留物，再用消毒剂消毒1遍。

（3）粉针车间轧盖岗位每天操作前，用75%乙醇对室内、设备消毒1遍。生产结束后，用5%甲酚皂液擦拭地面。

（4）输液车间地面以纯化水冲洗为宜，控制微粒。

（5）粉针车间使用消毒剂以碱性为宜。

（6）清洁工具的清洁及存放　清洁工具使用后，按清洁工具清洁规程处理，存放于清洁工具间指定位置，并设有标志。

（五）1 万级洁净区清洁消毒规程

1. 清洁频率及范围

（1）操作室每天生产前、工作结束后，进行一次清洁、消毒，每天用臭氧消毒 60min。清洁范围：操作台面、门窗、墙面、地面、用具及其附属装置、设备外壁等。

（2）每星期六工作结束后，进行全面清洁消毒 1 次。清洁范围：以消毒剂擦拭室内一切表面，包括墙面、照明和顶棚。

（3）每月，室内空间用臭氧消毒 150min。

（4）根据室内菌检情况或出现异常，再决定消毒频率。

（5）倒班生产，两班清洁时间，间距应在两小时以上。

（6）更衣室、缓冲间及公共设施，由专职清洁工每日上班后，下班前进行清洁、消毒。

2. 消毒剂及使用方法

（1）用于消毒表面的有　0.2% 新洁尔灭、5% 甲酚皂液、75% 乙醇溶液。

（2）用于空间消毒的有　臭氧。

（3）消毒剂使用前，应经过 0.22μm 孔滤膜过滤。

（4）各种消毒剂每月轮换使用。

（5）消毒剂从配制到使用不超过 24h。

3. 清洁、消毒方法

（1）先用灭菌的超细布，在消毒剂中润湿后，擦拭各台面、设备表面，然后用灭菌的不脱落纤维的清洁布擦拭墙面和其他部位，最后擦拭地面。

（2）操作室每天清洁后，按臭氧消毒规程对房间进行臭氧消毒。

4. 清洁程序

清洁过程中本着先物后地、先内后外、先上后下，先拆后洗、先零后整的擦拭原则。

5. 清洁工具的清洁及存放

清洁工作结束后，清洁工具按清洁工具清洁规程清洗、存放并贴挂状态标志。

（六）清洁设备

1. 一般生产区设备清洁规程

（1）设备使用清洁工具　专用擦机布、塑料毛刷。

（2）清洁剂　洗涤剂。

（3）清洁频率　设备使用前清洁 1 次，生产结束后进行清洁，更换品种时进行清洁。

（4）每天清场、清洁后操作者在批生产记录上签字，QA 检查员检查合格后签字，贴挂“已清洁”标示卡，并填写设备清洁记录。

（5）清洁效果评价　设备清洁后目视确认，应无可见污迹或油垢，用手擦拭任意部位确认应无灰迹。

（6）清洁工具应按清洁工具清洁规程处理，存放于清洁工具间指定位置，并有标志。

2.10 万级洁净区设备清洁消毒规程

（1）设备使用清洁工具　不脱落纤维的专用擦布机、塑料毛刷。

（2）清洁剂　洗涤剂。

（3）消毒剂（每月轮换使用）　75%乙醇溶液、0.2%新洁尔灭溶液。

（4）清洁频率

①设备使用前清洁一次，生产结束后清洁一次，更换品种时，进行清洁消毒。

②设备维修后进行清洁、消毒。

③每周进行1次彻底清洁消毒。

（5）清洁消毒方法

①生产前用纯化水对设备表面进行清洁，生化车间、粉针车间轧盖岗位用75%乙醇溶液进行消毒。

②生产结束后用毛刷清除设备上的残留物、碎玻璃、胶塞，铝盖屑等，可拆卸的附件，拆卸下来进行清洁。

③每星期六工作结束后，先用清洁布（必须使用适量洗涤剂）将设备上的油污、药液擦洗干净，然后用消毒剂进行全面擦拭消毒。

（6）每天工作结束清洁后，操作者填写设备清洁记录并签字，QA检查员检查合格后签字，并贴挂“已清洁”或“已消毒”标示卡。

（7）清洁工具的处理　洁净区专用擦布机，用完后清洗干净，用消毒剂浸泡15min存放于清洁工具间指定位置，备用。

3. 万级洁净区设备清洁消毒规程

（1）设备清洁消毒频度　设备使用前消毒1次，生产结束后清洁、消毒1次，维修保养后进行清洁、消毒。更换品种进行清洁、消毒。

（2）使用清洁工具

①经灭菌的不脱落纤维的专用擦机布。

②消毒剂：0.2%新洁尔灭、75%乙醇溶液、1%碳酸钠。

③消毒剂每月轮换使用，并经0.22μm微孔滤膜过滤。

（3）清洁消毒方法

①生产前用75%乙醇溶液润湿专用擦机布，对设备的各部位进行全面擦拭。

②生产结束后，先清除设备表面所有的废弃物、玻璃屑、胶塞屑等。

③将设备直接接触药品的可拆卸的部件（如灌注用的注射器、玻璃活塞、硅胶管、针头等）拆卸下来进行清洁后，放入机动门脉动真空灭菌器内，按其操作

规程进行灭菌，132℃，5min。

④用擦机布将设备转动部位的油垢、药液擦拭干净，然后用注射用水擦拭干净，再用75%乙醇溶液擦拭各部位。

⑤新设备进入洁净区时，先在非无菌区清洁设备的内外灰尘、尘垢，在臭氧大消毒之前搬运至洁净区操作室。

（4）清洁间隔时间　清洁、消毒后24h有效。

（5）清场、清洁、消毒后，填写“设备清洁记录”，操作者在“批生产记录”上签字，QA检查员检查合格后签字，并贴挂状态标识卡。

（6）清洁工具的处理　清洁设备专用超细布，使用后清洗干净，按工序分类包扎后，装入相应的洁净袋中进行湿热灭菌，132℃、5min。灭菌后存放在清洁工具间。

4. 清洁管道（内部、拆卸）

（1）清洁实施的条件及频次　换品种时或同品种换批次时，日生产结束后。

（2）清洁用工具　水桶、白绸布、尼龙刷。

（3）清洁剂及消毒剂　0.5%中性清洁剂；5%新洁尔灭溶液。

（4）清洁方法　用0.5%清洁剂溶液擦洗干净管道外部表面。用水擦拭干净管道外表面，并进行清洁后消毒。停产后，生产前打开排污阀将蒸汽管道内、去离子管道内、饮用水管道内的污水杂质排掉，直至见蒸气、水质澄清洁白，pH中性为止。

（5）消毒方法　用白绸布蘸新洁尔灭溶液擦拭消毒。

（6）清洁效果的评价　管道外表洁净，无灰尘、无污迹，管内无水。微生物检测应符合相应洁净级别的洁净要求。

5. 清洁容器

（1）清洁频率

①使用后进行一次清洁。

②更换品种时进行清洁。

③隔批生产或停产，开工前进行清洁。

④生产异常，影响产品质量，需进行清洁。

（2）清洁剂　洗涤剂。

（3）清洁工具　毛刷、清洁布。

（4）清洁方法

①器具使用后，用饮用水进行刷洗，必要时用少许清洁剂除去污迹或粉垢，再用水冲洗掉清洁剂的残留物（用pH试纸测最后一遍冲洗水，pH与水一致）。

②清洁后的容器具倒置存放在指定位置，并贴挂“已清洁”状态标志。

接触药品的容器，用饮用水彻底刷洗后应进行烘干，以免影响药品质量。

（5）清洁效果评价　清洁后的容器具，目检应表面无可见污迹和残留物。

（6）清洁工具的处理　按清洁工具清洁规程处理后，存放在清洁工具间，备用。

6. 10 万级洁净区容器具清洁规程

（1）玻璃容器的清洁

①玻璃容器（包括光口印度瓶、量筒、试管等），用纯化水洗刷干净，倒置控干后，放入洗衣液（重铬酸钾、浓硫酸配制）浸泡 8h 以上。浸泡时注意容器内壁的洗衣液要涂布均匀。

②用纯化水将容器反复冲洗至中性为止，倒置控干，用硫酸纸将容器口捆扎密封，待用。

（2）不锈钢盘、物料桶等容器，使用后立即用饮用水和清洁剂清洗干净，然后用纯化水冲洗 3 ~4 遍，控干，备用。使用前用 75% 乙醇溶液将里、外进行消毒，自然晾干后使用。

（3）胶管、大胶塞的清洁消毒　将胶管、大胶塞放入 1% 氢氧化钠溶液中加热，煮沸 30min，然后用纯化水反复冲洗至中性晾干，再用硫酸纸包好，待用。

（4）工器具的清洁消毒（不锈钢剪刀、镊子等）　工器具使用完，用纯化水冲洗干净，放指定位置，用前再用 75% 乙醇溶液进行消毒。

（5）所有容器、器具清洁后，必须贴挂标示卡，标明日期、时间、“已清洗”等，指定位置存放。

（6）10 万级洁净区使用的容器具根据各工序生产要求，可干热或湿热灭菌。

7. 万级洁净区容器、器具清洁灭菌规程

（1）清洁消毒频度　使用前后进行清洁消毒。

（2）清洁剂及消毒剂　根据容器具的性质选用清洁剂和消毒剂，如，$NaHCO_3$重铬酸钾洗液、3% H_2O_2溶液、1% NaOH 溶液及 1% Na_2CO_3溶液。

（3）清洁消毒方法

①玻璃容器（光口印度瓶、玻璃三通管、活塞）

Ⅰ、使用后的光口印度瓶、量筒、烧杯等用纯化水洗净瓶内残留药液，然后加入适量 $NaHCO_3$，将瓶内外的油污去除，再用纯化水将清洁剂冲洗，用重铬酸钾洗液浸 8h 以上，然后用纯化水将光口印度瓶中的重铬酸钾洗液冲净，最后用 0. 22μm 微孔滤膜过滤后的注射用水冲洗 4 ~5 遍，放在瓶架上控干，用硫酸纸包扎好瓶口后，待干热灭菌。Ⅱ、灌注系统的玻璃活塞、三通管、硅胶管等，首先用纯化水将药液残留物冲净，然后用 3% H_2O_2或 1% NaOH 溶液浸泡 8h 以上，用纯化水反复冲洗，最后用经 0. 22μm 微孔滤膜过滤的注射用水冲洗（最后冲洗水的 pH 与注射用水 pH 一致），然后一起装入洁净的容器中待湿热灭菌。

②不锈钢容器：如，分装机接触药粉的料斗，送粉器、送粉螺杆、搅拌器等拆卸下来后用 1% Na_2CO_3溶液擦拭，再用注射用水清洗干净，然后用 75% 乙醇溶液浸泡 15min，送至电热烘箱进行干热灭菌 180℃，2h。能干热灭菌的器具，如

有机玻璃视罩、送粉漏斗等，用 75% 乙醇溶液浸泡 15min。再用 O_3 发生器灭菌 1h。

③平板过滤器：用纯化水冲净药液残留物后，用过滤的注射用水冲洗 4 ~ 5 遍，用硫酸纸将进口、出口包装好装入相应的洁净袋中进行湿热灭菌。

8. 容器具的传递存放

（1）经灭菌的容具、器具一律经过双扉式灭菌箱门传入。

（2）传入后的容器具，贮存在指定位置并贴挂"已灭菌"标示。

（3）洁净区内的容器具，灭菌超过 24h 不许使用，返出后重新处理。

9. 清洁用具的清洗、消毒

（1）各区域所用的清洁工具　一般生产区使用的清洁工具：拖布、抹布、扫帚、水桶、撮子。30 万级洁净区使用的清洁工具：拖布、清洁布、水桶、撮子、丝光毛巾。10 万级洁净区使用的清洁工具：不脱落纤维的清洁布。

（2）清洁剂　洗衣粉、洗涤剂、液体皂等。

（3）消毒剂　5% 甲酚皂液，0.2% 新洁尔灭，75% 乙醇溶液（每种消毒剂每月应轮换使用）。

（4）清洁方法及频率

①一般生产区，30 万级洁净区使用的清洁工具：每次用完后用洗衣粉搓洗干净，再用饮用水反复漂洗干净，晾干备用，水桶冲洗干净倒置存放。

②10 万级洁净区使用的清洁工具：每天用完后，用洗涤剂清洗干净，再用纯化水冲洗掉清洁剂的残留物，然后用消毒剂浸泡 15min，晾干备用。

③1 万级（百级）洁净区使用的清洁工具。用洗涤剂清洗干净，再用经 0.22μm 微孔滤膜过滤的注射用水漂洗至中性，拧干，放入相应的洁净袋内进行湿热灭菌，132℃，5min，备用。

（5）清洁效果评价

①目检确认应洁净、无可见异物或污迹，用水漂洗，确认无污迹和残留物。

②万级洁净区的清洁工具清洗，灭菌后，必要时可进行菌检，应符合标准。

（6）清洁工具的管理及存放

①洁净区与非洁净区的清洁工具，应在各自区域内进行清洗消毒，分别存放于各自的清洁间内指定位置，并设有标示不得混用。

②万级洁净区，擦拭设备的清洁工具和局部百级使用的清洁工具，要用专用超细布，与其他部位的清洁工具分开使用、清洗和存放，并有明显标记。

③各清洁间的清洁消毒方法及频率，应与各区域操作岗位同步。

10. 清场结束

（1）填写清场记录　清场结束认真填写清场记录，记录内容包括：工序名称、品名、规格、批号、清场日期、清场项目、检查情况、清场人、复核人签字等。包装清场记录一式两份，分别纳入本批包装记录和下一批包装记录之内。其余工序清场记录纳入批生产记录。

（2）清场检查及清场合格证的发放　清场结束后由质量保证部，QA 检查员按清场要求检查，并在清场记录上注明检查结果，合格后发给清场合格证。此证作为下次生产（下一个班次，下一批产品另一个品种或同一品种不同规格产品）的生产凭证，附生产记录。未领得“清场合格证”，不得进行另一个品种或同一品种不同规格产品的生产。

（3）清场人员退出　清场检查结束后，填好清洁状态标志，取下未清洁的“清洁状态标志”，挂上已清洁的“清洁状态标志”；清场人员将“清场合格证”悬挂于本区域指定位置，按照人员进出本生产区的工艺程序，退出已清场的生产区域。

项目二　中药饮片生产操作

实训一　净制标准操作规程

一、实训目的

1. 建立净制标准操作规程。
2. 保证设备正常运行和人员安全。

二、实训范围

适用于中药材净制机械的操作。

三、实训职责

1. 中药车间净制岗位操作人员遵守本规程。
2. 提取车间管理人员、QA 检查员负责监督本规程的实施。

四、安全措施

1. 操作人员必须经过 GMP 和本标准操作规程培训并严格遵守本规程。
2. 设备使用时严格执行定人、定机，并有明显状态标志。
3. 设备运转时，不得用手或工具触动其运转部分，以防止事故发生。

五、实训内容

（一）操作规程

（1）检查需净选的中药材，并称量、记录；对所领物料品名、产地、数量、进厂编号、规格、检验单合格证复核无误。

（2）净选操作必须按工艺要求分别采用拣选、风选、筛选、剪切、刮削、剔除、刷擦、碾串等方法，清除杂质或分离并除去非药用部分，使药材符合净选质量标准要求。净选时注意以下几点。

①选后的药材不得有异物，尤其不得有金属。

②挑选时操作者将要挑选的中药材倒于操作平台上摊平（厚度可在一到两指之间，不宜过厚），用手工仔细挑选，拣去原料中的杂质、虫蛀、霉变品和非药用部位（使中药达到规定的纯度）或将原料按大小、粗细等规格分档，分区存

放于指定的地点。

③筛选时操作者根据药材和杂质体积大小，选用不同规格的筛子，于指定地点筛去泥沙、石屑、尘土等杂质。

(3) 拣选药材应设工作台，工作台表面应平整，不易产生脱落物。

(4) 风选、筛选等粉尘较大的操作间应安装捕吸尘设施。

(5) 经质量检验合格后交下道工序或入净材库。净选后的中药材需经质量管理部检测化验。

(6) 检测合格。及时、准确填写工序原始记录，对记录的真实、准确性负责。

(7) 清洗。

①严格按“清场管理规程”的清场要求对操作间进行清场工作，保证操作间卫生符合要求。

②清洗药材用水应符合国家饮用水标准。

③清洗厂房内应有良好的排水系统，地面不积水，易清洗，耐腐蚀。

④洗涤药材的设备或设施内表面应平整、光洁、易清洗、耐腐蚀，不与药材发生化学变化或吸附药材。

⑤药材洗涤应使用流动水，用过的水不得用于洗涤其他药材，不同的药材不宜在一起洗涤。

⑥按工艺要求对不同的药材采用淘洗、漂洗、喷淋洗涤等方法。

⑦洗涤后的药材应及时干燥。

(二) FLBL－380型变频立式风选机操作

1. 开机前准备

(1) 检查设备清洁情况，检查是否有清洁标识，清洁记录是否准确。

(2) 检查润滑凸轮、导轴是否处于良好的润滑状态。

(3) 风选机各个出料口放置好盛料桶。

(4) 接通总电源开关，试开机运行；检查风选机运转是否正常，有无异常声响。

2. 生产操作

(1) 启动风选机，根据物料性质调节风速；运行正常，将待风选药材加入加料平台；出料口安放好盛药箱。按照标准操作规程进行风选操作。

(2) 所有需风选的药物重复操作一次。

(3) 风选完成后，关闭电源。收集药品和分离的杂质，分别包装，并分别附标签。

(4) 按风选机清洁规程进行清洁。

3. 填写生产记录、风选机清洁记录

4. FLBL－380 型变频立式风选机清洁、消毒标准操作规程

（1）清洁频度

①生产前、后清洁、消毒。

②更换加工品种，必须彻底清洁、消毒。

③设备维修后必须彻底清洁、消毒。

（2）清洁工具　设备清洁布、橡胶手套、毛刷、清洁盆等。

（3）清洁剂和消毒剂　清洁剂：洗洁精按 1∶10 加水稀释。消毒剂：使用许可的消毒剂，消毒剂应在保质期内。

（4）清洁及消毒

①生产前清洁操作：首先用设备清洁布清洁输送机内壁、挡板、加料口内外壁、风选机出料口内外壁等。之后用设备清洁布蘸消毒剂对药料输送机内壁、加料口内壁、风选机出料口内壁等直接接触药物的部位进行消毒。

②生产结束后清洁操作

Ⅰ、必须确认电源开关处于断开状态，拔下电源插头。

Ⅱ、药料输送机内壁、挡板先用润湿设备清洁布擦拭干净，再用干的设备清洁布擦干水。

Ⅲ、风选机加料口内外壁、风选机出料口内外壁，先用湿设备清洁布擦拭干净，再用干设备清洁布擦干水。

Ⅳ、药料输送机外壁先用湿设备清洁布擦拭干净，然后用干设备清洁布擦干水，电气部位用干设备清洁布擦干净。

Ⅴ、风选机外壁用设备清洁布擦拭（电气部位用干设备清洁布）干净，然后用干设备清洁布擦干水。

Ⅵ、以上工序完成后，填写设备清洁记录，检查合格后，挂“已清洁”状态标识牌。

（5）清洗效果评价

①用清洁的设备清洁布擦拭设备内外部，清洁布应无污迹。

②用纯化水冲洗，pH 测试此水呈中性。

（6）FLBL－380 型变频立式风选机维护、保养标准操作规程

①操作人员必须严格遵守“FLBL－380 型变频立式风选机标准操作规程”。

②指定专人对本机进行维护、保养。

③各紧固部件每日检查、紧固一次。

④输送带、电气部分每日检查、调整一次。

⑤皮带每周调节一次。

⑥内部传动部位每月检查、润滑一次。

⑦电机每半年保养、检修一次。

⑧整机每年全面检修一次。

⑨维护、保养必须及时真实记录。

（三）XY－600 型洗药机操作

1. 开机前准备

（1）进场后，检查设备清洁情况，检查清洁记录，检验药物是否与生产指令相符。

（2）按标准操作规程，检查设备是否正常。

2. 质量控制及物料平衡

（1）净选后的药材，以目测法检查，除现行版《中国药典》另有规定的品种外，一般应符合净度标准要求。检查方法：取规定量的供试品，摊开，用肉眼或放大镜（5～10 倍）观察，将杂质拣出，如其中有可以筛的杂质，则通过适当的筛，将杂质分出，计算杂质含量（%）。

（2）经洗药机洗涤后的药材，表面应无泥沙。

（3）物料平衡　部分药材因含有较多泥沙，净制的过程泥沙等杂质随洗药机循环水的清洗而除去；因而，净制工序没有较严格的物料平衡限度，一般范围为 95%～105%。

3. XY－600 型洗药机标准操作规程

（1）检查设备清洁情况。

（2）检查水、电、气供应情况。

（3）检查润滑导轮、导轴是否处于良好润滑状态。

（4）检查水箱注水阀门是否打开。

（5）在开洗药机时，先点动试开洗药机，洗药机运行无障碍现象，再重新启动洗药机运行。

（6）打开进水阀门，加满水箱里的水。

（7）根据所需要洗涤的药材的性质和药材净度情况来调节洗药筒的转速。

（8）开启总电源，开启高压水泵喷淋药材。

（9）倒转、顺转的转换　开启倒转、顺转时，要使洗药筒停止转动，停稳后再转换运转方向。

（10）洗药时经常清理洗药出料口处磁铁上吸附的金属。

（11）洗药完成后，关好高压水泵电源，关好洗药筒运转电源，关好洗药机总电源，最后关好水箱管道的阀门。

（12）按“洗药机清洁、消毒规程”对洗药机进行清洁。

4. 清洁操作规程

（1）XY－600 型洗药机清洁、消毒标准操作规程

（2）清洁频度

①生产前、后进行清洁、消毒。

②更换加工品种时必须彻底清洁、消毒。

③设备维修后必须彻底清洁、消毒。

（3）清洁工具　设备清洁布、橡胶手套、毛刷、清洁盆等。

（4）清洁剂和消毒剂　清洁剂：洗洁精按 1∶10 加水稀释。消毒剂：经验证可使用的消毒剂，消毒剂应该在有效期限内。

（5）清洁及消毒

①生产前清洁操作

Ⅰ、用设备清洁布清洁洗药筒内外壁、进料斗、挡板、水箱板等。

Ⅱ、用设备清洁布蘸消毒剂对药筒内壁、进料斗等直接接触药物的部位进行消毒。

②生产结束后清洁操作

Ⅰ、先关闭电源开关，拔下电源插头。

Ⅱ、取出洗药机的喷淋管，用湿设备清洁布擦拭洗干净，再用不锈钢丝清理喷淋小洞，待洗药机擦洗干净后装上。

Ⅲ、洗药机的洗药筒内外壁及加药斗，用湿设备清洁布擦洗干净。

Ⅳ、打开洗药机两边挡水板，清理干净水箱板上的泥沙，用水冲尽泥沙后，再用湿设备清洁布擦拭干净，安装好。

Ⅴ、打开机架后的挡板，用干设备清洁布擦拭干净后装好。

Ⅵ、洗药机用湿设备清洁布擦拭干净后，再用干设备清洁布擦干水。

Ⅶ、用消毒剂彻底消毒设备。

Ⅷ、填写设备清洁记录，检查合格后，挂“已清洁”状态标识牌，并注明设备名称、QA 检查员、清洗人员及清洗日期等。

（6）清洗效果评价

①用清洁的设备清洁布擦拭设备内外，清洁布应无污迹。

②用纯化水冲洗，pH 测试此水呈中性。

5. 清场

（1）按照“清场管理制度”“清洁、消毒规程”，做好清场及清洁、消毒。正确填写“清场记录表”，上报 QA 检查员检验合格后，挂上“清场合格证”。

（2）记录操作结束后及时填写生产记录、设备运行生产记录、清场记录。

实训二　润药机标准操作规程

一、实训目的

1. 掌握润药机标准操作规程。
2. 保证设备正常运行和人员安全。

二、实训范围

适用于中药材润药机的操作。

三、实训职责

1. 中药车间润药岗位操作人员遵守本规程。
2. 中药车间管理人员、QA 检查员负责监督本规程的实施。

四、安全措施

1. 操作人员必须经过 GMP 和本标准操作规程培训并严格遵守本规程。
2. 设备使用时严格执行定人、定机，并有明显状态标志。
3. 设备运转时，不得用手或工具触动其运转部分，以防止事故发生。

五、实训内容

以 RY－1500 型润药机操作为例。

（一）开机前

1. 检查

检查设备清洁情况；检查水、气供应情况；检查圆形润药箱体内是否有异物，是否清洁。

2. 连接电源

打开电气柜，接入三相 380V 电源（要有可靠的接地装置）。

3. 管路连接

将蒸汽管、排泄管与润药机接口连接。

4. 试车

设定真空时间 1min，软化（润药）时间 1min，真空表上限压力设定在0.1～0.01MPa，按下接入的任意两相线即可。

（二）机器操作

1. 装料

打开箱门，将药材用透气的料箱袋装进箱体内，装好后锁闭箱门。

2. 参数设定

抽真空时间一般设定在 20～50min，软化（润药）时间一般设定在 5～10min 范围内，在软化（润药）参数设定时，还要根据药材的质地及软化要求等确定其软化（润药）时间。

3. 压力设定

真空表上线压力设定在 0～0.01MPa。

4. 开机

按下启动按钮，以下过程自动完成。

（1）抽真空　放空阀关闭，真空阀开启，真空泵开启，蒸汽阀关闭，排污阀关闭。真空时间继电器计时范围 0～99min。

（2）充蒸汽（此时真空时间继电器结束）　真空泵停止真空阀关闭，放空阀开启，蒸汽阀开启，由真空表控制真空箱压力，真空箱内压力达到上限设定值，浸润蒸汽阀关闭，此时药材逐渐软化。软化（润药）时间继电器计时范围 5～20min。

（3）润药过程自动完成后，充气阀关闭、放气阀开启，泄压后自动停机。

5. 停机

切断电源。取出已软化的药物。按润药机清洁规程对润药机进行清洁。

（三）清洁频度

生产前后清洁、消毒；更换品种时必须彻底清洁、消毒；设备维修后必须彻底清洁、消毒。

（四）清洁剂和工具

1. 清洁剂和消毒剂

清洁剂：清洁精按 1∶10 加水稀释。消毒剂：经验证可以使用的消毒剂，并确证在有效期内。设备清洁布、橡胶手套、毛刷、清洁盆等。

2. 清洁及消毒

（1）生产操作前的清洁

①用设备清洁布清洁润药筒内外壁。

②用设备清洁布沾上消毒剂对润药筒内壁进行消毒。

（2）生产结束后的清洁

①关闭电源开关，拔下电源插头。

②打开箱门，用湿设备清洁布将圆形箱体内外壁擦洗干净，再用干设备洁净布擦干水。

③用消毒剂对润药机彻底消毒。

④填写设备清洁记录，检查合格后，挂“已清洁”状态标识牌，并注明设备名称、QA 检查员、清洗人员及清洗日期等。

（五）清洗效果评价

1. 用清洁的设备清洁布擦抹设备内外部，设备清洁布应无污迹。

2. 用纯化水冲洗润药箱体，pH 测试此水成中性。

实训三　刀式破碎机标准操作规程

一、实训目的

1. 建立 TDP－400 型刀式破碎机标准操作规程。

2. 保证设备正常运行和人员安全。

二、实训范围

适用于 TDP－400 型刀式破碎机的操作。

三、实训职责

1. 提取车间切制岗位操作人员遵守本规程。
2. 提取车间管理人员、QA 检查员负责监督本规程的实施。

四、安全措施

1. 操作人员必须经过 GMP 和本标准操作规程培训并严格遵守本规程。
2. 设备使用时严格执行定人、定机，并有明显状态标志。
3. 设备运转时，不得用手或工具触动其运转部分，以防止事故发生。

五、实训内容

（一）准备工作

（1）检查设备是否牢固接地。

（2）检查设备润滑情况是否正常。

（3）检查设备是否完好并有“已清洁”的状态标志。

（4）检查设备各部件是否松动。

（5）检查转刀与筛网的距离在 6mm 左右，转刀与定刀的距离在 2mm 左右，调完刀距后把所有紧固螺丝拧紧。如一切正常方可开机操作。

（二）设备操作

（1）打开电源开关，点动破碎机按钮，观察主轴运行情况是否和标注的一样。

（2）进料前，破碎机应先空运行 2min，无异常情况下，进行破碎操作。

（3）从进料斗均匀地送进物料，进行药材破碎操作。进料速度以出料的快慢而定。

（4）药材破碎过程中随时注意设备的运行情况，若有异常情况，立即停机。检修正常后方可开机。

（5）操作完毕后，按下设备的停机按钮，关闭总电源。

（6）按“刀式破碎机清洁标准操作规程”及“刀式破碎机维护保养标准操作规程”对设备进行清洁及润滑保养。

（7）及时、认真填写设备运行记录。

（三）注意事项

（1）操作过程中不允许人员离岗。

（2）物料不允许超过设备的最大进料尺寸（≤100mm×100mm）。
（3）电流不能超过电机额定电流22A。

实训四 万能切药机标准操作规程

一、实训目的

1. 建立切药机标准操作规程。
2. 确保设备正常运作及人员安全。

二、实训范围

适用于提取车间切药机的操作。

三、实训职责

1. 提取车间前处理切制岗位操作人员遵守本规程。
2. 提取车间管理人员及QA检查员负责监督本程序的实施。

四、安全措施

1. 操作人员必须经过GMP和本标准操作规程培训并严格遵守本规程。
2. 设备使用时严格执行定人、定机，并有明显状态标志。
3. 设备运转时，不得用手或工具触动其运转部分，以防止事故发生。

五、实训内容

（一）WQ500型万能切药机操作规程

1. 准备工作
（1）检查设备是否牢固接地。
（2）检查设备润滑情况是否正常。
（3）检查设备是否完好并有“已清洁”的状态标志。
（4）检查设备各部件是否松动。
2. 设备操作
（1）选刀
①切硬物时用厚刀。
②切软物时用薄刀。
③切纤维物时用厚且锐的刀。
（2）调整刀口
①将被切物料放在传送带与刀口间试切，刀口略微陷入传送带内（以不损伤

传送带为适，0.3～0.5mm)，切断效果较好，能延长传送带使用寿命。对纤维质的物料来说，切制进行后要确认切断效果。

②切后，被切物料有连刀现象是刀口陷入传送带不足的缘故。可将滑板整体下调（最大为0.5mm为止)，滑块底部短螺杆调短，先将两端的锁紧螺母松开，然后旋转螺杆进行调节。

（3）调整切断幅度

①将连接活动棘爪连动杆的底部滑块紧固螺丝松开，移动滑块的位置决定棘轮的运动齿数。

②按切断幅度计算表计算切断幅度。

（4）选用重锤　切硬物时加重压，切软物时加轻压，以此来选重锤。所以，切硬物时多加个重锤，切软物时加一个重锤。

（5）确认主动辊旋转方向是否正确，如无异常，开始进行切制操作。

（6）将物料均匀地放在传送带上，按启动按钮开始切制。切制过程中，传送带上的物料不要高低不平，否则会造成切断不整齐，料层厚度根据物料的性质而定，硬料一般不得超过50mm，软料根据松软度而定。同时可通过旋转变速轮，改变切制速度，一般切软物时速度可高些，切硬物及纤维多的物料时速度宜低些。

（7）操作结束，按下设备的停机按钮，关闭总电源。

（8）按“万能切药机清洁标准操作规程”“万能切药机维护保养标准操作规程”对设备进行清洁及润滑保养。

（9）及时、认真填写设备运行记录。

3. 注意事项

（1）禁止停机旋转变速轮，须在开机中使用。

（2）切软物可速度高些；切硬物及纤维多的物料时速度低一些。

（3）变速器须每月变速一次。

（4）禁止物料掉在传送带里面，以防粘入主动辊，一方面造成传送带跑偏，另一方面使刀切入带中，把传送带切断。

（5）经常检查设备注油情况，保持设备润滑完好。

（二）QWZL－300型直线往复式切药机标准操作规程

1. 开机前准备

（1）检查设备清洁情况。

（2）检查润滑凸轮、导轴是否需上润滑油。

（3）根据药材的大小、工艺饮片的要求，调整切药机挡位。

（4）调整切制挡位按齿轮箱上方的“截断长度—齿轮挡位配位表”。

（5）试开机运行，检查设备运转是否正常，有无异常声响。

2. 运行操作

（1）接通切药机电源。

（2）点动启动按钮试机，无异常情况后启动电机。

（3）将药材铺于切药机输送带上。

（4）铺加药材时要均匀，更不能用手去挤压，以保证药材由输送带自然送至刀口处进行切片。

（5）药材输送完毕，及时清理输送带、切药刀口、刀口处及转动部位的余料。

（6）切制操作结束，先关闭切药机。关机时，先关闭切药机控制开关，然后切断总电源。

（7）取出药物。

3. 清洁、消毒

（1）清洁、消毒频度

①生产前、后清洁、消毒。

②更换品种必须彻底清洁、消毒。

③设备维修后必须彻底清洁、消毒。

（2）清洁工具　设备清洁布、橡胶手套、毛刷、清洁盆等。

（3）清洁剂和消毒剂　清洁剂：清洁精按 1∶10 加水稀释。消毒剂：经验证可以使用的消毒剂，并确证在有效期内。

（4）生产操作前的清洁、消毒

①用毛刷、设备清洁布清洁切药机的加料斗、传输带、切药刀片、刀口处等。

②用设备清洁布蘸消毒剂对传输带、切药刀片、刀口处等进行消毒，再用湿设备清洁布擦拭干净，然后用干设备清洁布擦干。

（5）生产结束后的清洁、消毒

①关闭电源开关，拔下电源插头。

②切药机加料斗、刀片、出料口内外壁用湿设备清洁布擦拭干净，然后用干设备清洁布擦干水。

③将切药机链条拆下来，先用铲子（或专用工具）铲干净，后用湿设备清洁布擦拭干净，然后用干设备清洁布擦干。

④切药机外壁用湿设备清洁布擦拭（电器部位用干设备清洁布）干净，然后用干设备清洁布擦干。

⑤用消毒剂彻底消毒设备。

⑥填写设备记录，检查合格后，挂“已清洁”状态标识牌，并注明设备名称、QA 检查员、清洗人员及清洗日期等。

（6）清洗效果评价

①用清洁的设备清洁布擦抹设备内外，设备清洁布应无污渍。

②用纯化水冲洗润药箱体，pH 测试此水成中性。

4. 维护、保养标准操作规程

（1）操作人员必须严格遵守“直线往复式切药机标准操作规程”。

（2）制定专人对本机进行维护、保养。

（3）定期对设备进行润滑。

（4）各紧固部件每日检查、紧固一次。

（5）传送带每日检查、调整一次。

（6）电器部分每日检查、清扫一次。

（7）刀片每日检查、更换一次。切制药物后检查，必要时更换。

（8）内部传动部位每月检查、润滑一次。

（9）电机每半年保养、检修一次。

（10）电机每年全面检修一次。

（11）维护、保养必须及时真实记录。

实训五　炒药机的标准操作规程

一、实训目的

1. 规范炒药机的标准操作规程。
2. 熟悉炒药机的安全使用。

二、实训范围

适用于 CY－640 型炒药机的操作。

三、实训职责

设备操作人员、维修人员负责实施。

四、实训内容

（一）开机前准备

（1）检查交班记录，检查上一班有无遗留问题。

（2）检查设备零部件是否齐全，设备有无异常现象，各传动部件是否缺油（包括涡轮箱），各紧固螺栓、螺母有无松动现象；设备的周围及内部应无与设备或生产无关的物件，对妨碍设备操作的物件要进行清理并移至安全的地方。

（3）将设备与物料接触的部件清洗干净，使之符合产品质量的卫生要求。

（4）打开控制箱门，把空气开关拨向通的位置（控制箱红灯和温控仪红灯亮）。

（5）用点动方式检查各传动设备运转是否灵活，转向是否正确，各润滑点要求润滑良好；空车用手盘动皮带轮使滚筒旋转一周以上，检查是否正常。

（6）经充分检查，确认整套设备处于正常状态后方可通电试运转3min。

（二）开机

（1）在温控仪上设定所需温度，注意如所需温度较高应分多次调升设定。

（2）启动设备，然后按加热Ⅰ和加热Ⅱ开关（此时10支2组加热管全部工作，显示为红灯灭，Ⅰ、Ⅱ绿灯亮，同时温控仪红灯亮，红灯灭说明温度在上升）。

（3）加热同时按筒正转按钮（红灯灭，绿灯亮）；筒体试运转和加热管试预热，试运转正常后方可投入工作。

（4）当温度升至规定要求时即可打开炒药机上部门加料进行炒制。

（5）温度达到所需要的温度时，加热Ⅰ和加热Ⅱ会自动停止加热，两绿灯灭，红灯亮，同时温控仪红灯亮，绿灯灭。

（6）温度低于所要求的温度时，加热Ⅱ会自动加热，即绿灯亮，红灯灭，同时按加热Ⅰ开关（加热Ⅰ档是手动的），温控仪绿灯亮，红灯灭。

（7）当物料炒炙达到要求时，按筒停按钮（红灯亮，绿灯灭）。

（8）按筒反转按钮（红灯灭，绿灯亮）；筒体出料。

以上程序往返运行。

（三）生产操作

1. 炒黄操作

药物炒黄时，其炒锅的预热温度、炒制火力（温度）、炒制时间等因素直接影响炒黄制品的质量。将炒锅预热到一定程度，投入适量的药物，用文火或中火将药物炒至色泽加深，发出爆裂声，或发泡鼓起，或爆裂，并溢出固有香味时出锅。

操作技术要点如下：

（1）炒前需要将药物大小分档。

（2）将炒锅预热至一定程度时方可投药。

（3）炒制药物时，应选择适宜的火力。

（4）炒制药物时，投药要适当。

（5）药物炒至所需程度后要及时出锅，并置洁净的摊凉盘内晾凉，并用不锈钢铲翻动，使不同锅次的炒制品混合均匀；

（6）有异常情况时，应及时报告技术人员。

2. 炒焦操作

药物炒焦时，炒制的火力（温度）、炒制时间、炒制程度等因素直接影响炒焦制品的质量。将炒锅预热到一定程度，投入适量的药物，用武火或中火将药物炒至药物表面呈焦黄或焦褐色，并逸出焦香味时出锅。

操作技术要点如下：

（1）炒前需要将药物大小分档。

（2）将炒锅预热至一定程度时方可投药。

（3）炒制药物时，应选择适宜的火力，投药要适当。

（4）药物炒至表面焦褐色或焦黄色，有焦香气味时及时出锅，并置洁净的摊凉盘内晾凉，并用不锈钢铲翻动，使不同锅次的炒制品混合均匀。

（5）有异常情况时，应及时报告技术人员。

3. 炒炭操作

药物炒炭时炒制火力（温度）、炒制时间、炒制程度等因素直接影响炒炭制品的质量。将炒锅预热到一定程度，投入适量的药物，用武火或中火将药物炒至焦黑色或焦褐色，内部棕褐色或棕黄色出锅。

操作技术要点如下：

（1）炒前需要将药物大小分档。

（2）将炒锅预热至一定程度时方可投药。

（3）炒制药物时，应选择适宜的火力，投药要适当。

（4）药物炒至表面焦黑色或焦褐色，内部棕褐色或棕黄色及时出锅，并置洁净的摊凉盘内晾凉，并用不锈钢铲翻动，使不同锅次的炒制品混合均匀，检查无余热后方可收贮。

（5）药物炒至过程中如产生火星，要及时喷淋适量清水熄灭，再炒干后出锅；有异常情况时，应及时报告技术人员。

（6）炒炭时要注意炒炭存性，不可全部炭化，更不能灰化。

4. 麸炒操作

（1）麸炒时，炒锅的预热温度、麸皮的用量及投放时间、炒制火力、炒制时间等因素直接影响麸炒制品的质量。

（2）取定量净选或切制后的饮片，按10%药量称取麸皮。

（3）将炒锅预热至撒入麸皮即起烟的程度，随即投入所要炒制的药物。

（4）中火炒制药物表面呈黄色或深黄色时，取出，筛去麸皮，放凉。

（5）麸皮的用量，除另有规定外，一般为100kg净药物，用麸皮10kg。

（6）注意事项　麸炒前检查药物是否干净，并将药物进行大小分档；将炒锅预热至“麸下烟起”为度，方可均匀撒入麸皮，烟起即可投放所炒制的药物；炒制药物时，麸皮用量与投药量要适当。

（四）关机

（1）生产完毕，按停加热I和加热II。

（2）停机，切断电源。

（五）注意事项

（1）对设备的任何调整或异常操作都必须如实填写记录。

（2）生产完毕，筒体必须空转半小时左右，筒体温度下降后方可停止运转，否则会引起筒体变形。

（3）机器运转时如有不正常现象应及时处理，待故障排除后方可使用。

（4）机器在运行中严禁做任何调整、清理或维修工作，以上工作必须在切断总电源停机后方可进行。

（5）所有传动装置应经常检查，转向应和标记方向符号一致。

（6）转筒内可以在低温状态下用水清洗，但不可用水直接冲洗电器附近；清洗时必须切断总电源，禁止用水冲洗电器设备或用湿抹布擦拭电器设备。

（7）生产完毕，筒体必须空转半小时左右，筒体温度下降后方可停止运转，否则会引起筒体变形。

（8）本机必须可靠接地，接地电阻 $<4\Omega$。

（9）定期向润滑部件加润滑油，定期进行维护保养。

实训六　热风循环烘箱标准操作规程

一、实训目的

1. 建立 CT－C－Ⅱ热风循环烘箱操作规程。
2. 保证设备正常运行和人员安全。

二、实训范围

适用于中药车间的 CT－C－Ⅱ热风循环烘箱的操作。

三、实训职责

1. 中药车间药材烘干岗位操作人员遵守本规程。
2. 中药车间管理人员、QA 检查员负责监督本规程的实施。

四、安全措施

1. 操作人员必须经过 GMP 和本操作规程的培训并严格遵守本规程。
2. 设备使用时严格实行定人、定机，并有明显的状态标志，正确标明其内容物。
3. 接通风机电源后，启动风机开关，视风机转向应和标记方向符号一致。
4. 本烘箱采用蒸汽加热器为热能源，蒸汽加热器的最高工作压力为0.8MPa，禁止超压使用。

5. 设备如有异常声音、气味，应立即停机检查，检修合格后再开机。

五、实训内容

（一）准备工作

（1）检查机器设备是否完好并具有“已清洁”的状态标志。

（2）检查机器外观有无异常，紧固螺钉是否扭紧，检查电源安全状态。

（3）自动控制装置在投入使用之前，必须对电源、电压是否与本设备使用相符，管道是否漏气，风机转动是否灵活，热继电器使用是否适当等情况进行细致调整、检查。

（二）设备操作

1. 百叶窗叶片调整

烘箱内左右两侧的百叶窗在调整叶片角度时，尽量使热风流通面积大，注意最下部两张叶片不要打开，从第三张开始向上，其叶片开启角度应逐渐增大，因百叶窗叶片调整正确与否影响箱内温度。

2. 烘箱内温差调整

在烘箱内上、中、下位置放镏点温度计，其安放位置顶板向下200mm为上面测温点，底板向上200mm为下面测温点，其中点位置在中心位置。关上烘门，打开蒸汽阀门和启动风机进行升温循环，约30min后取出温度计，观察上、中、下三点，读数是否在允许范围内，如温差较大，则温度高的部位其对应的叶片角度相应开小。相反，温度低的部位其叶片角度相应开大一点，直至调整到上下温差基本相似，经调整后的百叶窗，在没有产生变动移位的情况下，则不需要再进行调整。

3. 排湿

烘箱上设置的排湿机构是用来排除箱内潮湿空气，排湿时间待烘箱温度升到所需要的设定值后，即进行排湿，但排湿阀中的开启角度不能太大，一般排湿量要根据物料含有的水分量进行调节。

4. 蒸汽压力设定

若箱内温度要求达到120～140℃，则蒸汽压力应在0.4～0.8MPa范围内。若箱内温度要求达到80～120℃，则蒸汽压力应在0.2～0.4MPa范围内。

5. 开机运行

（1）合上电源开关，注意指示灯是否有指示。

（2）按下风机按钮，并检查风机转向是否正确。

（3）切换“手”“自动”开关，放在“自动”位置转动设定旋钮，检查电磁阀是否动作灵活，然后设定好温度控制点、极限报警点，再将仪表投入使用，具体设定方法：将仪表拨动开关放在上限位置，同时旋转相对应的设定电位器，此时数字显示的是所需要的温度，用同样方法，分别设定好烘箱温度使用点、温度报警点，然后将仪表拨动开关放在测量位置。

（4）关掉截止阀，打开旁通阀，同时也打开疏水器旁通阀，放掉管道中的污水垃圾，然后按相反次序，关掉旁通阀，打开截止阀，然后将手、自动切换开关置于手动位置，按下加热按钮开关，并反复进行多次，从疏水器旁通阀端，检查电磁阀的工作情况，如发现电磁阀打不开或关不死，应立即检查电磁阀两端有无垃圾焊渣，清洗后再做上述试验，直到无异常现象后，才能投入使用，并关掉疏水器旁通阀。

（5）将电动执行器的限位开关限在关闭位置。

6. 操作结束后

按“热风循环烘箱清洁标准操作规程”及“热风循环烘箱维护保养标准操作规程”进行清洁和维护保养工作。及时、认真填写设备运行记录。

7. 注意事项

（1）定期进行设备的清洁、维护和保养。

（2）设备运行时如有异常声音、气味应立即停机检查，检修合格后再开机。

（3）清洁设备时，应注意电器保护，以防意外事故。

（三）清洁

1. 清洁频度

（1）生产前、后清洁、消毒。

（2）更换品种时必须彻底清洁、消毒。

（3）设备维修后必须彻底清洁、消毒。

2. 清洁工具

设备清洁布、橡胶手套、毛刷、清洁盆等。

3. 清洁剂和消毒剂

清洁剂：清洁精按1∶10加水稀释。消毒剂：经验证可以使用的消毒剂，并确证在有效期内。

4. 清洁消毒操作

（1）生产操作前的清洁、消毒

①用毛刷、设备清洁布清洁托盘架和内、外壁。

②用设备清洁布蘸消毒剂对直接接触药料的部位进行消毒。

（2）生产结束后的清洁、消毒

①关闭电源开关，拔下电源插头。

②托盘架、托盘黏附的药材用刷子刷洗，刷洗后再用饮用水冲洗，洗至托盘、托盘架无药黏附。

③烘箱外壁用湿设备清洁布擦拭（电器部位用干设备清洁布）干净，然后用干设备清洁布擦干水。

④烘箱内壁先用湿设备清洁布擦拭干净，然后再用干设备清洁布擦干。

⑤将洗净的托盘放在托架上，然后推入烘箱中进行干燥。

⑥填写设备记录，检查合格后，挂上“已清洁”状态标识牌，并注明设备名称、QA检查员、清洗人员及清洗日期等。

5. 清洗效果评价

烘箱表面光亮，内部托盘洁净无污点，微生物抽检合格。

实训七　真空干燥箱标准操作规程

一、实训目的

1. 熟悉FZG－15方型真空干燥箱的操作规程。
2. 保证设备正常运行和人员安全。

二、实训范围

适用于FZG－15方型真空干燥箱的干燥操作过程。

三、实训职责

1. 前处理、提取车间干燥岗位操作人员遵守本规程。
2. 前处理、提取车间管理人员、QA检查员负责监督本规程的实施。

四、安全措施

1. 操作人员必须经过GMP和本标准操作规程培训并严格遵守本规程。
2. 设备使用时严格执行定人、定机，并有明显状态标志，正确标明其内容物。
3. 设备运行时，不得用手触摸其换热器部分，以防止事故发生。

五、实训内容

（一）准备工作

（1）检查设备的状态标志，应完好、清洁合格，烘盘应无破损变形及清洁合格。

（2）检查蒸汽管路是否有泄漏情况，检查温度表、压力表、真空表应合格，并在检验合格周期内。

（二）设备操作

（1）首先从左至右，从上至下依次旋开干燥箱手轮，将干燥箱密封门慢慢打开。

（2）干燥箱、烘盘须经清洁处理，然后自上而下，从内往外按顺序整齐地放入装有物料的烘盘。

（3）关上密封门，从右至左依次旋紧手轮。

（4）打开视镜灯，同时打开真空阀进行抽真空。

（5）打开蒸汽阀进行加热。

（6）通过视镜观察干燥器内物料的干燥情况：若是浸膏，应根据浸膏干燥情况随时打开放空阀，以防止浸膏溢出盘外：若是中药材或其他含水量较低（干燥时不会溢出盘外）的物料，可每隔10～15min缓缓打开一次放空阀，放气1～2min后关闭。

（7）干燥至一定时间后，关闭蒸汽阀、真空阀，缓缓打开放空阀，待真空表指针恢复到"0"值后，打开溶剂排放阀，将真空干燥箱内的溶剂排净。然后慢慢打开密封门，观察物料的干燥情况。若不符合规定，应按上述顺序重新干燥。

（8）干燥过程中，随时监控设备的真空度、温度、蒸汽压力，应按工艺要求进行控制。

（9）干燥结束后，关闭蒸汽阀、真空阀，缓缓打开放空阀，待真空表指针恢复到"0"值后，打开溶剂排放阀，将真空干燥箱内的溶剂排净。然后缓缓打开密封门，从上而下，从外到内将烘盘取出，将物料铲入洁净的容器中进行称重。

（10）操作结束后，按"真空干燥箱清洁标准操作规程"及"真空干燥箱维护保养标准操作规程"进行清洁和维护保养。

（11）及时、认真填写设备运行记录。

（三）注意事项

（1）真空干燥系统如长时间不使用，应将所有烘盘、阀门和夹缝中的残存物排出，并用清水冲洗干净，排净烘架内的冷凝水。

（2）抽真空以后，密封门贴紧器身，旋紧的手轮会松掉，这时请不要旋紧手轮，以免真空撤去后密封门反弹损坏手轮螺杆。

（3）操作过程中对任何阀门开启和关闭用力均匀适当，并需要注意各仪表的示值，应按物料干燥工艺进行控制和调节。

（4）干燥器上的密封条在清洗时不可用香蕉水、汽油等擦洗。

（5）蒸汽压力严禁超过0.4MPa，真空度严禁超过-0.1MPa。

项目三　中药提取物生产操作

实训一　提取岗位标准操作规程

一、实训目的

1. 建立提取岗位标准操作规程。
2. 保证产品质量符合要求。

二、实训范围

适用于提取车间的提取操作。

三、实训职责

1. 提取车间提取岗位操作人员遵守本规程。
2. 提取车间管理人员及 QA 检查员负责监督本规程的实施。

四、实训内容

（一）生产前准备

（1）生产前检查。

（2）检查供电、供水、供汽情况。

（3）检查提取罐及附属设备是否符合工艺要求，如紧固件应无松动，零部件齐全、完好，润滑点已加润滑油，且密封件（如提取罐下盖）无泄漏，开关灵敏正常，输液系统清洁通畅，所有接触药物的设备、容器、管道均已清洁。

（4）根据批生产指令摘掉绿色的“已清洁”状态标示牌，挂上绿色的“运行中”状态标示牌。

（二）操作过程

1. 复核

对从净药材库领入的净药材进行品名、进厂编号、数量检查、复核。

2. 具体操作

（1）醇提操作

①投料前关闭并锁紧提取罐的出料口（药液管道阀门及排渣口），然后把药材投入提取罐（要求双人复核）。提取罐挂上设备运行状态标示牌，注明提取产

品名称、批号、数量、日期、时间、煎煮次数、操作人。

②用泵将已配制好的乙醇溶液按工艺要求加入提取罐内（配制乙醇过程在配制罐内进行，经计算加入定量的浓乙醇或稀乙醇，再加入定量的纯化水，然后用量筒在取样口取样，测量乙醇含量是否达到工艺要求的乙醇含量，过高则加入纯化水，过低则加入浓乙醇。直至检测乙醇含量达到工艺要求的乙醇含量为止。配制过程中应开启搅拌）。关闭并锁紧加料口，浸泡至规定的时间后，开启蒸汽阀门（蒸汽压力控制在0.1～0.25MPa），开始煎煮。煎煮到一段时间后开启药液强制循环管道的阀门，启动药液循环泵，使药液保持循环状态，使药材提取更加完全。

③同时打开冷却水阀门，保持冷却水处于循环状态。按品种工艺的要求保持沸腾至一定的时间，在沸腾过程中，一般蒸汽压力控制在0.05MPa以下。

④沸腾时间达到工艺的要求后，关掉蒸汽阀门，冷却一段时间后。打开罐顶部的排气口，打开药液排放管道的阀门使药液经过滤器送入贮液罐。贮罐挂上状态标示牌，注明煎煮液的产品名称、批号、数量、日期、操作人。

⑤第一次提取液放完后，关闭出液阀，再次加入规定量及浓度的乙醇溶液，参照第一次提取、放液过程的办法，进行第二次提取，并放出药液与第一次药液合并。如有更多次的提取操作，均按上述方法进行。

⑥提取结束后，检查所有的阀门是否开合正常，药液是否排放干净。待提取罐内的温度下降后，打开空压机，当压力达到0.4MPa后，进行脱钩、开盖操作，药渣从罐底倾出，药渣及时运出车间至厂区规定地点，取下设备的状态标示牌。

（2）水提操作

①投料前关闭并锁紧提取罐的出料口（药液管道阀门及排渣口），将物料从投料口投入（投药过程中应有人复核），关闭并锁紧投料口，按工艺要求加入定量的水。提取罐挂上设备运行状态标示牌，注明提取产品名称、批号、数量、日期、时间、煎煮次数、操作人。

②按工艺规程规定的时间浸泡药材。开启蒸汽阀门，开始煎煮。并打开提取罐排空阀。煎煮到一段时间后开启药液强制循环管道的各阀门，启动药液循环泵，使药液保持循环状态，使药材提取更加完全。

③保持沸腾至一定的时间，在沸腾过程中，随时观察蒸汽压力表及提取罐内药液状况，防止药液外溢。一般蒸汽压力控制在0.05MPa以下。

④工艺要求收油时，打开提取罐上的收油阀门，关闭排空阀，进行收油操作。

⑤煎煮完毕后，关闭蒸汽阀门、冷却水阀门，开启提取罐的出料阀门、出料泵，将第一次的煎煮液全部滤入药液贮罐。过滤后关闭出料阀门和出料泵，记录出料时间和出料数量。

⑥贮罐挂上状态标志，注明煎煮液的产品名称、批号、数量、日期、操作人。

⑦根据生产工艺要求，重复以上操作。合并煎煮液，移交至下一生产工序。

⑧提取结束后，检查所有的阀门是否开合正常，药液是否排放干净。待提取罐内的温度下降后，打开空压机，当压力达到 0.4MPa 后，进行脱钩、开盖操作，药渣从罐底倾出，药渣及时运出车间至厂区规定地点，取下设备的状态标示牌。

3. 生产结束

操作人员首先在指定位置挂上“待清洁”状态标示牌，操作人员对操作间、设备、容器、工具、地面依据各自的清场、清洁标准规程进行清场、清洁，并按设备维护保养规程对设备进行保养。请 QA 检查员按“清场检查标准及验收规程”对操作间、设备、容器、工具、地面进行检查，检查合格后发放绿色的“清场合格证”并在指定位置挂上“清场清洁合格，准予使用”状态标示牌。真实填写操作记录及清场记录，并将开工前清场合格证（副本）及结束后 QA 检查员发放的清场合格证（正本）依次贴于“批生产记录”背后。

4. 注意事项

异常声响或自控按钮失灵，应停止操作，排除故障后方可继续操作。

实训二　动态多功能提取罐标准操作规程

一、实训目的

1. 建立动态多功能提取罐标准操作规程。
2. 保证设备正常运行和人员安全。

二、实训范围

适用于动态多功能提取罐的操作。

三、实训职责

1. 提取车间提取岗位操作人员遵守本规程。
2. 提取车间管理人员、QA 检查员负责监督本规程的实施。

四、安全措施

1. 操作人员必须经过 GMP 和本标准操作规程培训并严格遵守本规程。
2. 设备使用时严格执行定人、定机，并有明显状态标示牌，正确标明其内容物。

3. 设备运转时，不得用手或工具触动其运转部分，以防止事故发生。

五、实训内容

（一）开机前准备

（1）检查设备处于完好状态及清洁合格，检查设备蒸汽管路、压缩空气管路和提升气缸及冷却水系统是否有跑冒滴漏现象。温度仪表、压力仪表、安全阀应在检验合格期内。如一切正常方可进行操作。

（2）打开压缩空气进气阀门使压力升至0.4MPa以上，脱钩、开锁，检查罐的排渣门、投料门开启是否正常，密封圈是否良好，检查设备有可靠静电接地，电缆导管保护、绝缘情况是否良好，如正常即可开始工作。

（3）检查提取罐出药液口阀门，应关闭。

（二）生产过程

1. 水提操作

（1）打开投料门，将物料通过投料口加入罐内，加入工艺要求量的饮用水，关闭投料门（水提时排空阀门应是开启的，蒸发冷却液回流口阀门应是关闭的，蒸发冷却液进入油水分离器的阀门应是关闭的）。

（2）按工艺规程规定的时间进行药材常温浸泡。

（3）常温浸泡完毕后，按顺序依次打开冷却水出水口阀门、进水口阀门。

（4）缓缓开启蒸汽阀门，打开旁通阀门，当蒸汽压力表指针稳定后，关闭旁通阀门，打开疏水阀门，加热。

（5）刚开始加热时，蒸汽压力可以给到0.10~0.25MPa，当温度升至90℃以上时应将蒸汽压力调至0.10MPa以下（防止爆沸）。

（6）当药液开始沸腾后，打开强制循环泵，当药液再次开始沸腾后，关闭强制循环泵，将蒸汽阀门关小，使提取罐内药液处于微沸腾状态（或当药液开始沸腾后，打开搅拌电机，当药液再次开始沸腾后，将蒸汽阀门关小，使提取罐内药液处于微沸腾状态）。

（7）操作过程中，随时监控温度、蒸汽压力、罐内药液状态。

（8）提取结束，依次关闭蒸汽进汽阀门，冷却水阀门。打开提取罐出药液口阀门。开启输液泵，将药液输送至药液贮罐内。

（9）药液输送完后，关闭输液泵、提取罐出药液口阀门。

（10）如需进行二次煎煮，首先在提取罐内加入要求量的饮用水，后按（3）~（9）项进行操作。

（11）出渣时先打开投料门，再打开出渣门，排渣。

2. 醇提操作

（1）打开投料门，将物料通过投料口加入罐内，加入工艺要求数量及浓度的乙醇溶液，关闭投料门（醇提时排空阀门应是关闭的，蒸发冷却液回流口阀门应打开，蒸发冷却液进入油水分离器的阀门应打开）。

（2）按工艺规程规定的时间进行药材常温浸泡。

（3）常温浸泡完毕后，按顺序依次打开冷却水出水口阀门、进水口阀门。

（4）缓缓开启蒸汽阀门，打开旁通阀门，当蒸汽压力表指针稳定后，关闭旁通阀门，打开疏水阀门，加热。

（5）刚开始加热时，蒸汽压力可以给到0.05～0.15MPa，当温度升至70℃以上时应将蒸汽压力调至0.10MPa以下（防止爆沸）。

（6）当药液开始沸腾后，打开强制循环泵，当药液再次开始沸腾后，关闭强制循环泵，将蒸汽阀门关小，使提取罐内药液处于回流状态（或当药液开始沸腾后，打开搅拌电机，当药液再次开始沸腾后，将蒸汽阀门关小，使提取罐内药液处于微沸腾状态）。

（7）操作过程中，随时监控温度、蒸汽压力、罐内药液状态。

（8）提取结束，依次关闭蒸汽进汽阀门，冷却水阀门。打开提取罐出药液口阀门。开启输液泵，将药液打入药液贮罐内。

（9）药液打完后，关闭输液泵、提取罐出药液口阀门。

（10）如需进行二次煎煮，首先在提取罐内加入要求数量及浓度的乙醇溶液，后按（3）～（7）项进行操作。

（11）出渣时先打开投料门，再打开出渣门，排渣。

3. 挥发油提取操作

（1）打开投料门，将物料通过投料口加入罐内，加入工艺要求量的饮用水，关闭投料门（提油时排空阀门应是关闭的，蒸发冷却液回流口阀门应是开启的，蒸发冷却液进入油水分离器的阀门应是开启的）。

（2）按工艺规程规定的时间进行药材常温浸泡。

（3）常温浸泡完毕后，按顺序依次打开冷却水出水口阀门、进水口阀门。

（4）缓缓开启蒸汽阀门，打开旁通阀，当蒸汽压力表指针稳定后，关闭旁通阀，打开疏水阀，加热。

（5）刚开始加热时，蒸汽压力可以给到0.10～0.25MPa，当温度升至90℃以上时应将蒸汽压力调至0.10MPa以下（防止爆沸）。

（6）当药液开始沸腾后，打开强制循环泵，当药液再次开始沸腾后，关闭强制循环泵，将蒸汽阀门关小，使提取罐内药液处于微沸腾状态（或当药液开始沸腾后，打开搅拌电机，当药液再次开始沸腾后，将蒸汽阀门关小，使提取罐内药液处于微沸腾状态）。

（7）及时收集挥发油，并做好密封措施，防止挥发。

（8）操作过程中，随时监控温度、蒸汽压力、罐内药液状态。

（9）挥发油提取结束后，依次关闭蒸汽进汽阀门、冷却水阀门。

（10）出渣时先打开投料门，再打开出渣门，排渣。

(11) 操作结束后，按“动态多功能提取罐清洁标准操作规程”“动态多功能提取罐维护及保养标准操作规程”进行清洁和维护保养。

(12) 及时、认真填写设备运行记录。

(三) 注意事项

(1) 提取罐加热蒸汽压力严禁超过0.25MPa。

(2) 压缩空气压力必须≥0.4MPa。

(3) 提取罐内不允许起内压，特殊规定除外，但严禁超过0.10MPa。

(4) 罐内有物料时，提取罐下严禁有人。

(5) 物料及溶剂总量不允许超过提取罐有效容积的80%。

实训三　浓缩岗位标准操作规程

一、实训目的

1. 建立浓缩岗位标准操作规程。
2. 以保证产品质量符合要求。

二、实训范围

适用于提取车间的浓缩操作。

三、实训职责

1. 提取车间浓缩岗位操作人员遵守本规程。
2. 提取车间管理人员及QA检查员负责监督本规程的实施。

四、实训内容

(一) 生产前准备

(1) 生产前检查见“生产前检查SOP”。

(2) 所有与产品接触的部件已清洁和干燥，不存在上批产品留下的残留物。

(3) 计量器具与称量的范围相符，清洁完好，有校验合格证，并在使用有效期内。

(4) 所领取的物料均有状态标志，容器外部标志清楚，内容与所用的指令相符。

(5) 目检设备零部件是否齐全，气压表是否指向零的状态，真空表是否指向零的状态。设备空转有无跑气、漏气现象。

(6) 根据批生产指令摘掉绿色的“已清洁”状态标示牌，挂上绿色的“运行中”状态标示牌。

（二）操作过程

1. 开启循环水泵、冷却水塔

按“双效外循环蒸发器标准操作规程”进行操作。开启真空泵与冷却循环水泵，打开药液贮罐阀门，待真空度达到 -0.04MPa 以上时打开一效进料阀门，把药液定量吸入双效外循环蒸发器的一效蒸发器内（溶液上升到一效蒸发器第一个视镜的2/3），关闭一效进料阀门，打开二效进料阀门，使溶液上升到二效蒸发器第一个视镜的2/3 时，关闭进料阀门，进料结束。

2. 加药

加药过程中同时打开蒸汽加热阀门，使蒸汽压力控制在0.05～0.09MPa，开始药液的浓缩。一效真空度 -0.06～-0.04MPa，温度65～75℃；二效真空度 -0.08～-0.06MPa，温度55～65℃。冷凝水贮罐液面计显示冷凝水到达贮罐的2/3 时开始进行冷凝水的排放。

3. 补加药液

随着药液的不断蒸发，应按（二）1 所示的加料方法及时补充各效的药液。

4. 浓缩

当本批次药液全部进入双效后，继续浓缩。同时控制二效中药液的量（应比一效中的药液少为宜），当二效中的药液已很少时，打开一效、二效防空阀，关闭真空阀和蒸汽阀，当系统的真空度为“0”时，打开二效放液阀，将药液放入洁净的容器中。全部放完后，关闭二效放液阀。关闭一效、二效放空阀，打开真空阀和蒸汽阀。并将放出的药液吸入一效中，随着药液不断蒸发、浓缩，药液相对密度不断提高，此时应对药液的相对密度进行抽样检测。具体操作步骤为：关闭真空截止阀和蒸汽，打开放空阀，放出药液，测量相对密度，若相对密度符合规定，则将药液放出，若相对密度不符合规定，应按上述操作继续浓缩至符合规定。

5. 操作结束

达到工艺要求的相对密度后，关闭蒸汽加热阀门，打开排空阀门进行排空，关闭真空泵与冷却水循环泵，打开放液开关，然后用洁净的塑料桶盛装。做好称量与复核，标明物料标示。填写请验单，由 QA 检查员取样检测相对密度，并计算理论出膏率。

6. 清场、清洁

设备、容器、工具、地面依据各自的清场、清洁规程进行清场、清洁，并按设备维护保养规程对设备进行保养。清场后 QA 检查员按“清场检查标准及验收规程”对操作间、设备、容器、工具、地面进行检查，检查合格后发放绿色的“清场合格证”并在指定位置挂上“清场清洁合格，准予使用”状态标示牌。

及时、真实填写操作记录及清场清洁记录，并将开工前清场合格证（副本）及结束后 QA 检查员发放的清场合格证（正本）依次贴于“批生产记录”背后。

（三）注意事项

操作中发生异常声响，应停止操作，排除故障后方可继续操作。

实训四　双效外循环蒸发器标准操作规程

一、实训目的

1. 建立双效外循环蒸发器的标准操作规程。
2. 保证设备正常运行和人员安全。

二、实训范围

适用于双效外循环蒸发器的操作。

三、实训职责

1. 双效外循环蒸发器操作人员遵守本规程。
2. 提取车间管理人员、QA 检查员负责监督本规程的实施。

四、安全措施

1. 操作人员必须经过 GMP 和本标准操作规程培训并严格遵守本规程。
2. 设备使用时严格执行定人、定机，并有明显状态标志，正确标明其内容物。
3. 禁止用手触摸换热器部分，防止烫伤。

五、实训内容

（一）准备工作

（1）检查供蒸汽、真空、冷却水、供电系统是否正常。

（2）检查设备是否完好并具有“已清洁”的状态标志。

（3）检查与设备相连的所有阀门应是关闭状态。

（二）设备操作

（1）开启与真空系统连接的各阀门，使各效的真空度与真空系统相一致，同时也开启冷却水出、进阀门，使冷却水系统开始工作。

（2）开启药液贮罐阀门和一效进料阀门，药液从贮罐吸入一效加热器和一效蒸发器，当药液上升到一效蒸发器第一个视镜（从下向上数）的 2/3 时，关闭一效进料阀门，缓缓开启蒸汽阀门，打开旁通阀，当蒸汽压力表指针稳定后，关闭旁通阀门，打开疏水阀门，加热，蒸汽压力控制在 0.05～0.09MPa。打开二效进料阀门，药液吸入二效加热器和二效蒸发器，当药液上升到二效蒸发器第一个视镜（从下向上数）的2/3时，关闭二效进料阀门，此时加料结束。

（3）蒸发过程中应随时通过视镜观察各效的蒸发情况。并控制一效真空度为（-0.06~-0.04）MPa，二效真空度为（-0.08~-0.06）MPa，一效温度为65~75℃，二效温度为55~65℃。

（4）补充药液　随着药液的不断蒸发，应及时打开各效的加料阀门补充药液。

（5）经常抽样检测药液的相对密度。

（6）当本批次的提取药液全部进入双效后，继续浓缩。同时控制二效中药液的量（应比一效中的药液少为宜），当二效中的药液已很少时，打开一效、二效放空阀，关闭真空控制阀和蒸汽阀，当系统的真空度为“0”时，打开二效放液阀，将药液放入洁净的容器中。全部放完后，关闭二效放液阀。关闭一效、二效放空阀，打开真空控制阀和蒸汽阀。并将放出的药液吸入一效中。随着药液的不断蒸发、浓缩，药液的相对密度不断提高，此时应对药液的相对密度进行抽样检测，具体操作步骤为：打开第一道取样阀（靠近主设备主体的为第一道取样阀门），3~5s后关闭第一道取样阀门，取量筒置于取样管出口处，打开第二道取样阀门，测量相对密度，若相对密度符合规定，则将药液放出，若相对密度不符合规定，应按上述操作继续浓缩至符合规定。

（7）冷凝水的排放　当冷凝水上升到受水罐的2/3时，先缓慢关闭受水阀及连通阀，再打开受水罐放空阀和出水阀，排放冷凝水。

（8）冷凝水排放结束后，应先关闭受水罐出水阀和放空阀，再缓慢打开受水阀和连通阀。

（9）运行过程中若药液产生泡沫，则可通过提高蒸汽压力或打开放空阀进行调节，使用放空阀调节时，方法如下：打开放空阀，当泡沫消失后，将放空阀关闭少许，将再次产生少量泡沫，待泡沫消失后，再将放空阀关闭少许，直至放空阀恢复至关闭状态。切不可一次全关闭，否则药液会产生更多的泡沫。

（10）生产一段时间后，加热器将会结垢，影响工作效率，此时应打开加热器顶盖，除垢。

（三）运行结束

（1）关闭蒸汽阀、真空阀和冷却水阀，打开放空阀，使各效处于常压状态。

（2）一效放料　打开一效放料阀门，放出浓缩后的药液。

（3）严格按“双效外循环蒸发器清洁标准操作规程”及“双效外循环蒸发器维护及保养标准操作规程”对设备进行清洁和维护保养操作。

（4）及时、认真填写设备运行记录。

实训五　单效外循环蒸发器标准操作规程

一、实训目的

1. 建立单效外循环蒸发器的标准操作规程。
2. 保证设备正常运行和人员安全。

二、实训范围

适用于单效外循环蒸发器的操作。

三、实训职责

1. 单效外循环蒸发器操作人员遵守本规程。
2. 提取车间管理人员、QA 检查员监督本规程实施。

四、安全措施

1. 操作人员必须经过 GMP 和本标准操作规程培训并严格遵守本规程。

2. 设备使用时严格执行定人、定机，并有明显状态标志，正确标明其内容物。

3. 设备运转时，不得用手或工具触动其运转部分，以防止事故发生。

五、实训内容

（一）准备工作

（1）检查供蒸汽、真空、冷却水、供电系统是否正常。

（2）检查设备是否完好并具有“已清洁”的状态标志。

（3）检查与设备相连的所有阀门应是关闭状态。

（二）设备操作

（1）开启与真空系统连接的各真空阀、截止阀，使单效的真空度与真空系统相一致，同时也开启冷却水出、进阀门，使冷却水系统开始工作。

（2）开启药液贮罐阀门和单效外循环蒸发器进料阀门，药液从贮罐吸入单效外循环蒸发器的加热器和蒸发器，当药液上升到蒸发器第一个视镜（从下向上数）的2/3 时，关闭单效外循环蒸发器的进料阀门，缓缓开启蒸汽阀门，打开旁通阀，当蒸汽压力表指针稳定后，关闭旁通阀，打开疏水阀，加热，蒸汽压力控制在 0.05 ~ 0.09MPa。

（3）蒸发过程中应随时通过视镜观察蒸发情况，并控制真空度为 - 0.07 ~ - 0.06MPa，温度为 60 ~ 75℃。

（4）补充药液　随着药液的不断蒸发，应及时打开加料阀门补充药液。

（5）经常抽样检测药液的相对密度。

（6）当本批次的药液全部进入单效外循环后，关闭药液贮罐阀门，继续浓缩。随着药液的不断蒸发，药液的相对密度不断提高，此时应对药液的相对密度进行抽样检测，具体操作步骤为：打开第一道取样阀（靠近主设备主体的为第一道取样阀门），3～5s后关闭第一道取样阀门，取量筒置于取样管出口处，打开第二道取样阀门，测量相对密度，若相对密度符合规定，则将药液放出，若相对密度不符合规定，应按上述操作继续浓缩至符合规定。

（7）冷凝水的排放

①当冷凝液上升到受液罐的2/3时，先缓慢关闭受液阀及连通阀，再打开受液罐放空阀和出水阀，打开输送泵，将冷凝液排放入贮罐中。

②冷凝液排放结束后，应先关闭输送泵，关闭受水罐出水阀和放空阀，再缓慢打开受水阀和连通阀。

（8）运行过程中若药液产生泡沫，则可通过提高蒸汽压力或打开放空阀进行调节，使用放空阀调节时，方法如下：打开放空阀，当泡沫消失后，将放空阀关闭少许，将再次产生少量泡沫，待泡沫消失后，再将放空阀关闭少许，直至放空阀恢复至关闭状态。切不可一次全关闭，否则药液会产生更多的泡沫。

（9）生产一段时间后，加热器将会结垢，影响工作效率，此时应打开加热器顶盖，除垢。

（10）加料时，不宜将加料阀全部打开，以免药液产生泡沫。

（11）回收有机溶媒应注意安全、防爆，易挥发的溶媒及时打入贮罐内。

（三）运行结束

（1）关闭蒸汽阀和真空控制阀，打开放空阀，使单效处于常压状态。

（2）放料　打开单效进料阀门，放出浓缩后的药液。

（3）严格按“单效外循环蒸发器清洁标准操作规程”及“单效外循环蒸发器维护及保养标准操作规程”对设备进行清洁及维护保养操作。

（4）及时、认真填写设备运行记录。

实训六　配醇岗位标准操作规程

一、实训目的

1. 建立配醇岗位标准操作规程。
2. 以保证产品质量符合要求。

二、实训范围

适用于提取车间的配醇操作。

三、实训职责

1. 提取车间配醇岗位操作人员遵守本规程。
2. 提取车间管理人员及 QA 检查员负责监督本规程的实施。

四、实训内容

（一）生产前准备

（1）生产前检查

（2）所有与产品接触的部件已清洁和干燥，不存在上批产品留下的残留物。

（3）计量器具与称量的范围相符，清洁完好，有校验合格证，并在使用有效期内。

（4）检查设备是否符合工艺要求。检查供水、供电情况。

（5）根据批生产指令摘掉绿色的“已清洁”状态标示牌，挂上绿色的“运行中”状态标示牌。

（二）操作过程

（1）将计量好的浓乙醇抽入配醇罐内，加入计算好的纯化水，搅拌 30min。

（2）用量筒在取样口取样，检测乙醇含量是否达到要求的乙醇含量，过高则加入纯化水，过低则加入浓乙醇溶液。直至检测乙醇含量达到工艺要求的乙醇含量为止。

（三）操作结束

操作人员首先在指定位置挂上黄色“待清洁”状态标示牌，操作人员对操作间、设备、容器、工具、地面依据各自的清场、清洁规程进行清场、清洁。清场后 QA 检查员按“清场检查标准及验收规程”对操作间、设备、容器、工具、地面进行检查，检查合格后发放绿色的“清场合格证”并在指定位置挂上“清场清洁合格，准予使用”状态标示牌。

真实填写操作记录及清场清洁记录，并将开工前清场合格证（副本）及结束后 QA 检查员发放的清场合格证（正本）依次贴于“批生产记录”背后。

实训七　醇沉岗位标准操作规程

一、实训目的

1. 建立醇沉岗位标准操作规程。
2. 保证产品质量符合要求。

二、实训范围

适用于提取车间的醇沉操作。

三、实训职责

1. 提取车间醇沉岗位操作人员遵守本规程。

2. 提取车间管理人员及 QA 检查员负责监督本规程的实施。

四、实训内容

（一）生产前准备

（1）生产前检查。

（2）所有与产品接触的部件已清洁和干燥，不存在上批产品留下的残留物。

（3）计量器具与称量的范围相符，清洁完好，有校验合格证，并在使用有效期内。

（4）所领取的物料均有状态标示，容器外部标示清楚，内容与所用的指令相符。

（5）检查设备是否符合工艺要求，密封件无泄漏，开关灵敏正常，输液系统清洁、通畅，所有接触药物的设备、容器、管道均已清洁。检查供电、供水情况。

（6）根据批生产指令摘掉绿色的“已清洁”状态标示牌，挂上绿色的“运行中”状态标示牌。

（二）操作过程

（1）将浓缩液加入醇沉罐内。

（2）缓慢将计量好的 85% 乙醇缓缓加入醇沉罐内，边加边搅拌至含醇量达到工艺要求后，搅拌 1h，然后按工艺要求静置的时间静置。

（3）醇沉罐挂上状态标示，注明产品名称、批号、数量、加入酒精数量、时间、静置时间及操作人。

（4）醇沉完毕后，将上清液过滤至醇沉上清液贮罐内。

（5）贮罐挂上状态标示，注明产品名称、批号、数量、时间、操作人。

（三）操作结束

操作人员首先在指定位置挂上“待清洁”状态标示牌，操作人员对操作间、设备、容器、工具、地面依据各自的清场、清洁规程进行清场、清洁。清场后 QA 检查员按“清场检查标准及验收规程”对操作间、设备、容器、工具、地面进行检查，检查合格后发放绿色的“清场合格证”并在指定位置挂上“清场清洁合格，准予使用”状态标示牌。

真实填写操作记录及清场清洁记录，并将开工前清场合格证（副本）及结束后 QA 检查员发放的清场合格证（正本）依次贴于“批生产记录”背后。

实训八　乙醇回收浓缩岗位标准操作规程

一、实训目的

1. 建立乙醇回收浓缩岗位操作标准操作规程。
2. 保证产品质量符合要求。

二、实训范围

适用于提取车间的乙醇回收浓缩操作。

三、实训职责

1. 提取车间乙醇回收浓缩岗位操作人员遵守本规程。
2. 提取车间管理人员及 QA 检查员负责监督本规程的实施。

四、实训内容

（一）生产前准备

（1）生产前检查见“生产前检查 SOP”。

（2）所有与产品接触的部件已清洁和干燥，不存在上批产品留下的残留物。

（3）计量器具与称量的范围相符，清洁完好，有校验合格证，并在使用有效期内。

（4）所领取的物料均有状态标示，容器外部标示清楚，内容与所用的指令相符。

（5）检查设备是否符合工艺要求。检查供电、供水、供蒸汽、供真空情况。

（6）根据批生产指令摘掉绿色的“已清洁”状态标示牌，挂上绿色的“运行中”状态标示牌。

（二）操作过程

（1）按“乙醇回收浓缩岗位标准操作规程”进行操作。打开冷却水阀门，开启真空阀门，真空表压力控制在 -0.07 ~ -0.06MPa，打开蒸发器进料阀门，按生产工艺要求把待浓缩的药液从贮罐抽入蒸发器内，溶液上升到蒸发器第一个视镜的2/3关闭进料阀门，进料结束（在进料过程中同时打开通往加热器的蒸汽阀门，使蒸汽压力控制在0.05 ~0.09MPa）。打开进、出冷却水阀门，开始药液的浓缩。冷凝水贮罐液面计显示冷凝水到达贮罐的2/3时开始进行冷凝水的排放。

（2）随着溶液的不断蒸发，应按加料方法及时补充药液。

（3）药液加完，蒸发浓缩至一定时间后，关闭蒸汽阀门与真空阀门，打开排空阀。然后用500mL或1000mL量筒在取样口取样，用比重计在工艺规定的温度下测定稠膏相对密度，如达不到工艺要求的相对密度时，继续浓缩到工艺规定的相对密度为止。

（4）达到工艺要求后，先关闭蒸汽加热阀门，关闭真空阀门，打开放液阀门，然后用胶管直接把稠膏盛装到洁净容器内，贴上状态标示后送入下一道工序或转入冷库存放。

（三）操作结束

操作人员首先在指定位置挂上“待清洁”状态标示牌，操作人员对操作间、设备、容器、工具、地面依据各自的清场、清洁规程进行清场、清洁，并按设备维护保养规程对设备进行保养。清场后QA检查员按“清场检查标准及验收规程”对操作间、设备、容器、工具、地面进行检查，检查合格后发放绿色的“清场合格证”并在指定位置挂上“清场清洁合格，准予使用”状态标示牌。

真实填写操作记录及清场清洁记录，并将开工前清场合格证（副本）及结束后QA检查员发放的清场合格证（正本）依次贴于“批生产记录”背后。

（四）注意事项

操作中发生异常声响，应停止操作，排除故障后方可继续操作。

实训九　乙醇精馏岗位标准操作规程

一、实训目的

1. 建立乙醇精馏岗位标准操作规程。
2. 保证产品质量符合要求。

二、实训范围

适用于提取车间的乙醇精馏操作。

三、实训职责

1. 提取车间乙醇精馏岗位操作人员遵守本规程。
2. 提取车间管理人员及QA检查员负责监督本规程的实施。

四、实训内容

（一）生产前准备

（1）生产前检查。

（2）所有与产品接触的部件已清洁和干燥，不存在上批产品留下的残留物。

（3）计量器具与称量的范围相符，清洁完好，有校验合格证，并在使用有效期内。

（4）所领取的物料均有状态标示，容器外部标示清楚，内容与所用的指令相符。

（5）检查设备是否符合工艺要求。检查供水、供电、供真空、供汽情况。

（6）根据批生产指令摘掉绿色的“已清洁”状态标示牌，挂上绿色的“运行中”状态标示牌。

（二）生产操作

（1）由操作人员对待回收稀乙醇溶液进行数量、浓度核实，按“乙醇精馏岗位标准操作规程”操作。

（2）开机前将稀乙醇泵至高位槽中，打开高位槽连接精馏塔管路的进液阀门，使稀乙醇流入精馏塔内至视镜中线。开启冷却水阀门、蒸汽阀门，汽压控制在0.02～0.05MPa，使塔内乙醇蒸汽进入冷凝器后冷却成液体，打开回流阀门，使冷凝液全部回流入塔内。

（3）待塔顶温度稳定在78.5℃以下时开放出料阀门，从流量计观察控制回流比（1:2～1:3）要保持回收乙醇的浓度在93%以上。

（4）精馏操作时，不得随意离开岗位，要随时观察回收乙醇的浓度，及时调整回流比。浓度高时回流比小些，浓度低时回流比大些；使回收乙醇达到要求的浓度。

（5）如回收乙醇量较大，可以采用连续进料方法，给蒸馏塔加热到沸后，少量连续向蒸馏塔内加料，加入速度与乙醇回流速度相一致。

（6）蒸馏将要结束时，当蒸馏中温度升到100～102℃时塔顶温度相应上升，此时应关闭回流阀，适当加大蒸馏塔加热蒸汽量，将塔内和塔内残留的乙醇蒸出。收集稀乙醇于储罐内，并入下一批稀乙醇中一起蒸馏。

（7）将本岗位的工作服穿戴整齐，才能进入生产区。不得穿离外出。

（三）操作结束

操作人员首先在指定位置挂上“待清洁”状态标示牌，操作人员对操作间、设备、容器、工具、地面依据各自的清场、清洁规程进行清场、清洁，并按设备维修保养规定对设备进行保养。清场后QA检查员按“清场检查标准及验收规程”对操作间、设备、容器、工具、地面进行检查，检查合格后发放绿色的“清场合格证”并在指定位置挂上“清场清洁合格，准予使用”状态标示牌。

真实填写操作记录及清场清洁记录，并将开工前清场合格证（副本）及结束后QA检查员发放的清场合格证（正本）依次贴于“批生产记录”背后。

（四）注意事项

操作中发生异常声响，应停止操作，排除故障后方可继续操作。

实训十　乙醇精馏塔标准操作规程

一、实训目的

1. 建立乙醇精馏塔标准操作规程。

2. 保证设备正常运行和人员安全。

二、实训范围

适用于乙醇精馏塔的操作。

三、实训职责

1. 提取车间乙醇精馏岗位操作人员遵守本规程。

2. 提取车间管理人员、QA 检查员负责监督本规程的实施。

四、安全措施

1. 操作人员必须经过 GMP 和本标准操作规程培训并严格遵守本规程。

2. 设备使用时严格执行定人、定机，并有明显状态标志，正确标明其内容物。

3. 设备运转时，不得用手或工具触动其运转部分，以防止事故发生。

五、实训内容

（一）准备工作

（1）检查供蒸汽、冷却水、供电系统是否正常。

（2）检查设备是否完好并具有“已清洁”的状态标示。

（3）检查所有阀门是否已关闭。

（二）操作过程

（1）打开稀乙醇储罐阀门及回收塔计量罐的进液阀门，启动乙醇输送泵，将稀乙醇送入稀乙醇计量罐中，关闭乙醇输送泵。打开稀乙醇计量罐放料阀门，将稀乙醇加入至乙醇蒸馏罐中，加至蒸馏罐 1/2 ~ 2/3 体积时，同时关闭上述阀门。

（2）先后开启冷却器冷却循环水出、进阀门，打开放空阀，开启加热蒸汽阀门（表压 0.1MPa 以下），使乙醇蒸汽进入塔内。

（3）塔内乙醇蒸汽进入冷凝器后冷凝成液体，当放空阀有乙醇液体稳定地流出时，打开回流系统旁通阀，运行 3 ~ 5min 后，打开回流系统转子流量计流量控制阀，关闭旁通阀，使冷凝液经转子流量计全部回流入塔内。

（4）待塔顶温度稳定在78.5℃时，通过取样阀取样，测量回收乙醇的浓度，若符合要求，则开启出料系统转子流量计流量控制阀，从流量计观察，控制回流比1∶2～1∶3，要保持回收乙醇的浓度在93%以上。

（5）操作结束后，应按“乙醇精馏塔清洁标准操作规程”和“乙醇精馏塔维护及保养标准操作规程”进行清洁和维护保养。

（6）及时、认真填写设备运行记录。

（三）注意事项

（1）蒸馏操作时，不得随意离开岗位，要随时测量回收乙醇的浓度，及时调整回流比，浓度高时回流比小些，浓度低时回流比大些，使回收乙醇达到要求的浓度。

（2）如回收乙醇的量较大，可以采用连续进料的方法，蒸馏罐加热至沸后，少量、连续向蒸馏罐内加料，加入的速度与蒸出乙醇的速度相一致。

（3）当蒸馏中的温度升至100℃时，塔顶温度也相应上升。此时应关闭回流阀，适当加大蒸馏罐加热蒸汽的流量，将罐内和塔内残留的乙醇蒸出。收集于稀乙醇储罐内，并入下一批稀乙醇中一起蒸馏。

（4）生产过程中应随时对稀乙醇进料量、回收温度、回流比、回收乙醇浓度等进行检查调整。

项目四　液体制剂生产操作

实训一　反渗透标准操作及维护规程

一、实训目的

1. 掌握反渗透标准操作方法。
2. 掌握反渗透标准维护方法。

二、实训范围

适用于水处理系统反渗透的操作。

三、实训职责

制水操作人员及维修工。

四、实训产品

1. 药品名称：纯化水。
2. 性状：无色透明液体。
3. 作用类别：用于制备注射用水或者企业其他用途。
4. 储存：密封。
5. 执行标准：《中国药典》（2015 版）二部。

五、实训内容

（一）程序

（1）进岗前按规定着装，进岗后做好厂房、设备清洁卫生，并做好操作前的一切准备工作。

（2）严格按工艺规程和标准操作程序进行操作。

（3）生产完毕，按规定进行交接班，并认真填写各项记录。

（4）工作时间，严禁串岗、脱岗，不得做与本岗无关之事。

（5）工作结束时，严格按本岗清场操作规程进行清场。经质检员检查合格后，挂标示牌。

（6）经常检查设备运转情况，注意设备保养，操作时发现故障应及时上报。

（二）反渗透标准操作法（SOP）

1. 准备工作

（1）机械过滤器的出水应澄清。

（2）反渗透各管路、阀门应完好。

2. 生产操作

（1）将机械过滤器冲洗干净，并调节到运行状态。

（2）将加药阻垢器中的药液配满。

（3）检查化学清洗管路，应关闭。

（4）检查高压泵后截止阀，应处于开启状态。

（5）检查浓水排放调节阀是否开启，并处于已调节好开度的状态，应开启完全。

（6）检查浓水反馈调节阀，应完全关闭。

（7）关闭所有取样阀。

（8）打开入水总阀门。

（9）确认三项电源电压合格并稳定。

（10）确认控制面板上的所有开关处于关闭位置。

（11）打开 5μm 过滤器上排气阀，将过滤器内气体排尽。

（12）轻轻点击 RO 启动开关。

（13）打开高压泵排汽阀，将高压泵内气体排尽，观察高压泵是否过热、异常噪声、抖动等异常情况。

（14）观察纯化水流量，确认流量值在 15t/h 左右。

（15）观察浓水流量，此流量应为总进水量的 25% 左右。

（16）反复调节，直至 RO 压力与流量指标在规定范围内。

（17）观察 RO 纯化水电导率应达到要求。

3. 关机

正常情况下，设备自动运行，不需要关机。

（1）短期关机执行步骤　（供水泵的关机）将 RO 开关指向停。

（2）长期关机执行以下步骤　供水泵出入水阀门关闭—贮水罐存水排尽—RO 停机（停机期间，RO 需定期低压水冲洗）—RLC 电源关闭—控制电源关闭—总空气开关关闭—原水入水阀关闭。

（3）如不连续生产，则每隔 24h 应运行一次，每次至少 30min。

（三）维护与保养

（1）精密过滤器滤芯，当两端压差超过 0. 15MPa 时一定给予调换，否则将影响反渗透膜的使用寿命。

（2）反渗透设备必须每天开机运行，遇节假日连续停机时间也不得超过 3d。

（3）水调节阀除清洗外，在其他一切时候都不要完全关闭，以免发生危险。

（4）操作人员不得离开现场，以免出现意外事故。

（5）制水机运转中出现高低压保护时，一定要查明原因后再重新开机。

（6）清洗　机器的清洗是至关重要的，因为膜表面容易被污染，从而降低膜的流率和影响膜的使用寿命。

①当出现下述任何一种情况，反渗透必须用化学清洗液进行清洗

Ⅰ、在正常压力下产水量降至正常值的10% ~15%。

Ⅱ、为了维持正常的产水量，经温度校正后的给水压力增加了10% ~15%。

Ⅲ、产品水质降低10% ~15%，透过率增加10% ~15%。

Ⅳ、使用压力增加10% ~15%。

Ⅴ、RO各段间的压差增加明显。

②化学清洗液的配制

Ⅰ、2% ~3%的柠檬酸溶液：用氨水调节pH至3.0。

Ⅱ、2% ~3%三聚磷酸钠和1.5%EDTA四钠盐溶液：用硫酸调节pH至10。

Ⅲ、以上两种溶液用纯化水或淡水配制。

（四）反渗透膜元件的化学清洗方法

清洗时清洗溶液以低压大流量在膜的高压侧循环，此时膜元件仍装在压力容器内，需要专用的清洗系统来完成该工作。

（1）将纯化水从清洗箱打入压力容器中并排放几分钟。

（2）用纯化水或淡水在清洗箱中配制清洗溶液（最高温度小于40℃），利用泵出口的回流将药液混合均匀。

（3）关闭系统的纯化水及浓水出水阀门，打开清洗回路上的浓纯化水阀门及过滤器后的清洗旁路。

（4）清洗溶液在压力容器中循环1.5h左右。

（5）清洗完成以后，排净清洗箱中的药液并注满纯化水。

（6）用泵将纯化水从清洗箱打入压力容器中并排放几分钟。

（7）在浓水排放阀打开状态下运行反渗透系统，直到产品水清洁、无泡沫或无清洁剂（通常需15 ~30min）。

六、生产实训内容记录

填写反渗透操作记录表。

实训二　大容量注射液配料罐（浓配）标准操作规程

一、实训目的

1. 掌握大容量注射液配料罐（浓配）的标准操作方法。
2. 掌握大容量注射液配料罐（浓配）的一般维修方法。

3. 了解大容量注射液配料罐（浓配）在制剂中的作用。

二、实训范围

大容量注射液配料罐（浓配）岗位。

三、实训职责

大容量注射液配料罐（浓配）岗位操作人员。

四、实训产品

1. 药品名称：氯化钠注射液。
2. 性状：本品为无色的澄明液体；味微咸。
3. 作用类别：大容量注射剂。
4. 适应证：各种原因所致的失水，包括低渗性、等渗性和高渗性失水等。
5. 规格：250mL∶2.25g。
6. 贮存：密闭保存。
7. 包装：玻璃瓶。
8. 执行标准：《中国药典》（2015 版）二部。
9. 批准文号：国药准字 H23021954。

五、实训内容

（一）程序

（1）进岗前按规定着装，进岗后做好厂房、设备清洁卫生，并做好操作前的一切准备工作。

（2）根据生产指令按规定程序领取物料。

（3）严格按工艺规程和称量配料标准操作程序进行配料。

（4）称量配料过程中要严格实行双人复核制，并做好记录、签字。

（5）按工艺处方要求和配制标准操作程序操作。

（6）配料时严格按生产工艺规程和大容量注射液配料罐（浓配）岗位操作标准操作。

（7）生产完毕，按规定进行物料移交，并认真填写各项记录。

（8）工作时间，严禁串岗、脱岗，不得做与本岗无关之事。

（9）工作结束或更换品种时，严格按本岗清场操作规程进行清场。经质检员检查合格后，挂标示牌。

（10）经常检查设备运转情况，注意设备保养，操作时发现故障应及时上报。

（二）大容量注射液配料罐（浓配）标准操作法（SOP）

1. 准备工作

（1）检查岗位上是否有上批清场合格证，并附于批生产记录上，作为本批生产凭证。

（2）检查设备、仪器、容器具是否有“完好”和“已清洁”标示。

（3）检查工艺用水、电、汽是否供应良好。

（4）称量人员核对原辅料实物与批生产指令上的品名、规格、批号及数量是否相符并确认所有物料检验合格。

（5）每天第一批开始前用注射用水循环冲洗浓配罐及管路10min后，放掉冲罐水，关闭放水阀。

2. 称量操作

（1）称量人员在称量间内根据批生产指令的次序依次按规定精确称取各种原辅料。

（2）称量时必须两人同时在场，一人称量，一人核对。核对内容：原辅料的名称、批号与批生产指令相符；称量时毛重、皮重、净重是否正确。

（3）复方制剂称量时，要按工艺投料顺序逐一称量，分开放置，要有明显的识别和区分标记。

（4）认真填写批称量记录。

（5）使用上次称量余料时要检查是否密封，核对品名、数量无误后方可使用。

（6）活性炭称量　在活性炭专用称量室内称量，并在称量间用适量注射用水润湿后盛放于专用容器内，备用。

（7）称量结束后，称量人应将剩余原辅料封闭好，注明内容物名称、剩余数量，送到贮料间暂存，不得在称量区域存放。品种结束后及时退库。

3. 浓配操作

（1）在浓配罐内加入一定量的注射用水，先打开排汽阀门，再打开进汽阀门，加热升温。

（2）开动搅拌，按工艺顺序投入原辅料，搅拌均匀，使其充分溶解，配制成浓溶液。

（3）用pH调节剂粗调药液pH为中间体规定值。

（4）加入用注射用水润湿的活性炭，搅拌、煮沸规定时间。

（5）将浓配罐循环进料阀门打开进行自身脱炭循环10min后取样，目视药液应澄清且无肉眼可见异物。

（6）与稀配人员联系，对方同意后，关闭浓配罐自身循环进料阀门，打开去稀配罐送料阀门，将浓料移至稀配罐内。

（7）浓配罐内浓料打完后，用适量的注射用水淋洗罐体，淋洗水一并顶至稀配罐内。要求无药液残留。

4. 操作结束

每一步操作结束后，按要求及时填写批生产记录，并由操作人、复核人签字。

5. 清场

（1）批清场

①使用的原辅料按（二）2（7）返回至贮料间后，对称量间及称量器具进行清洁，清洁至无肉眼可见颗粒和污迹。

②投料结束后，对浓配间和浓配罐表面进行清洁，清洁至无肉眼可见颗粒和污迹。

③对所使用的溶炭桶、取炭勺、量筒、瓢等用具进行清洁，清洁至无肉眼可见颗粒和迹污。

④对其他可污染处进行清洁。

⑤所使用的清洁工具用纯化水清洁干净后，置洁具间备用。

（2）生产结束后或更换品种清场

①按批进行清场。

②配制罐及管路按“配制罐及管路清洁消毒标准操作规程”进行清洁消毒。

③钛滤棒或砂滤棒按“精密滤芯、砂滤棒、钛滤棒清洁消毒标准操作规程”进行清洁消毒。

④所用操作间及辅助间按“环境清洁消毒标准操作规程”进行清洁消毒。

（3）填写清洁和清场记录，经 QA 检查员检查，确认合格后在批生产记录上签字，并签发“清场合格证”。

6. 注意事项

（1）称量原辅料时应由第二人独立复核。

（2）投料过程应由第二人独立复核。

（3）冲罐后关放水阀，应由第二人独立复核。防止跑料事故的发生。

（4）浓配钛滤棒按品种专用，用于同一品种，连续生产时每天清洗消毒。

（5）在稀释强酸强碱和双氧水时，应注意安全，必要时戴橡胶手套和防护面具等防护用品，避免化学伤害。

（6）在浓配时，要注意安全，防止烫伤。

（7）在投料时，一定要将梯子放平稳，防止跌落受伤。

7. 异常情况处理

（1）所用设备不能正常运转，影响生产和产品质量时，应通知车间主任、维修人员及时处理。

（2）工艺用水、电、汽供应不足时，及时和供给相关人员联系解决，必要时通知车间主任，使其及时处理和统一安排车间生产。

（3）配制的药液发生异常，应通知车间主任、QA 检查员进行处理，不可故意隐瞒或私自解决。

（三）维护与保养

（1）每天机器运行时，操作工应检查蒸汽管道及冷却水管路是否漏气漏水，如有此现象应采取措施或停机检修。

（2）责任人每天应检查设备有无损坏，如有损坏应及时处理。

（3）按本设备操作规程进行正确操作。

（4）机器使用完毕，应做好清洁工作，保持机器整洁。

（5）每周检查罐体阀门及管路连接处是否完好，视情况更换。

（6）每周检查蒸汽管道及冷却水管道的连接部位是否紧密，紧固各气管接头和连接部件。

（7）投料时要严防丝绳、塑料袋等异物掉入罐体内。

（8）升温时，要在工艺允许范围内，尽量缓慢通蒸汽，降温时，也要缓慢通冷却水，严防骤冷骤热。

（9）粘结在罐内表面上的反应物应及时清洗，清洗时不得用金属工具，以防损伤罐体内表面。

（10）设备闲置不用时，电机、气阀等应每月启动一次，启动时间不少于 1h，防止气阀因长时间润滑油干枯造成气阀或气缸损坏。

（四）清洁

1. 清洁消毒频次及方法

（1）每天生产前清洁

①打开浓配罐和稀配罐上方注射用水阀门，淋洗球旋转，喷淋罐内壁，待罐内有一定水量后开泵进行管道自身循环。然后打开浓配罐送料阀及稀配罐送料阀，分别冲洗浓配罐至稀配罐管道及稀配罐至灌装机管道。在冲洗灌装机管道时要保证注射用水回流至稀配罐内。然后在灌装机分液管口排掉。淋洗罐内壁及循环冲洗管路时间 10min。进行管路冲洗时，转换阀门一定要全面，不可有冲不到处。

②打开浓配罐及稀配罐底部排水阀，将冲罐残水放净。

③用不脱落纤维的清洁布将罐体及管道外表面水渍擦净。

（2）生产过程中，随时拭去罐体及管路外表面污迹、水渍。

（3）每天生产结束后清洁消毒

①内部清洁消毒

Ⅰ、操作同（四）1（1）①，只是冲洗时间和方式上有些许不同，要先冲 5min 排掉冲罐水，再冲至少 5min，这样做的目的是保证冲洗质量，无药液残留。打开浓配罐及稀配罐底部排水阀，将冲罐残水放净。

Ⅱ、取 30% 双氧水 15L 倒入浓配罐内，加注射用水至 150 ~ 200L，在罐体自身循环管路上连接无毒钢丝管，开泵，循环冲洗管路及用钢丝管冲刷罐壁10min。通过泵体将此碱液送至一稀配罐内，该罐自身循环和冲罐壁（也是用钢丝管连接在管路上）结束后，把此碱液开泵送至高位槽，循环冲洗稀配罐至灌装机管路，回流至另一稀配罐内，进行此罐自身循环和冲罐壁（也是用钢丝管连接在管路上）。要求罐壁及管路各处都要冲洗15min。

Ⅲ、用大量注射用水循环冲洗罐体及各管路（要求全面彻底，不留死角）至pH5～7时，排净残水，备用。

②外部清洁

Ⅰ、用不脱落纤维的清洁布将罐体及管道外表面污迹、水渍擦净。

Ⅱ、污迹严重处，可用不脱落纤维的清洁布蘸0.05%～0.1%洗洁精溶液去除，然后用注射用水去除清洁剂残留。

（4）每三天清洁后要用0.2%新洁尔灭溶液或2%甲酚皂溶液对罐体及管道外壁进行擦拭消毒。

（5）更换品种、同一品种连续生产七天、停产超过48h停产前后清洁消毒。

①外部清洁同（四）1（3）②。

②内部清洁消毒。

Ⅰ、包括（四）1（3）①。

Ⅱ、取5kg食用Na_2CO_3颗粒放在专用溶解桶内，用注射用水溶解后，用0.22μm精密滤芯过滤。过滤后碱液倒入浓配罐内，加水至170～200L。在罐体自身循环管路上连接无毒钢丝管，开泵，循环冲洗管路及用钢丝管冲刷罐壁10min。通过泵体将此碱液送至一稀配罐内，该罐自身循环和冲罐壁（也是用钢丝管连接在管路上）结束后，把此碱液开泵送至高位槽，循环冲洗稀配罐至灌装机管路，回流至另一稀配罐内，进行此罐自身循环和冲罐壁（也是用钢丝管连接在管路上）。要求罐壁及管路各处都要循环冲洗10min。

Ⅲ、操作同（四）1（1）①，只是时间为5min。

Ⅳ、取30%双氧水15L倒入浓配罐内，加注射用水至150～200L，按Ⅱ方式循环冲洗15min。

Ⅴ、最后用经0.22μm精密滤芯过滤的注射用水循环冲洗罐体及各管路（要求全面彻底，不留死角）至pH5～7时，排净残水，备用。

2. 每月生产结束时内部清洁消毒方法

每月生产结束时内部清洁消毒方法同（四）1（1）②，只是最后一遍注射用水冲洗时间要长，不得少于半小时。

3. 维修或其他特殊情况清洁

维修或其他特殊情况随时进行清洁，清洁方法视污染情况而定。

4. 清洁工具的清洁及存放

使用完的清洁工具按“车间洁净区清洁工具清洁消毒标准操作规程”进行

清洁操作后存放在洁具间，备用。

5. 清洁效果评价

（1）设备表面光洁，用清洁的白绸布擦抹，无可见污迹。

（2）取 2 个带有标记的瓶子，接最后冲罐的注射用水，检查可见异物合格，pH 呈中性即可。

6. 填写清洁记录

填写清洁记录，经 QA 检查员检查清洁合格，并贴挂“已清洁”标示牌。

7. 设备清洁后有效期

（1）连续生产时，有效期至下次生产前，但不得超过 48h。

（2）若设备停用超过 48h，下次生产前按（四）1（5）对设备进行清洁消毒操作。

（3）生产结束至开始进行清洁操作等待时间不得超过 1h。

（4）注意事项　清洁前先切断电源，清洁过程中电器元件不得沾水。清洁过程一定要全面彻底，不留死角。

六、生产实训内容记录

填写大容量注射剂浓配批生产记录。

实训三　洗塞机标准操作规程

一、实训目的

1. 掌握洗塞机标准操作方法。
2. 掌握洗塞机的一般维修方法。
3. 了解洗塞机在大容量注射液制剂中的作用。

二、实训范围

洗塞机岗位。

三、实训职责

洗塞机岗位操作人员及维修工。

四、实训产品

氯化钠注射液。

五、实训内容

（一）程序

同项目四实训一中的程序。

（二）QJB12 型超声波洗塞机标准操作规程（SOP）

1. 准备工作

（1）检查设备清洁状况。

（2）打开注射用水阀门，检查注射用水压力应≥0. 2MPa。

（3）打开压缩空气阀门，检查压缩空气压力应≥0. 1MPa。

（4）检查设备是否处于“完好”状态。

2. 操作

（1）装载时，打开上盖，胶塞倒入料槽内。

（2）胶塞清洗过程中，水、压缩空气从底部管路进入，污水从上部排水口溢出，经管道排入地漏。

（3）洗塞结束，用专用工具把胶塞从洗塞机内捞出。

3. 结束工作

（1）关闭注射用水和压缩空气阀门。

（2）按“车间洗塞机清洁标准操作规程”对洗塞机进行清洁操作。

（3）填写设备使用记录。

4. 注意事项

（1）卸料时，严禁用手触摸转动部位，以免发生安全事故。

（2）发现设备有异常时，及时通知维修人员处理，不要使设备带病工作。

（三）维护与保养

（1）气动球阀在正常使用条件下，每两年应更换一次密封圈。

（2）支承主轴的可调心滚动轴承采用钠脂或锂脂润滑，润滑脂每 1 年更换一次。

（3）摆线减速机每年更换一次润滑油。

（4）水环真空泵每年由专业人员进行一次检修。

（5）主传动轴口的二套机械密封的润滑油应使用硅油。

（6）蒸汽过滤器、呼吸过滤器，当流经它们的阻力大于规定阻力一倍时，应拆下清洗或更换滤芯。

（7）气源处理三联组合件应定期检查，雾化器应在无油时加入雾化油。

（8）电器控制柜内的元器件每年要进行一次检查、保养，检查接线的可靠性，必要时更换不正常的电子元器件和控制线。

（9）胶塞清洗机中其他与电源有关的部件，元器件每半年均应检查一次接线的可靠性。

（10）经常检查安全接地线的接触是否良好，一旦发生不良现象应及时更换。

（11）每三个月应对电接点压力表对应控制的压力范围进行一次核对。

（12）每月进行一次电气回路、蒸汽管路、冷却水管路和压缩空气管路的检查，如有故障应及时排除。

（四）清洁

1. 清洁消毒频次及方法

（1）每天生产前用过滤注射用水冲洗洗塞机，要求冲洗时注射用水达到溢流且要保持此状态至少5min。

（2）每天生产结束后清洁消毒

①用消毒剂擦拭洗塞机内外表面、料槽表面等，要求擦拭过程全面彻底。

②待消毒剂停留15min以上时，用过滤注射用水溢流冲洗至pH呈中性。

③外表面用注射用水冲洗去除消毒剂残留后，用超细布将水渍擦干。

（3）每周生产结束后清洁消毒　用清洁剂擦拭洗塞机内外表面、料槽表面等，要求擦拭过程全面彻底。

①待清洁剂停留5min以上时，内部用过滤注射用水溢流冲洗10min，外表面用纯化水或注射用水冲洗去除清洁剂残留。

②用消毒剂擦拭洗塞机内外表面、料槽表面等，要求擦拭过程全面彻底。

③待消毒剂停留15min以上时，内部用过滤注射用水溢流冲洗至pH呈中性，外表面用注射用水冲洗去除消毒剂残留后，用超细布将水渍擦干。

（4）维修或其他特殊情况随时进行清洁消毒，方法同（四）1（2）。

2. 清洁工具的清洁及存放

使用完的清洁工具按“车间洁净区清洁工具清洁消毒标准操作规程”进行清洁操作后存放在洁具间，备用。

3. 清洁效果评价

设备各表面光洁，无可见污迹。

4. 填写清洁记录

填写清洁记录经QA检查员检查清洁合格，并贴挂“已清洁”标示牌。

5. 设备清洁后有效期

（1）连续生产时，每天生产结束清洁后有效期至下次生产前，但不得超过48h。

（2）若设备停用超过48h，下次生产前按（四）1（3）对设备进行清洁消毒操作。

6. 清洁操作等待时间

生产结束至开始进行清洁操作等待时间不得超过2h。

7. 注意事项

严禁对倒转时的洗塞机进行清洁消毒操作。

六、生产实训内容记录

填写大容量注射剂胶塞清洗批生产记录。

实训四　大容量注射液理瓶机标准操作规程

一、实训目的

1. 了解大容量注射液理瓶机在制剂中的作用。
2. 掌握大容量注射液理瓶机的标准操作方法。
3. 掌握大容量注射液理瓶机的一般维修方法。

二、实训范围

大容量注射液理瓶机岗位。

三、实训职责

大容量注射液理瓶机岗位操作人员。

四、实训产品

氯化钠注射液。

五、实训内容

（一）程序

同项目四实训一的程序。

（二）大容量注射液理瓶机标准操作法（SOP）

1. 准备工作

（1）了解当天生产品种的品名、规格、数量及输液瓶生产厂家。

（2）检查岗位上是否有上批清场合格证，并附于批生产记录上，作为本批生产凭证。

准备好生产用工器具，做好生产前的一切准备。

2. 运瓶操作

（1）将输液瓶用叉车及时运到理瓶间输液瓶暂存区，码放整齐。注意不要紧贴墙壁，应保持一定距离并且不要码放过高，不同厂家的输液瓶不得混放。

（2）装、卸车时要轻拿轻放。

(3) 叉车时要注意安全，防止滑倒、摔伤。

(4) 全部推完后清点数量并做好记录。

(5) 运瓶结束后做好清洁工作，并将门关好。

3. 理瓶操作

(1) 将输液瓶由暂存区移至理瓶机升降台上，打开外包装。

(2) 运用升降平台调节上下将输液瓶推至输送带上，并注意倒瓶。

(3) 操作人员操作过程中随时检查输液瓶质量，如发现有坏口、裂纹、结石及瓶内有异物的应剔除。

(4) 保持输液瓶在输送带上排列紧密，注意不要断档，防止洗瓶机卡瓶。

(5) 不得让不合格瓶进入洗瓶机。

(6) 发现不合格瓶数超过5%时，应立即向车间汇报，并拒收。

(7) 将挑出的不合格瓶、破瓶渣及捆轧好的外包装物分类置于可回收物暂存区，每天生产结束后移出车间。

4. 清场

(1) 批清场

①清除一切废弃物至指定地点。

②清洁作业场所，要求无灰尘和污渍。

(2) 每天生产结束清场

①清除一切废弃物、可回收物至指定地点。

②按“车间理瓶机清洁标准操作规程”清洁理瓶机。

③按“车间一般生产区卫生清洁标准操作规程”清洁理瓶间。

(3) 填写清洁和清场记录，经QA检查员检查，确认合格后在批生产记录上签字，并签发“清场合格证”。

(三) 维护和保养

1. 日常维护

(1) 设备在使用前，检查设备是否处于“完好”状态。

(2) 设备在使用时，一定严格按照设备标准操作规程运行。

(3) 及时清除玻璃屑及垃圾，保持整机的清洁和卫生。

(4) 设备在使用后，要检查设备润滑情况，对设备进行清洁。

(5) 每周将齿轮表面涂润滑脂一次。

(6) 每周各传动轴承处加注润滑脂一次。

2. 定期检修

(1) 检修类别　小修（三个月以上）、中修（半年一次）、大修（一年一次）。

(2) 检查内容

①小修：紧固各连接螺丝，检查润滑系统，按规定加注润滑油（脂）。

②中修：除包括小修内容外，还要检查、更换磨损零部件、齿轮及轴承，检

查、修理或调整链板、链轮，必要时更换零部件。

③大修：除中修内容外，还要检查、修理进出瓶传动系统，更换齿轮、轴承，调整或更换传动链条及链销。

3. 检修方法

（1）拆开轴承座，取出主轴。

（2）拆下链条与齿轮，清洗零部件，更换已磨损的齿轮、轴承等零件。

（3）更换或修理、修补传动轴及轴承座。

（4）更换或修补输瓶链条轨道，更换已磨损的链板、链销。

（5）拆下减速器、电动机，维护和保养。

（6）按拆卸的相反程序进行装配。

4. 安全事项

（1）切断设备电源并悬挂“禁止开启”警示牌。

（2）清理设备现场，制订人机安全措施。

（四）清洁

1. 清洁频次和方法

（1）每天生产前用洁净的清洁布擦拭设备表面。

（2）生产过程中停车间隙，随时清除设备上碎玻璃屑及拭去机体外表面污物。

（3）每天生产结束后清洁　用毛刷清除设备上碎玻璃屑等杂物，用洁净清洁布将设备外表面的污迹清除，用饮用水反复擦拭后擦干，保持表面光洁，污迹严重处，可用清洁布或毛刷适当蘸清洁剂除去污垢后，再用饮用水反复擦拭去除清洁剂残留后擦干。

2. 每周生产结束后及停产前清洁

用毛刷清除设备上碎玻璃屑等杂物，然后用洁净清洁布将设备外表面的污迹清除。最后用清洁布或毛刷蘸0.05%～0.1%洗洁精溶液反复擦拭机体外壁，待清洁剂停留5min以上时，用清洁布和大量饮用水反复擦拭至无滑腻感，然后再用洗净的清洁布将各处擦干，保持表面光洁。

3. 维修或其他特殊情况清洁

维修或其他特殊情况随时进行清洁，清洁方法视设备污染情况而定。

4. 清洁工具的清洁及存放

使用完的清洁工具按“车间一般区清洁工具清洁标准操作规程”进行清洁操作后存放在洁具间，备用。

5. 清洁效果评价

设备表面光洁，无可见污迹。

6. 填写清洁记录

填写清洁记录，经QA检查员检查清洁合格，并贴挂“已清洁”标示牌。

7. 设备清洁后有效期

（1）连续生产时，有效期至下次生产前，但不得超过七天。

（2）若设备停用超过七天，下次生产前要按（四）2 对设备进行清洁操作。

8. 注意事项

（1）清洁前要先切断电源。

（2）理瓶机在运行过程中，严禁对设备进行清洁操作。

六、生产实训内容记录

填写大容量注射剂理瓶批生产记录。

实训五　滚筒式洗瓶机标准操作规程

一、实训目的

1. 了解 XP15 型滚筒式洗瓶机在大容量注射液制剂中的作用。
2. 掌握 XP15 型滚筒式洗瓶机标准操作方法。
3. 掌握 XP15 型滚筒式洗瓶机的一般维修方法。

二、实训范围

XP15 型滚筒式洗瓶机岗位。

三、实训职责

滚筒式洗瓶机岗位操作人员及维修工。

四、实训产品

氯化钠注射液。

五、实训内容

（一）程序

同项目四实训一中的程序。

（二）XP15 型滚筒式洗瓶机标准操作规程

1. 准备工作

（1）检查洗瓶机的清洁情况。

（2）检查机器所在区域内是否有上批生产遗留物。

（3）检查电源是否正常，注意观察三相动力电源是否缺相。

（4）检查各紧固件是否拧紧，各润滑点、齿轮和链轮啮合处加注黄油。

（5）检查饮用水、纯化水、注射用水、蒸汽是否在可供状态，并且检查注射用水可见异物，应无可见异物。

（6）配制洗瓶用碱液，连接好各管路及过滤系统。

（7）开各种水阀及泵体，开动外洗机及洗瓶机。

（8）检查滚筒运转是否正常。

（9）检查毛刷是否端正、干净，如毛刷松动应更换新毛刷。

（10）检查毛刷、冲水嘴等位置是否对正瓶口，不正时则应调节检查进瓶是否正常，如有异常应调整。

（11）检查机台上和输瓶传送带上有无其他物品，如有应清除，以防卡坏机器。

（12）检查各种水温度、压力是否达到规定要求，冲瓶水应能直接冲到瓶底部。

2. 操作

（1）开车

①打开总电源开关。

②打开注射用水、纯化水、饮用水、碱水电源开关。

③打开传送带电源开关。

④打开洗瓶机主机电源开关，调节输瓶速度与产量相符。

（2）停车

①按正常操作步骤关闭电源，程序为：洗瓶机主机→传送带→碱水→饮用水→纯化水→注射用水→总电源。

②关闭所有水阀门。

3. 结束工作

（1）按“车间滚筒式洗瓶机清洁标准操作规程”对设备进行清洁操作。

（2）填写设备使用记录。

4. 注意事项

（1）碱泵的电磁阀要经常清洗。

（2）应经常检查各部位螺丝是否松动，如有松动应先拧紧后再开机运转。

（3）操作时随时注意操作面板及设备的运转情况，出现故障，应按紧急停止按钮，及时排除故障再启动。

（4）在机器转动时，禁止清理机器内的玻璃屑或处理设备异常情况以防伤到手。

（5）禁止近距离观察机器转动部位或瓶子易爆裂部位，防止玻璃屑飞溅到眼睛里，万一有玻璃屑飞溅到眼睛里，千万不要用手揉搓以防伤势扩大，要请同事帮忙或到医院处理。

（6）禁止用很湿的手操作按钮及电器开关防止触电。

（7）在做清洁工作时避免水飞溅到配电箱里或电机上。

（8）禁止挤压、碰撞电线管、电线等，防止发生触电。

（9）在操作热水或蒸汽时防止烫伤。

（10）滚筒式洗瓶机由粗洗机、精洗机两部分组成，电控部分在一般生产区，由粗洗操作工控制，精洗机在万级洁净区，开、停机均需同粗洗操作工联系。

（11）发现设备有异常时，及时通知维修人员处理，不要使设备带病工作。

5. 流程图

注射用水精洗（二道）←纯化水冲洗（四道）
↑
理瓶 →输瓶 →外刷洗 →粗洗机（含内毛刷刷洗机）→ 精洗机 → 灌装
↓
碱水刷洗（一道）→饮用水冲洗（二道）

（三）维护与保养

1. 日常维护和保养

（1）设备在使用前，检查各线路是否连接完好，管路连接是否安全、可靠；检查各部件是否松动，传动部位是否正常。

（2）设备在使用时，一定严格按照设备标准操作规程运行。

（3）磁力泵电机严禁倒转，在无水情况下严禁开泵，以免损坏。

（4）及时清除积水、玻璃屑和垃圾，保持台面、整机的清洁和卫生，防止油污和水渍滴入控制器内部。

（5）设备在使用后，要检查设备润滑情况，对设备进行清洁。

（6）每周将链轮、齿轮、凸轮表面涂润滑脂一次。

（7）每周各传动轴承处加注润滑脂一次。

（8）在停用时间较长或发现控制器内部受潮后，应低温烘干并检查电器性能及绝缘性能。

2. 定期检修

（1）检修类别　小修（三个月以上）、中修（半年一次）、大修（一年一次）。

（2）检查内容

①小修

Ⅰ、紧固各连接螺丝。

Ⅱ、检查、调整进出瓶装置。

Ⅲ、检查润滑系统，按规定加注润滑油（脂）。

Ⅳ、检查喷水装置的喷嘴与瓶口的轴线使之对中，并清洗疏通。

Ⅴ、检查注射用水、纯化水、饮用水、管道及阀门，并维修和检查水泵。

②中修

Ⅰ、包括小修内容。

Ⅱ、检查、更换磨损零件。

Ⅲ、检查、更换磨损齿轮及轴承。

Ⅳ、检查、修理或调整链板、电磁阀，必要时更换零件。

③大修

Ⅰ、包括中修内容。

Ⅱ、检查、修理进出瓶传动系统，更换齿轮、轴承。

Ⅲ、调整或更换传瓶链条及主轴轴承。

3. 检修前的准备

（1）使用说明书、图纸、记录等资料。

（2）检修所需的材料、备件、工具及检测器具。

4. 检修方法

（1）拆开轴承座，取出主轴。

（2）拆下链条与齿轮，清洗零部件，更换已磨损的齿轮、轴承等零件。

（3）拆下喷水装置的喷嘴并清洗疏通。

（4）更换或修理、修补传动轴及轴承座。

（5）更换或修补输瓶链条及轨道。

（6）更换已磨损的链板、链销。

（7）拆下减速器、电动机，维护和保养。

（8）按拆卸的相反程序进行装配。

5. 安全事项

（1）切断设备电源并悬挂“禁止开启”警示牌。

（2）清理设备现场，制订人机安全措施。

（四）清洁

1. 清洁频次和方法

（1）每天生产前用不脱落纤维的清洁布擦拭设备外表面。

（2）生产过程中停车间隙，随时拭去机体外表面污迹、水渍。

（3）每天生产结束后清洁。

（4）用毛刷清除设备上及设备周围的碎玻璃屑等杂物。

（5）打开机器上方护板，用长胶管接纯化水，冲洗精洗机夹瓶板。

①打开机器侧面护板，用长柄清洗刷将接水槽内碎玻璃屑等杂物清除。并将水槽内积水排净，将机器护板复装。

②用不脱落纤维的清洁布将机体外表面的污迹去除，水迹擦干，保持表面光洁。

③将精密滤芯拆下按规定做完整性试验及清洗浸泡。

（6）每周生产结束后清洁

①包括（四）1（3）。

②将精密滤芯拆下，过滤器复装。拆下的精密滤芯按规定做完整性试验及清洗浸泡。

③进行管路内部在线清洁消毒（此项工作由粗洗人员操作）。

Ⅰ、取2～3kg食用碳酸钠颗粒放在专用溶解桶内，用纯化水溶解后，碱液倒入循环水贮罐内，加水至100L。开纯化水泵进行管路循环。循环10min后放掉碱液。

Ⅱ、往循环水贮罐内放纯化水，用水循环冲洗至少5min。

Ⅲ、取浓双氧水10L倒入循环水贮罐内，加水至100L。开纯化水泵进行管路循环。循环10min后放掉双氧水溶液。

Ⅳ、往循环水贮罐内放水，用水循环冲洗至pH呈中性。

④将接水槽和贮罐内水再放净。

⑤用不脱落纤维的清洁布蘸0.05%～0.1%洗洁精溶液反复擦拭机体外壁，待清洁剂停留5min以上时，用纯化水反复擦拭至无滑腻感，然后将各处擦干，保持表面光洁。

（7）每月生产结束后清洁消毒

①外部清洁消毒同每周外部清洁消毒。

②内部清洁消毒

Ⅰ、拆下精洗机6道喷水管及设备相连可拆管道，先用2%～3%碳酸钠溶液先浸泡再用细毛刷蘸此溶液反复透刷，再用大量注射用水冲刷。目的是把平时累积的污垢去除。

Ⅱ、将拆下的喷水管及管道进行121℃，15min灭菌。

Ⅲ、按拆卸逆顺序复装。

Ⅳ、按（四）1（6）③进行管路内部在线清洁消毒。

（8）维修或其他特殊情况随时进行清洁，清洁方法视污染情况而定。

2. 清洁工具的清洁及存放

使用完的清洁工具按“车间洁净区清洁工具清洁消毒标准操作规程”进行清洁操作后存放在洁具间，备用。

3. 清洁效果评价

设备表面光洁，无可见污迹。

4. 填写清洁记录

填写清洁记录，经QA检查员检查清洁合格，并贴挂“已清洁”标示牌。

5. 设备清洁后有效期

（1）连续生产时，每天生产结束清洁后有效期至下次生产前，但不得超过48h。

（2）若设备停用超过48h，下次生产前按（四）1（6）对设备进行清洁消毒操作。

6. 生产结束至开始进行清洁操作等待时间

生产结束至开始进行清洁操作等待时间不得超过2h。

7. 注意事项

（1）清洁前先切断电源，清洁过程中电器元件不得沾水。

（2）洗瓶机在运行过程中，严禁对设备进行清洁操作。

六、生产实训内容记录

填写大容量注射剂粗洗瓶批生产记录。

实训六 超声波洗瓶机标准操作规程

一、实训目的

1. 了解超声波洗瓶机在大容量注射液制剂中的作用。
2. 掌握 QJB12 型超声波洗瓶机标准操作方法。
3. 掌握 QJB12 型超声波洗瓶机的一般维修方法。

二、实训范围

QJB12 型超声波洗瓶岗位。

三、实训职责

QJB12 型超声波洗瓶岗位操作人员及维修工。

四、实训产品

氯化钠注射液。

五、实训内容

（一）程序

同项目四实训一的程序。

（二）QJB12 型超声波洗瓶机标准操作规程（SOP）

1. 准备工作

（1）检查超声波洗瓶机的清洁情况。

（2）检查机器所在区域内是否有上批生产遗留物。

（3）检查电源是否正常，注意观察三相动力电源是否缺相。

（4）检查各紧固件是否拧紧，各润滑点、齿轮和链轮啮合处加注黄油。

（5）检查饮用水、纯化水、注射用水、蒸汽是否在可供状态，并且检查注射用水可见异物，应无可见异物。

（6）连接好各管路及过滤系统。

（7）检查压力表、过滤器、电磁阀、阀门是否正常。

（8）检查主机、输送带电源是否正常。

（9）打开饮用水阀门，超声波水槽里加水至水位超过超声波换能器（以浮子开关为准），并检查瓶口与喷射管中心线是否在一条线上。

（10）打开电源开关，电源指示灯亮后开启加热旋钮，打开蒸汽阀门至操作面板上温度显示器显示45～55℃为止，并保持45～55℃。

（11）检查喷射管路压力应≥0.15MPa。

2. 操作

（1）开车

①首先打开注射用水进水阀门、内外冲洗管道阀门，再打开预冲洗管道上阀门。按先后顺序打开精洗开关、超声波发生器开关，最后打开变频调速开关。

②调变频调速器的旋钮，顺时针旋转加速，逆时针旋转减速，待频率显示相应值与产量相符时停止调速。

③调节输瓶速度与产量相符。

（2）停车

①先将调速旋转按钮逆时针旋至极限，关主机，停变频器停止按钮，关闭相应开关，关闭总电源。关闭气源及各类阀门。

②放净各水槽里的水。

3. 结束工作

（1）按“车间QJB12型超声波洗瓶机清洁标准操作规程”对设备进行清洁操作。

（2）填写设备使用记录。

4. 注意事项

（1）变频器启动5s后，启动主机。停机时先停主机后停变频器。

（2）调整传送带速度必须在停机时进行。

（3）操作面板上变频器功能键只许操作“△”或“▽”符号，其他的不操作，以免程序混乱。

（4）变频器在调整时，不得过频起、停操作。

（5）应经常检查各部位螺丝是否松动，如有松动应先拧紧后再开机运转。

（6）操作随时注意操作面板故障显示，如有故障，应按紧急按钮，及时排除故障再启动。

（7）更换不同规格的瓶子时，先换进瓶绞龙及调整输送带的宽度，并适当开启进水阀门。

（8）超声波主机工作时发出一种高频尖叫声，当超声波发生器不工作或出故障时不发出声音，此时应停车处理。

(9) 在机器转动时，禁止清理机器内的玻璃屑或处理设备异常情况以防伤到手。

(10) 禁止近距离观察机器转动部位或瓶子易爆裂部位，防止玻璃屑飞溅到眼睛里，万一有玻璃屑飞溅到眼睛里，千万不要用手揉搓以防伤势扩大，要请同事帮忙或到医院处理。

(11) 禁止用湿手操作按钮及电器开关防止触电。

(12) 在做清洁工作时避免水飞溅到配电箱里或电机上。

(13) 禁止挤压、碰撞电线管、电线等防止发生触电。

(14) 在操作热水或蒸汽时防止烫伤。

(15) 设备控制部分在一般区，由粗洗操作工负责，精洗部分在紧急情况下可按急停按钮。

(16) 发现设备有异常时，及时通知维修人员处理，不要使设备带病工作。

(三) 维护与保养

1. 日常维护和保养

(1) 超声波发生器放置处要通风、干燥。

(2) 设备在使用前，检查各线路是否连接完好，管路连接是否安全、可靠；检查各部件是否松动，传动部位是否正常。

(3) 设备在使用时，一定严格按照设备标准操作规程运行。

(4) 磁力泵电机严禁倒转，在无水情况下严禁开泵，以免损坏。

(5) 及时清除积水、玻璃屑及垃圾，保持台面及整机的清洁和卫生，防止油污及水渍滴入控制器内部。

(6) 设备在使用后，要检查设备润滑情况，对设备进行清洁。

(7) 每周将链轮、齿轮、凸轮表面涂润滑脂一次。

(8) 每周各传动轴承处加注润滑脂一次。

(9) 机器必须有良好的接地保护，电阻值不大于0.4Ω。

(10) 在停用时间较长或发现控制器内部受潮后，应低温烘干并检查电器性能及绝缘性能。

2. 定期检修

(1) 检修类别　小修（三个月以上）、中修（一年一次）、大修（二年一次）。

(2) 检查内容

①小修

Ⅰ、紧固各连接螺栓。

Ⅱ、检查、调整进瓶装置。

Ⅲ、检查润滑系统，按规定加注润滑油（脂）。

Ⅳ、检查喷水装置的喷嘴与瓶口的轴线使之对中，并清洗疏通。

Ⅴ、检查注射用水、纯化水、饮用水过滤管道及阀门，并维修和检查循环水泵。

Ⅵ、检查维修或调整链板、链轮。

②中修

Ⅰ、包括小修内容。

Ⅱ、检查、更换磨损零件、齿轮及轴承。

Ⅲ、检查、修理连杆机构，必要时更换零件。

Ⅵ、检查、调整或更换冲洗液控制阀。

③大修

Ⅰ、包括中修内容。

Ⅱ、检查、修理进瓶出瓶机构、传动系统、更换齿轮、轴承。

Ⅲ、检查、修理喷水装置，并更换磨损部件。

Ⅳ、检查、修理主轴，更换轴承。

Ⅴ、调整或更换装瓶链条及导轨。

3. 检修前的准备

（1）使用说明书、图纸、记录等资料。

（2）检修所需的材料、备件、工具及检测器具。

4. 检修方法

（1）拆卸

①拧开护板螺栓，拆出护板。

②拆开快开卡箍，取出喷水装置。

③拆开链条拉出装瓶机构。

④拆开轴承座，取出主轴。

⑤固定螺丝打开，取出超声波发生器。

（2）连杆传动

①打开护板，拆出链条与齿轮，清洗零部件，更换已磨损的齿轮、轴承座。

②更换或修理、修补连杆及传动轴、轴承座。

③更换或修补装瓶链条轨道。

（3）输送装置

①更换磨损的链板、链销。

②拆下减速器和电动机进行维护和保养。

（4）超声波发生器

①维修或更换已损坏的探头或零件。

②清洗或修补超声波发声器整体。

（5）喷水装置

①用细铁丝或专用工具疏通喷嘴。

②修补或更换已损坏的疏水器。

(6) 装配　按拆卸的相反程序进行。

5. 安全事项

(1) 切断设备电源并悬挂“禁止开启”警示牌。

(2) 清理设备现场，制订人机安全措施。

(四) 清洁

1. 清洁频次和方法

(1) 每天生产前用长胶管接合格纯化水或注射用水，冲洗超声波洗瓶机水槽内表面、链条，由排水口排出残水，用不脱落纤维的清洁布擦拭设备外表面。

(2) 生产过程中停车间隙，随时拭去机体外表面污迹、水渍。

(3) 每天生产结束后清洁

①用毛刷清除设备上及设备周围的碎玻璃屑等杂物。

②将水箱内水放空。

③用洁净清洁布将出瓶输送链、输送机构等机体外表面的污迹清除，用纯化水反复擦拭后擦干，保持表面光洁。

④用不脱落纤维的清洁布将机体外表面的污迹去除，水迹擦干，保持表面光洁。

⑤将精密滤芯拆下，过滤器复装。拆下的精密滤芯按规定做完整性试验及清洗浸泡。

(4) 每周生产结束后清洁

①包括每天生产结束后清洁。

②进行设备及管路内部在线清洁消毒。

Ⅰ、取4kg食用碳酸钠颗粒放在专用溶解桶内，用注射用水溶解后，碱液倒入注射用水水箱（Ⅰ）内，加水至150~180L。开纯化水泵进行管路循环。Ⅰ水箱抽完后，停纯化水泵。此时碱液已逐渐进入纯化水水箱（Ⅱ）。开循环水泵进行下道管路循环，Ⅱ水箱抽完后，停泵。放掉碱液。

Ⅱ、用注射用水、纯化水冲洗各水箱及管路至少5min。

Ⅲ、取浓双氧水15L倒入注射用水水箱内，加水至150L。开按（四）1（4）②Ⅰ方式进行管路循环后，放掉3% 双氧水溶液。

Ⅳ、用注射用水、纯化水冲洗各水箱及管路至最终冲洗水pH呈中性。

③用不脱落纤维的清洁布蘸0.05% ~0.1%洗洁精溶液反复擦拭机体外壁，待清洁剂停留5min以上时，用纯化水反复擦拭至无滑腻感，然后将各处擦干，保持表面光洁。

(5) 每月生产结束后清洁消毒

①外部清洁消毒同每周外部清洁消毒。

②内部清洁消毒

Ⅰ、拆下精洗机6道喷水管及设备相连可拆管道，先用2%～3%碳酸钠溶液浸泡，再用细毛刷蘸此溶液反复透刷，再用大量注射用水冲刷。目的是把平时累积的污垢去除。

Ⅱ、将拆下的喷水管及管道进行121℃、15min湿热灭菌。

Ⅲ、按拆卸逆顺序复装。

Ⅳ、按（四）1（4）②进行管路内部在线清洁消毒。

（6）维修或其他特殊情况随时进行清洁，清洁方法视污染情况而定。

2. 清洁工具的清洁及存放

使用完的清洁工具按“车间洁净区清洁工具清洁消毒标准操作规程”进行清洁操作后存放在洁具间，备用。

3. 清洁效果评价

设备表面光洁，无可见污迹。

4. 填写清洁记录

填写清洁记录，经QA检查员检查清洁合格，并贴挂“已清洁”标示牌。

5. 设备清洁后有效期

（1）连续生产时，每天生产结束清洁后有效期至下次生产前，但不得超过48h。

（2）若设备停用超过48h，下次生产前按（四）1（4）对设备进行清洁消毒操作。

6. 生产结束至开始进行清洁操作等待时间不得超过2h。

7. 注意事项

（1）清洁前先切断电源，清洁过程中电器元件不得沾水。

（2）洗瓶机在运行过程中，严禁对设备进行清洁操作。

六、生产实训内容记录

填写大容量注射剂精洗瓶批生产记录。

实训七　大容量注射液灌装机标准操作规程

一、实训目的

1. 了解灌装机在大容量注射液制剂中的作用。

2. 掌握大容量注射液灌装机的标准操作方法。

3. 掌握大容量注射液灌装机的一般维修方法。

二、实训范围

大容量注射液灌装岗位。

三、实训职责

灌装岗位操作人员及维修人员。

四、实训产品

氯化钠注射液。

五、实训内容

（一）程序

同项目四实训一中的程序。

（二）大容量注射液精洗灌装标准操作法（SOP）

1. 准备工作

（1）检查灌装机的清洁情况。

（2）检查机器所在区域内是否有上批生产遗留物。

（3）检查主机、输送带电源是否正常，检查三角皮带是否完好。

（4）检查各润滑点的润滑状况。

（5）检查药液管道阀门开启是否灵敏、可靠，各联接处有无泄漏情况。

（6）检查药液管路与氮气管路有无堵塞。

（7）试开机，检查灌装机运转是否正常，有无异常声响。

2. 操作

（1）开车

①首先打开电源开关，待电源指示灯亮后开输送带、主机、变频调速器，最后打开药液管道阀门。

②按变频调速器的“△”或“▽”键（加速时按“△”，减速时按“▽”），待频率显示相应值与产量相符时停止调速。

③根据每分钟产量调整输送带速度。

④调节进药液阀门，调整灌装量，达到标准装量。

⑤运行过程中操作工应随时观察灌装头、瓶、托瓶盘是否在一线上，有无碎瓶及灌装不均现象，若有应及时报知维修人员进行相应调整。

（2）停车

①先关进药液阀门，后关变频调速器、主机、输送带。

②关闭电源开关。

（3）各机构的调整

①进出瓶拨轮位置的调整：拔轮进出瓶缺口的位置必须与中心转台上托瓶台的位置对准，调整时首先松开紧固螺钉和手柄螺栓，然后转动拔轮片，使其与托瓶台对准，对准后拧紧紧固螺钉和螺栓。

②灌装机容量的调整：用调节管路上的调节阀，进行流量调节，或调节分液板的偏转角度来调整灌装装量不均。

③漏斗高度的调整：更换不同规格的瓶子先松开漏斗支架固定套上的螺钉，后松开手柄，摇动手轮，摇至瓶子所需的高度后紧固支架固定套上的螺钉。

3. 结束工作

（1）按“车间灌装机清洁消毒标准操作规程”对设备进行清洁操作。

（2）填写设备使用记录。

4. 注意事项

（1）输送带速度必须与洗瓶机输送带速度保持一致，调速时必须在停止时进行。

（2）操作面板上变频器的键只许操作“△”或“▽”符号，其他的不作调整。

（3）更换不同规格的瓶子时更换拨轮台、拨轮及调整漏斗高度。

（4）在机器转动时，禁止清理机器内的玻璃屑或处理设备异常情况，以防伤到手。

（5）禁止近距离观察机器转动部位或瓶子易爆裂部位，防止玻璃屑飞溅到眼睛里，万一有玻璃屑飞溅到眼睛里，千万不要用手揉搓以防伤势扩大，要请同事帮忙或到医院处理。

（6）禁止用湿手操作按钮及电器开关防止触电。

（7）在做清洁工作时避免水飞溅到配电箱里或电机上。

（8）禁止挤压、碰撞电线管、电线等防止发生触电。

（9）在做大处理及拆卸过滤器、灌装机时防止热水烫伤。

5. 流程

进瓶（把瓶子分隔成一定距离拨至输送带上）→托瓶机构（在凸轮和弹簧作用下瓶子向上托起对准灌装头，接受灌装）→灌装（在凸轮和弹簧作用下上升定心套卡住瓶肩定位、充氮管及液管充氮、充液）→出瓶（托台下移经输出拨轮将瓶子拨到输送带上）→输出。

（三）维护与保养

1. 日常维护与保养

（1）设备在使用前，检查各线路是否连接正确，各部件是否松动。

（2）设备在使用时，一定严格按照设备标准操作规程运行。

（3）及时清除玻璃屑及药液，保持台面及整机的清洁和卫生。

（4）设备在使用后，要检查设备润滑情况，对设备进行清洁。

（5）外露齿轮及油嘴处每三天应加注钙基润滑脂。

（6）注意涡轮变速器的润滑情况，如发现油量不足应及时添加。

2. 定期检修

（1）检修类别　小修（三个月以上）、中修（半年以上）、大修（一年以上）。

（2）检查内容

①小修

Ⅰ、检查、调整进瓶装置（拨轮、绞龙等）。

Ⅱ、检查、调整润滑系统，并加注润滑油（机油：黄油，7∶3牵引油等）。

Ⅲ、检查、调整漏斗嘴与瓶口使之轴线对中。

Ⅳ、检查、更换输瓶链板、链轮、紧固各部位连接螺栓。

Ⅴ、检查各密封系统及电器部分。

②中修

Ⅰ、包括小修内容。

Ⅱ、检查、更换拨轮、绞龙。

Ⅲ、检查、修理或更换漏斗。

③大修

Ⅰ、包括中修内容。

Ⅱ、检查、修理可更换传动齿轮。

Ⅲ、检查、修理减速装置，修理主轴，更换轴承。

3. 检修前的准备

（1）使用说明书、图纸、记录等资料。

（2）检修所需的材料、备件、工具及检测器具。

4. 检修方法

（1）拆卸

①拆下漏斗上盖、漏斗、拨轮、绞龙、输瓶轨道、转盘及台面板。

②拆下电动机、减速器。

③拆下传动齿轮及各传动轴。

（2）机座　机座如发现影响强度和使用性能的裂纹、断裂等缺陷，可采用补焊方法修复。

（3）漏斗损伤要补焊后再抛光；漏斗生锈要抛光处理。

（4）传动齿轮有损伤或磨损严重，应更换处理。

（5）漏斗嘴弹簧、瓶托弹簧、磨损或弹力不够时更换处理。

（6）漏斗及瓶托轨道磨损应修补处理。

（7）装配　装配按拆卸的相反程序进行。

5. 安全事项

（1）切断设备电源并悬挂“禁止开启”警示牌。

（2）清理设备现场，制订人机安全措施。

（四）清洁

1. 清洁消毒频次及方法

（1）每天生产前清洁

①与配制人员联系好，用注射用水从配制罐通过泵体在线冲洗灌装机及管路10min，由灌装机分液管口处排掉。

②用灭菌的超细布将机体各表面、护板水渍擦净。

（2）生产过程中停车间隙，清除设备上碎玻璃屑及拭去机体各表面、护板污渍、水渍，保持设备干燥。

（3）每天生产结束后清洁消毒

①外部清洁

Ⅰ、用毛刷清除设备上的碎玻璃屑。

Ⅱ、用超细布将机体各表面、护板的污迹清除。

Ⅲ、用超细布蘸2%～3%碳酸钠溶液反复擦拭机体外壁，待清洁剂停留5min以上时，用超细布和大量注射用水反复擦拭至无滑腻感为止。将机体外表面所有水渍擦干。

Ⅳ、用75%乙醇擦拭消毒灌装机机体各表面、护板。

②内部清洁消毒

Ⅰ、与配制人员联系好，配制罐药液管道输送来的液体，由灌装机分液口排放（水－双氧水－水）。

Ⅱ、拆卸分液装置，用2%～3%双氧水反复擦拭分液装置内表面、下料口及漏斗内表面等，待消毒剂停留5min以上时，用大量注射用水反复冲洗至净。

Ⅲ、按拆卸相反顺序将分液装置复装。

（4）更换品种、同一品种连续生产七天、停产超过48h停产前后清洁消毒

①外部清洁消毒同（四）1（3）①。

②内部清洁消毒

Ⅰ、与配制人员联系好，用注射用水从配制罐通过泵体在线冲洗灌装机及管路两遍，每遍各5min，去除药液残留。再用3%～5%碳酸钠溶液冲洗至少5min，然后用注射用水冲洗5min，接着用3%双氧水溶液冲洗至少5min，最后用经0.22μm精密滤芯过滤的注射用水冲洗至少10min。冲洗时间通过调节灌装机转速决定。

Ⅱ、与配制罐内部清洁消毒同期进行。

（5）每月及生产结束时清洁消毒

①外部清洁消毒同（四）1（3）①。

②内部清洁消毒

Ⅰ、与配制人员联系好，用注射用水从配制罐通过泵体在线冲洗灌装机及管

路5min，再用3%～5%碳酸钠溶液冲洗至少5min，然后用注射用水冲洗5min，接着用3%双氧水溶液冲洗至少5min，最后用经0.22μm精密滤芯过滤的注射用水冲洗不得少于半小时。

Ⅱ、拆卸分液装置及漏斗。用大量注射用水反复冲刷。漏斗湿热灭菌121℃，15min。

Ⅲ、按拆卸相反顺序将分液装置及漏斗复装。

（6）维修或其他特殊情况随时进行清洁，清洁方法视污染情况而定。

2. 清洁工具的清洁及存放

使用完的清洁工具按“车间洁净区清洁工具清洁消毒标准操作规程”进行清洁操作后存放在洁具间，备用。

3. 清洁效果评价

（1）设备表面光洁，无可见污迹。

（2）取2个带有标记的瓶子，从灌装机接料口处接最后冲洗水，检查可见异物合格，pH呈中性即可。

4. 填写清洁记录

填写清洁记录，经QA检查员检查清洁合格，并贴挂“已清洁”标示牌。退出灌装间将门关严，避免设备污染。

5. 设备清洁后有效期

（1）连续生产时，每天生产结束清洁后有效期至下次生产前，但不得超过48h。

（2）若设备停用超过48h，下次生产前按（四）1（4）对设备进行清洁消毒操作。

6. 生产结束至开始进行清洁操作等待时间不得超过1h。

7. 注意事项

（1）清洁前先切断电源，清洁过程中操作面板上不得沾水，以免变频调速器功能失常。

（2）严禁对运转的灌装机进行清洁操作。

（3）冲洗灌装机及管路时一定要使灌装机处于开启旋转状态，且转速一定要慢，保证冲洗液在管道内充满且冲洗液从漏斗上部有溢流。

（4）灌装机是保证产品质量（无菌和可见异物）关键设备，在拆装及清洁消毒操作过程中一定要非常小心，避免污染。

六、生产实训内容记录

填写大容量注射剂灌装、加塞批生产记录。

实训八　旋转式加塞机标准操作及维护规程

一、实训目的

1. 掌握加塞机标准操作及维护。
2. 掌握加塞机清洁方法。

二、实训范围

加塞岗位。

三、实训职责

加塞岗位操作人员及维修工。

四、实训产品

氯化钠注射液。

五、实训内容

（一）程序

同项目四实训一中的程序。

（二）FGS12 型旋转式加塞机标准操作规程（SOP）

1. 准备工作

（1）检查加塞机的清洁情况。

（2）检查机器所在区域内是否有上批生产遗留物。

（3）检查主机、输送带和吸风泵电源是否正常。

（4）检查各润滑点的润滑状况。

（5）往振动理塞斗内放入适量丁基胶塞。

2. 操作

（1）开机步骤如下　先开输气瓶及气泵，再开主机，在变频指示显示为 0 后，按变频器开关，调节速度，等频率显示出相应值与产量相符时（调机时一般频率在 15Hz 左右）。

（2）开机生产　按开机步骤送药生产。

（3）停机时先将调速旋钮反时针旋到极限位，按主机停止按钮，按变频停止按钮，主传动停止工作，最后切断电源。

3. 结束工作

（1）按“车间加塞机清洁消毒标准操作规程”对设备进行清洁操作。

（2）填写设备使用记录。

4. 注意事项

（1）变频启动后，需延时5s后，主机方能启动。

（2）当变频器显示OL时，表示超负荷，显示OC时，表示启动不当。

（3）变频器到主机接线必须接牢，严防单相运行。

（4）在机器转动时，禁止清理机器内的玻璃屑或处理设备异常情况，以防伤到手。

（5）禁止近距离观察机器转动部位或瓶子易爆裂部位，防止玻璃屑飞溅到眼睛里，万一有玻璃屑飞溅到眼睛里，千万不要用手揉搓以防伤势扩大，要请同事帮忙或到医院处理。

（6）禁止用湿手操作按钮及电器开关防止触电。

（7）在做清洁工作时避免水飞溅到配电箱里或电机上。

（8）禁止挤压、碰撞电线管、电线等防止发生触电。

（三）维护与保养

1. 日常维护与保养

（1）设备在使用前，检查各线路是否连接正确，各部件是否松动。

（2）设备在使用时，一定严格按照设备标准操作规程运行。

（3）及时清除玻璃屑及药液，保持台面及整机的清洁和卫生。

（4）设备在使用后，要检查设备润滑情况，对设备进行清洁，切断电源，关闭阀门。

（5）易损件磨损后应及时更换，机器零件松动时，应及时紧固。

（6）注意规格件的保管和储存，并按生产要求换置规格件。

（7）气泵严禁吸入固状物或液体及严重污染的气体。

（8）气泵进气管内的过滤网和消音器应根据实际情况及时清洗，以免堵塞，影响使用效果。

2. 定期检修

（1）检修类别　小修（三个月以上）、中修（半年以上）、大修（一年以上）。

（2）检查内容

①小修

Ⅰ、检查、调整进瓶装置（拨轮、绞龙等）。

Ⅱ、检查、调整润滑系统，并加注润滑油（机油：黄油，7∶3牵引油等）。

Ⅲ、检查、调整吸塞头与瓶口使之轴线对中。

Ⅳ、检查、更换输瓶链板、链轮，紧固各部位连接螺栓。

Ⅴ、检查、调整真空泵气管路、冷却水管路。

Ⅵ、检查或调整吸塞头。

Ⅶ、检查各密封系统及电器部分。

②中修

Ⅰ、包括小修内容。

Ⅱ、检查、更换拨轮、绞龙。

Ⅲ、检查、修理或更换机械夹瓶块、摆杆或加塞头。

Ⅴ、检查、修理振荡自动落盖装置电源、电磁振动装置。

③大修

Ⅰ、包括中修内容。

Ⅱ、检查、修理可更换传动齿轮。

Ⅲ、检查、修理真空系统（包括真空泵）、减速装置、传动机构，修理主轴，更换轴承。

3. 检修前的准备

（1）使用说明书、图纸、记录等资料。

（2）检修所需的材料、备件、工具及检测器具。

4. 检修方法

（1）拆卸

①拆下加塞头、拨轮、绞龙、输瓶轨道、转盘及台面板。

②拆下护板，取出电动机、减速装置及真空泵。

③拆下传动齿轮及各传动轴。

（2）机座　机座如发现影响强度和使用性能的裂纹、断裂等缺陷，可采用补焊方法修复。

（3）传动齿轮有损伤或磨损严重，真空泵真空度不够或运行不正常、连杆传动机构有损伤或磨损严重、电器元件有损坏或不灵敏应更换处理。

（4）装配　装配按拆卸的相反程序进行。

5. 安全事项

（1）切断设备电源并悬挂“禁止开启”警示牌。

（2）清理设备现场，制订人机安全措施。

（四）清洁

1. 清洁消毒频次及方法

（1）每天生产前先用灭菌的超细布擦拭机体各表面、护板、输送带、加塞头和理塞斗等，然后用75%乙醇擦拭消毒设备接触胶塞部分，主要包括理塞斗、送塞轨道和吸塞头等。

（2）生产过程中停车间隙，清除设备上碎玻璃屑及拭去机体各表面、护板污渍、水渍，保持设备干燥。

（3）每天生产结束后清洁消毒。

（4）用毛刷清除设备上的碎玻璃屑。

①用超细布将机体各表面、护板的污迹清除。

②用超细布蘸 2% ~3% 碳酸钠溶液反复擦拭机体各表面，待清洁剂停留 5min 以上时，用超细布和大量注射用水反复擦拭至无滑腻感为止。将机体外表面所有水渍擦干。

③用 75% 乙醇全面擦拭消毒加塞机各表面。

（5）维修或其他特殊情况随时进行清洁，清洁方法视污染情况而定。

2. 清洁工具的清洁及存放

使用完的清洁工具按“车间洁净区清洁工具清洁消毒标准操作规程”进行清洁操作后存放在洁具间，备用。

3. 清洁效果评价

设备表面光洁，无可见污迹。

4. 填写清洁记录

填写清洁记录，经 QA 检查员检查清洁合格，并贴挂“已清洁”标示牌。

5. 生产结束至开始进行清洁操作等待时间

生产结束至开始进行清洁操作等待时间不得超过 2h。

6. 注意事项

（1）清洁前先切断电源，清洁过程中操作面板上不得沾水，以免变频调速器功能失常。

（2）严禁对运转的加塞机进行清洁操作。

六、生产实训内容记录

填写大容量注射剂灌装、加塞批生产记录。

实训九　轧盖机标准操作及维护规程

一、实训目的

1. 了解轧盖机的工作原理。
2. 掌握 FGL6 型轧盖机的操作方法。
3. 掌握 FGL6 型轧盖机的调节技能。

二、实训范围

轧盖岗位。

三、实训职责

轧盖岗位操作人员及维修工。

四、实训产品

氯化钠注射液。

五、实训内容

（一）程序

同项目四实训一中的程序。

（二）FGL6 型轧盖机标准操作规程（SOP）

1. 准备工作

（1）检查电源是否正常。

（2）检查各加油点，必要时加注润滑油。

（3）将合格的铝塑盖放在振荡器振荡筛里。

（4）检查各紧固件是否拧紧。

（5）检查轧刀是否完好。

（6）用手盘动机架内的传动皮带，观察转动是否自如，否则停机检查。

（7）试开机，检查设备运转是否正常，有无异常声响。

2. 操作

（1）开车

①首先打开电源开关，待电源指示灯亮后打开振荡器、主机、输送带，最后开变频调速器。

②按变频调速器的“△”或“▽”按钮（加速时按“△”，减速时按“▽”），待频率显示相应值与产量相符时停止调速。

③输送带速度根据主机速度来调整。

④在运行中操作工应注意观察振盖、落盖情况，如有遗漏应及时取出瓶。

⑤在运行过程中操作工应注意观察轧盖质量。

⑥在运行过程中操作工应根据进瓶的速度和落塞的速度调整轧盖机上的变频调速器。

（2）停车

①首先停变频调速器，后停主机、输送带、振荡器及主机电源。

②切断总电源开关。

③把振荡器振荡筛里的铝塑盖放置指定地点。

（3）各机构的调整

①进出瓶拨轮位置的调整：拨轮进出瓶缺口的位置必须与中心转台上托瓶台的位置对准，调整时首先松开紧固螺钉和手柄螺栓，然后转动拨轮，使其与托瓶台对准，对准后拧紧紧固螺钉和螺栓。

②轧头压力及轧刀高度：调整时，将输液瓶放置在中心拨轮缺口，根据玻璃

瓶高度调整轧刀高度。调节轧头弹簧的松紧来调轧刀压力。

3. 结束工作

（1）按“车间轧盖机清洁标准操作规程”对轧盖机进行清洁操作。

（2）填写设备使用记录。

4. 注意事项

（1）禁止从旋转牙盘牙口处取药瓶，避免发生安全事故。

（2）在机器转动时，禁止清理机器内的玻璃屑或处理设备异常情况，以防伤到手。

（3）禁止近距离观察机器转动部位或瓶子易爆裂部位，防止玻璃屑飞溅到眼睛里，万一有玻璃屑飞溅到眼睛里，千万不要用手揉搓以防伤势扩大，要请同事帮忙或到医院处理。

（4）禁止用湿手操作按钮及电器开关防止触电。

（5）在做清洁工作时避免水飞溅到配电箱里或电机上。

（6）禁止挤压、碰撞电线管、电线等防止发生触电。

（7）操作面板上变频调速器的键只许操作“△”或“▽”符号，其他的不作操作，以免程序混乱。

（8）更换不同规格的瓶子时，要更换拨轮台和拨轮。

（9）发现设备有异常时，及时通知维修人员处理，不要使设备带病工作。

5. 流程

输液瓶→进瓶绞龙（等距分瓶，套上铝塑盖）→左中心拨轮（压紧铝塑盖）→右中心拨轮（主传动凸轮作用下）→压住铝塑盖旋转轧刀→出瓶星轮→下一工序

（三）维护与保养

1. 日常维护与保养

（1）设备在使用前，检查各线路是否连接正确，各部件是否有松动现象。

（2）设备在使用时，一定严格按照设备标准操作规程运行。

（3）及时清除玻璃屑及垃圾，保持台面及整机的清洁和卫生。

（4）设备在使用后，要检查设备润滑情况，对设备进行清洁。

（5）每周将链轮、齿轮、凸轮表面涂润滑脂一次。

2. 定期检修

（1）检修类别　小修（三个月以上）、中修（半年以上）、大修（一年以上）。

（2）检查内容

①小修

Ⅰ、检查、调整进瓶装置（拨轮、绞龙等）。

Ⅱ、检查、调整润滑系统，并加注润滑油（机油：黄干油、牵引油）。

Ⅲ、检查、调整压盖头与瓶口轴线，轧盖头中心线与瓶轴线对中。

Ⅳ、检查、调整输瓶链板、链轮等。

Ⅴ、检查或紧固各部位连接螺栓及销子。

Ⅵ、检查或调整自动落盖头。

Ⅶ、检查电器控制部分。

②中修：包括小修内容。

Ⅰ、检查、更换拨轮、绞龙、定位盘。

Ⅱ、检查、修理或更换轧盖头轴、铜套、弹簧、轧盖头及轴承。

Ⅲ、检查、修理振荡自动落盖机。

Ⅳ、检查、修理振荡自动落盖装置电源、电器振动装置。

③大修：包括中修内容。

Ⅰ、检查、修理可更换传动齿轮。

Ⅱ、检查、修补主轴滑动面及轧头轨道。

Ⅲ、检查、修理轧头轴滑动面及转动面。

Ⅳ、检查、修理减速装置。

Ⅴ、检查、更换平键及轴承。

3. 检修前的准备

(1) 使用说明书、图纸、记录等资料。

(2) 检修所需的材料、备件、工具及检测器具。

4. 检修方法

(1) 拆卸

①拆下轧刀电机、护板、尼龙传动齿轮，拧开主轴螺母，取出轧头、轨道，拆下平键，取出双层传动齿轮、隔套，拧开六个固定螺丝，拆卸主轴。

②拆压盖护盖，拧开螺母，拆出轨道，取出压盖头，拧开6个固定螺丝，取出压盖主轴。

③拆卸两侧护板，拆下电动机、减速器。

④打开锁定螺母拆下传动齿轮及轴。

(2) 轨道　轨道如发现磨损大、使用性的裂纹等缺陷，可以采用补焊方法修复。

(3) 刀刃磨损大或刀刃角度变大时更换处理。

(4) 轧刀轴座、铜套及轴承严重磨损时更换处理。

(5) 尼龙齿轮、传动轴齿轮严重磨损时更换。

(6) 轧刀弹簧、销子、轴承严重磨损时更换。

(7) 装配按拆卸的相反程序进行。

5. 安全事项

(1) 切断设备电源并悬挂“禁止开启”警示牌。

（2）清理设备现场，制订人机安全措施。

（四）清洁

1. 清洁频次和方法

（1）每天生产前用洁净不脱落纤维的清洁布擦拭轧盖机机体各表面、护板、输送带、轧刀。

（2）生产过程中停车间隙，随时清除设备上碎玻璃屑及拭去机体外表面污物。

（3）每天生产结束后清洁

①用毛刷清除设备上碎玻璃屑等杂物。

②用不脱落纤维的清洁布将机体各表面、护板、输送带、轧刀的污迹清除，用纯化水反复擦拭后擦干，保持表面光洁。

③污迹严重处，可适当蘸清洁剂除垢后，再用纯化水反复擦拭去除清洁剂残留后擦干。

（4）每三天生产结束后及停产前清洁消毒

①用毛刷清除设备上碎玻璃屑等杂物。

②用不脱落纤维的清洁布将机体各表面、护板、输送带、轧刀的污迹清除。

③用不脱落纤维的清洁布或毛刷蘸清洁剂反复擦拭机体各表面，待清洁剂停留5min以上时，用不脱落纤维的清洁布和纯化水反复擦拭至无滑腻感，并刷洗轧刀，除去表面油垢、污迹。

④用不脱落纤维的清洁布或毛刷蘸消毒剂全面擦拭机体各表面、输送带、轧刀，最后用纯化水反复擦拭至无消毒剂残留。

（5）维修或其他特殊情况随时进行清洁，清洁方法视污染情况而定。

2. 清洁工具的清洁及存放

使用完的清洁工具按“车间洁净区清洁工具清洁标准操作规程”进行清洁操作后存放在洁具间，备用。

3. 清洁效果评价

设备表面光洁，无可见污迹。

4. 填写清洁记录

填写清洁记录，经QA检查员检查清洁合格，并贴挂“已清洁”标示牌。

5. 设备清洁后有效期

（1）连续生产时，每天生产结束清洁后有效期至下次生产前，但不得超过三天。

（2）设备停用超过三天，下次生产前要按（四）1（4）对设备进行清洁消毒操作。

6. 生产结束至开始进行清洁操作等待时间

生产结束至开始进行清洁操作等待时间不得超过2h。

7. 注意事项

(1) 清洁前先切断电源，清洁过程中操作面板上不得沾水，以免变频调速器功能失常。

(2) 严禁对运转的轧盖机进行清洁操作。

六、生产实训内容记录

填写大容量注射剂轧盖批生产记录。

实训十 灯检标准操作规程

一、实训目的

1. 了解灯检在制剂中的作用。
2. 掌握灯检的标准操作规程。

二、实训范围

灯检岗位。

三、实训职责

灯检岗位操作人员。

四、实训产品

1. 药品名称：葡萄糖注射液。
2. 产品处方：12.5g。
3. 性状：无色或几乎无色的澄明液体；味甜。
4. 作用类别：静脉注射。
5. 适应证：补充能量和体液；用于各种原因引起的进食不足或大量体液丢失（呕吐、腹泻等），全静脉内营养，饥饿性酮症等。
6. 规格：250mL。
7. 储存：密闭保存。
8. 包装：250mL/瓶。
9. 执行标准：《中国药典》（2015 版）二部。
10. 批准文号：国药准字 H23023144。

五、实训内容

（一）程序

同项目四实训一的程序。

（二）灯检标准操作法（SOP）

1. 准备工作

（1）检查岗位上是否有上批清场合格证，并附于批生产记录上，作为本批生产凭证。

（2）检查灯检台光源是否良好。

（3）复核待灯检品品名、规格、批号及数量是否与批生产记录一致。

（4）灯检人员准备好自己的灯检合格品、不良品、废品存放盒（要求标记明显且摆放整齐）及工号牌。

（5）灯检人员领取已灭菌药品，置于自己灯检台右手位，码放整齐。

（6）灯检装置

①光源：采用20W日光灯，光照度在1000～4000lx范围内可以调节。无色注射液检查时的光照度应为1000～1500lx；有色注射液检查时的光照度应为2000～3000lx。

②背景：正面采用不反光黑色背景和白色背景，底部为不反光白色背景。

③检品至人眼的距离25cm。

（7）灯检人员的条件

①远距离和近距离视力测验：均为4.9或4.9以上（矫正后视力应为5.0或5.0以上）。

②色盲测验：应无色盲。

2. 操作

（1）在灯光下首先将封口不良（泡头、瘪头、焦头）和漏气的不良品检出。

（2）从安瓿周转盒中用手持夹夹住药品颈部，20mL产品每次夹不超过8支，1mL和2mL产品每次夹不超过20支。将安瓿轻缓地翻转180°，使药液回流至瓶颈处，并把安瓿轻触灯检台正前方伞棚（此处距光源20～25cm），分别在黑白背景下逐支目检。

（3）再将安瓿轻缓地翻转过来，使安瓶颈部朝上，如此反复翻转二次。每次检查时限至少16s。

（4）操作人员视线应与安瓿的瓶身在同一水平线上，仔细检查安瓿内药液，将安瓿中有目视可见的异物、装量不合格、色泽不合格品挑出，未发现异物者作合格论。

（5）灯检合格的药品整齐码放在周转盒内，满盒后整齐码放于灯检合格品间指定地点并在周转盒挂上灯检者工号牌。不合格药品放入不良品周转盒内，满盒后移入不良品暂存间，生产结束后集中销毁。

3. 判断标准

（1）溶液有下列情况之一者为不良品

Ⅰ、溶液变色，浑浊，沉淀，装量不足。

Ⅱ、溶液中有玻璃屑、漂浮物、纤维、色点等异物。

Ⅲ、溶液中有能目视可见的白块、白点。

（2）有下列外观缺陷之一者为不良品

Ⅰ、安瓿封口出现大头（鼓泡）、瘪头、焦头问题。

Ⅱ、安瓿封口处出现毛细孔隙现象。

（3）瓶身部分，有下列情况之一者为不良品

Ⅰ、瓶身外观显著奇形怪状（如玻璃搭丝、飞翅、尖刺）。

Ⅱ、瓶身有严重的条纹，瓶颈部颈圈有破损者。

Ⅲ、瓶身违反规定：不应有宽度大于 0.10mm 的气泡线；不应有直径大于 0.50mm 的结石；不应有直径大于 1.00mm 的节瘤。

（4）可见异物判定标准

①均不得检出金属屑、玻璃屑、长度或最大粒径超过 2mm 的纤毛和块状物等明显外来的可见异物，并在旋转时不得检出烟雾状微粒柱。混悬型注射液和混悬型滴眼液亦不得检出色块等可见异物。

②其他可见异物（如 2mm 以下的短纤毛及点、块等）如有检出，除另有规定外，应分别符合下列规定：20 支（瓶）供试品中，均不得检出可见异物。如检出其他可见异物的供试品仅有 1 支（瓶），应另取 20 支（瓶）同法复试，均不得检出。

4. 结束工作

（1）关闭灯检灯。

（2）灯检员统计不良品类别、数量，组长汇总，作好记录。

（3）销毁不良品，清除遗留物。

（4）清点合格品数量，并移至灯检合格品间。

（5）按“车间一般生产区卫生清洁标准操作规程”清洁作业场所。

（6）清场清洁完毕，填写清场清洁记录，并请 QA 检查员检查，确认合格后，在批生产记录上签字，并签发“清场合格证”。此时方可进行下一批号的灯检操作。

5. 注意事项

（1）产品灭菌后，应待冷却至室温，方可进行灯检。

（2）取放安瓿时，应轻拿轻放，检查时，不得用力摆晃或敲打安瓿。

（3）操作人员在暗室内进行灯检时应集中注意力，不得相互闲谈及从事工作任务以外的其他活动。

（4）工作人员在操作 2h 后，闭目休息 20min，上午、下午各一次，以保持眼睛健康，恢复视力。

（5）组长要复核清点的合格品、不良品及废品数目。

6. 异常情况处理

检视过程中若发现产品质量异常或出现混批、混药事故时，及时通知车间主任及 QA 检查员进行处理，不得隐瞒。

六、生产实训内容记录

填写大容量注射剂灯检批生产记录。

实训十一　直线式贴标机标准操作规程

一、实训目的

1. 掌握 TNZ100A 型直线式贴标机的操作方法。
2. 掌握 TNZ100A 型直线式贴标机的调节技能。

二、实训范围

贴标岗位。

三、实训职责

贴标岗位操作人员及维修工。

四、实训产品

氯化钠注射液。

五、实训内容

（一）程序

同项目四实训一的程序。

（二）TNZ100A 型直线式贴标机标准操作规程（SOP）

1. 准备工作

（1）检查贴标机的清洁情况。

（2）检查机器所在区域内是否有上批次的生产遗留物。

（3）检查电源是否正常，接通电源，启动机械电机，调变速按钮，使贴标速度由低到高，打开进水控制开关，检查出水口是否通畅。

（4）关闭机械电机，启动真空泵电机后用一张标纸将各转鼓的小孔封住，检查泵的真空度，其中吸标转鼓的真空度应在 -0.08MPa 以下。

（5）标纸的准备　标纸的规格应与标盒尺寸和转鼓凸台的形状相符合，由于切纸时造成标纸的粘连，必须进行搓捻以免造成吸标的困难，标纸应将印刷下面对着机器前面放入标盒内，标纸在标盒内的放置应整齐饱满。

（6）浆糊的准备　本机用的浆糊可用黏度较高的化学浆糊，稠度以在浆糊罐中不泄漏为好，浆糊要调匀，不得有结块，注浆糊前应关闭浆糊辊与浆糊罐之间的间隙，防止机器在不转时浆糊流出，在贴标时再打开出浆口，使浆糊流量大小适中。

（7）印刷的准备　在墨水盒内加入印油，然后通过墨水滚将印油带到印刷轮上，开机时若印记太淡则可往墨水滚上直接点上数滴印油，在印刷轮上换上当天用的号码。

2. 操作

（1）开机

①插上控瓶挡板，打开电源，开启主机电源，操作面板上“自动”“手动”开关拨到“自动”位置。启动机械电机和真空泵电机，注意在打开电源后送浆滚应脱离贴标转鼓。

②启动真空泵，待15s后再开动主机。

③打开控瓶挡板，使瓶子进入贴标机，贴标工序自动连续进行，如在断续进瓶或漏标（漏吸标纸）的情况下，机器的边锁保持应能防止误上浆。

④按变频调速器的“△”或“▽”键（加速时按“△”，减速时按“▽”），待频率显示相应值与产量相符时停止调速。

（2）关机

①先关闭真空泵，再关闭机械主机。

②关闭进水开关。

3. 结束工作

（1）按“车间直线式贴标机清洁标准操作规程”对设备进行清洁操作。

（2）填写设备使用记录。

4. 注意事项

（1）在关闭电源时应注意避免使送浆滚与贴标转鼓的凸台相接触。

（2）运转过程中，有误上浆或标纸随转鼓连续回转等不正常现象出现时，应立即停机检查。

（3）每月应将链轮、齿轮凸轮表面涂润滑脂一次。

（4）在机器转动时，禁止清理机器内的玻璃屑或处理设备异常情况以防伤到手。

（5）禁止近距离观察机器转动部位或瓶子易爆裂部位，防止玻璃屑飞溅到眼睛里，万一有玻璃屑飞溅到眼睛里，千万不要用手揉搓以防伤势扩大，要请同事帮忙或到医院处理。

（6）不能用手触摸电磁铁接线，以防触电。

（7）禁止用湿手操作按钮及电器开关防止触电。

（8）禁止挤压、碰撞电线管、电线等，防止发生触电。

（9）在做清洁工作时避免水飞溅到配电箱里或电机上。

（10）发现设备有异常时，及时通知维修人员处理，不要使设备带病工作。

5. 流程

瓶子→送进螺杆→接触开关接触发出进瓶信号，同时感应片作用→标盒系统进标电磁铁通电→拉开凸轮挡块→滚动轴承运动带动标盒扁形运动→标盒与吸标转鼓相切→真空泵作用→标纸被吸上转鼓→光电开关检测到标纸信号→启动印刷控制感应片→印刷电磁铁通电→印刷轮在标纸上印上标记→吸标转鼓与贴标转鼓相切接触→吸标转鼓真空泵切断，贴标转鼓接通真空泵→标纸被吸到贴标转鼓上→贴标转鼓带着标纸转到与送糊胶辊接近→上浆控制感应片感应上浆控制开关使电磁铁失电→在弹簧作用下→送糊胶辊与标纸接触→上浆动作完成→标纸继续随着贴标转鼓转到贴标区与瓶子相切→真空泵被切断→标纸粘到瓶子表面→搓标系统→完成全部贴标动作。

（三）维护与保养

1. 日常维护与保养

（1）设备在使用前，检查各线路是否连接正确，各部件是否有松动现象。

（2）设备在使用时，一定严格按照设备标准操作规程运行。

（3）及时清除碎瓶玻璃屑、废标及垃圾，保持台面及整机的清洁和卫生。

（4）设备在使用后，要检查设备润滑情况，对设备进行清洁。

（5）每周将转鼓、绞龙、链轮、齿轮表面涂润滑脂一次。

2. 定期检修

（1）检修类别　小修（三个月以上）、中修（半年以上）、大修（一年以上）。

（2）检查内容

①小修

Ⅰ、检查、调整进瓶装置（拨轮、绞龙等）。

Ⅱ、检查、调整润滑系统，并加注润滑油（机油：黄干油、牵引油）。

Ⅲ、检查、调整转鼓吸放气角度，使其吸标有力。

Ⅳ、检查、调整输瓶链板、链轮等。

Ⅴ、检查或紧固各部位连接螺栓及销子。

Ⅵ、检查或调整上标盒。

Ⅶ、检查电器控制部分。

②中修：包括小修内容。

Ⅰ、检查、更换拨轮、绞龙。

Ⅱ、检查、修理或更换轧转鼓转轴、铜套、弹簧及轴承。

Ⅲ、检查、修理吸标、落标情况。

③大修：包括中修内容。

Ⅰ、检查、修理可更换传动齿轮。

Ⅱ、检查、修补主轴滑动面及转鼓磨损情况。

Ⅲ、检查、修理转轴滑动面及转动面。

Ⅳ、检查、修理传动装置。

Ⅴ、检查、更换平键及轴承。

3. 检修前的准备

（1）使用说明书、图纸、记录等资料。

（2）检修所需的材料、备件、工具及检测器具。

4. 检修方法

（1）拆卸

①拆下传动件、尼龙传动齿轮，拧开主轴螺母，取出转鼓、轨道、加料盒，拆下平键，拆卸主轴。

②拆转鼓、硒鼓、商标盒，取出转鼓主轴。

③拆卸两侧护板，拆下电动机、减速器。

④打开锁定螺母拆下传动齿轮及轴。

（2）轨道　轨道如发现磨损大，使用性的裂纹等缺陷，可以采用补焊方法修复。

（3）转鼓磨损大或吸标效果不佳时应及时更换处理。

（4）尼龙齿轮、传动轴齿轮严重磨损时更换。

（5）弹簧、销子、轴承严重磨损时更换。

5. 安全事项

（1）切断设备电源并悬挂“禁止开启”警示牌。

（2）清理设备现场，制订人机安全措施。

（四）清洁

1. 清洁频度

（1）使用前、后各清洁 1 次。

（2）更换品种时彻底清洁 1 次。

（3）特殊情况随时清洁。

2. 清洁工具

清洁布、镊子、棉花、清洁盆、毛刷。

3. 清洁剂

洗涤剂，95% 乙醇、汽油。

4. 清洁方法

（1）将转鼓拆下用 95% 乙醇擦拭，再安放回原处。

（2）用汽油擦拭去除机器上的浆糊。

(3) 用清洁布和毛刷去除表面尘粒污物，并将废弃物收集入废料桶内。

(4) 用湿清洁布擦拭干净。油污处用清洁剂清除。

(5) 用湿清洁布擦拭去除清洁剂残留物。

(6) 用干清洁布擦拭控制箱。

(7) 清洁完毕填写设备清洁记录，并请 QA 检查员检查确认合格贴挂“已清洁”标示。

5. 清洁效果评价

表面光洁，无可见污物污染。

6. 清洁工具的清洁与存放

按清洁工具清洁规程进行清洁、存放。

六、生产实训内容记录

填写大容量注射剂贴标批生产记录。

实训十二　精密滤芯完整性测试标准操作规程

一、实训目的

1. 了解精密滤芯完整性测试在制剂中的作用。
2. 掌握精密滤芯完整性测试的标准操作方法。
3. 掌握精密滤芯的安装方法。

二、实训范围

使用精密滤芯的所有操作岗位。

三、实训职责

使用精密滤芯的所有操作岗位操作人员。

四、实训产品

1. 药品名称：注射用水。
2. 性状：无色的澄明液体；无臭，无味。
3. 作用类别：用于无菌制剂的制备或者企业其他方面。
4. 贮存：密封保存。
5. 执行标准：《中国药典》(2015 版) 二部。

五、实训内容

1. 准备工作

（1）将完整性测试仪安放在平稳的工作台面上。

（2）气源　洁净干燥的压缩空气作为气源，气源压力 >0.3MPa，并由阀门调节气体压力。

2. 浸润滤材

（1）准备好洁净的润湿液。若亲水性滤材（聚醚砜芯、聚丙烯滤芯等）用纯化水或注射用水作为润湿液，疏水性滤材（聚四氟乙烯膜等）用醇类（乙醇、异丙醇）作为润湿液。

（2）将滤芯装入测试容器，冲入润湿液，并使其流动，充液时要保证容器内的气体全部从排汽阀中排出。

（3）滤芯全部浸没在润湿液中 20min，其间每隔 3min 左右翻动一次。润湿后沥去（或用手甩去）多余的润湿液，然后将滤膜或滤芯装入测试器中。

（4）滤芯装在容器中冲洗 5min，润湿完毕后，将容器中留存下的润湿液也从排污阀中排尽。

3. 操作程序

（1）正确连接设备。

（2）打开电源开关。将空气调节器气源压力控制在 4~5kPa。

（3）设置参数和选择状态：按“□”键，直到荧光屏上出现“自检压力”后，按“◂”键即可调出相关内容，然后通过“加、减”键设置参数，通过“◂”键移动光标，按“MOD”确定键确定，以后所有参数的设定方法同上。通过“方式”键选择：“自检状态”“工作状态”。

（4）设备自检状态（气密性检测）

①自检压力设定为 100kPa，自检保压时间设定为 10s。

②设置完成，在设备自检状态下，按“启动”键，自动进气直接达到所设定自检压力，自动停止进气，进入自检保压阶段，观察压力的变化情况，到达保压时间通过蜂鸣器和荧光屏提示使用者检测结果，再按“排气键”结束自检状态。如果在设备自检过程中，当压力的变化大于所设定自检压力，设备自动停止，并且会在荧光屏提示使用者设备自检不合格。

（5）工作状态

①保压法测试扩散流检测

Ⅰ、设置扩散流压力为最小气泡点压力的 80%，保压时间为 15~30s、上游体积为滤器体积减去滤芯体积。

Ⅱ、设置完成后，在工作状态下，按“启动”键，设备会自动进气直接达到所设定最小气泡点压力的 80% 后，停止进气。保压时间计时，到达保压时间锁定当前衰减压力。并据此压力值，计算扩散流值。此时压力衰减值为系统的最大允许衰减压力。

②起泡点检测：在保压法测试和扩散流检测结果正常的情况下，设备反复进气检测，压力值每升高所设定最小气泡点压力的10%，就停止进气，仪器自动检测10s看压力衰减值是否大于最大允许衰减压力，小于最大允许衰减压力则继续进行测试，直到压力衰减值大于最大允许衰减压力时，停止进气。取前次进气时压力值与最小起泡点压力值比较，如压力值大于最小起泡点压力值即判定“合格”。如压力值小于最小起泡点压力值即判定“不合格”。整个检测起泡点阶段结束。设备通过蜂鸣器和荧光屏提示使用者完成上述过程。

（6）数据储存和打印　测试结束后，使用者可以根据液晶屏上的内容实时打印，也可以结束后一起打印。打印内容包括：测试时间，人工填写的内容包括操作者、产品批号、滤材种类、滤材批号参数设定（保压法测试压力、保压时间、最小起泡点压力）。设备自动打印测试：扩散流、起泡点压力。

4. 注意事项

（1）拿放或翻动滤膜时，必须使用镊子钳，禁止用手指直接接触滤膜，防止手上油脂污染滤膜，而影响润湿液进入滤膜微孔。

（2）注意进气速度　通过液晶屏上的数字显示以“个位”和“十位”变化为依据来设定调整进气速度，在测试过程中进气速度要尽可能慢。

（3）测试结束时，一定要待仪表压力显示接近0kPa时再转换测试方式。

（4）要确认整个管道没有漏气，自检完成，再进入测试阶段。

（5）滤芯最小起泡点压力的合格限度参见滤材制造商提供的参数值。

5. 滤芯完整性测试频次

（1）过滤药液的终端0.22μm聚醚砜精密滤芯每天生产前后做完整性测试。

（2）除终端外其他过滤药液的滤芯及车间内过滤洗瓶水及洗塞水的精密滤芯每天生产结束后做完整性测试。

（3）配制罐上疏水性过滤器滤芯每周做一次完整性测试。

（4）制水站贮水罐呼吸器滤芯每月做完整性测试。

（5）洗塞终端过滤压缩空气的精密滤芯及过滤氮气的终端滤芯应每天使用后做完整性测试。

（6）各滤芯在初次使用前均需做完整性测试。

（7）生产过程中，若精密过滤器压力表压力突然变化，要及时停车，更换备用的完整性实验合格的精密滤芯。撤下的滤芯进行完整性测试，若不合格弃掉不用。

6. 精洗过滤器的使用

滤芯做完整性测试达不到该孔径合格标准时，要更换新的。

六、生产实训内容记录

填写滤芯完整性测试记录 。

实训十三　拉丝灌封机标准操作规程

一、实训目的

1. 了解拉丝灌封机在制剂中的作用。
2. 掌握拉丝灌封机的标准操作方法。
3. 掌握拉丝灌封机的一般维修方法。

二、实训范围

灌封岗位。

三、实训职责

灌封岗位操作人员。

四、实训产品

1. 药品名称：盐酸林可霉素注射液。
2. 作用类别：小容量注射剂。
3. 规格：2mL：0.6g（按 $C_{18}H_{34}N_2O_6S$ 计）。
4. 储存：密闭保存。
5. 执行标准：《中国药典》（2015 版）二部。
6. 批准文号：国药准字 H23022444。

五、实训内容

（一）程序

同项目四实训一的程序。

（二）拉丝灌封机标准操作法（SOP）

1. 准备工作

（1）检查岗位上是否有上批清场合格证，并附于批生产记录上，作为本批生产凭证。

（2）依据批生产记录，掌握本批生产品种、规格、批号及数量。

（3）检查灌封机、容器具是否有“完好”和“已清洁”标示。

（4）0.22μm 精密滤芯做完整性试验，确认合格，正、反冲干净后，安装到相应过滤器内。要求安装严密，不漏液。

（5）打开百级层流罩。

（6）同送气岗位联系，确认送气生产符合要求。

(7) 与配制岗位操作人员联系好用注射用水冲洗管道、灌封机至少 10min，排净残水。

2. 操作

(1) 用药液冲洗管道、针头，每台机冲洗至少 10L 药液（冲洗液弃掉）。检查药液色泽、可见异物，合格后方可试装。

(2) 缓慢打开火源阀，立即点火，调整好火焰强度，打开主机开关，调整针头与装量。要求针头插入安瓿的深度和位置适中，装量符合该品种半成品控制要求。试装液弃掉。

(3) 按“车间灌装封口机标准操作规程”操作灌封机，开始进行正式生产操作。

(4) 在灌封机出瓶斗处将灌装后的安瓿装满洁净周转盒内，上好挡板。逐盘放入标签并标明：品名、批号、规格、机台号或操作者姓名。将周转盒及时传至下一工序灭菌。

(5) 操作过程中要随时检查从烘干机出来的安瓿，用镊子将不合格品（包括掉底、裂纹、破口、长短不齐、口细等）剔除，保证供瓶连续。

(6) 灌封过程中操作者要随时检查装量和封口质量，及时剔除炭化、漏封、封口不好、装量不合格等不合格品，生产结束后集中销毁。

(7) 需充填惰性气体的品种在灌封操作过程中要注意气体压力变化，保证充填足够的惰性气体。惰性气体冲入量以液面微动为宜。

(8) 灌封过程中如遇更换与药品直接接触部分（如活塞等）或停机检修，应用药液冲洗后重新校正装量，合格后继续灌装。

3. 结束工作

(1) 灌封结束后，关闭火源、电源。

(2) 灌封结束后，将设备上剩余的未灌装的安瓿通过传递窗返至 B 级安瓿清洗间，第二天使用前重新清洗、灭菌。

(3) 清除当天生产中遗留物、废弃物、可回收物至指定地点。

(4) 按“车间精密滤芯和钛滤棒清洁灭菌标准操作规程”精密滤芯项下规定对精密滤芯进行处理。

(5) 按“车间灌装封口机清洁消毒标准操作规程”清洁灌封机。

(6) 按“车间洁净区环境清洁消毒标准操作规程”清洁灌封间。

(7) 填写清洁和清场记录，经 QA 检查员检查，确认合格后在批生产记录上签字，并签发“清场合格证”。

4. 质量控制标准

(1) 连续取样 20 支，先检查封口质量，应无歪头、焦点、泡头、瘪头、封口不严等。然后在黑色、白色背景下检查药液，药液色泽合格且无任何可见异物。

（2）取样 3 支（20mL、10mL、5mL）或 5 支（1mL、2mL）检查装量，应在工艺要求装量范围内。

规格	1mL	2mL	5mL	10mL	20mL
在线控制装量/mL	1.0～1.15	2.0～2.15	5.0～5.4	10.0～10.4	20.0～20.6

5. 注意事项

（1）灌封过程是水针剂生产的关键环节，应严格按照操作规程操作，牢固树立无菌、无尘观念，按要求着装，注意工艺卫生，防止污染。

（2）药液自开始稀配至灭菌前时间不得超过 16h；已灌装的半成品应在 4h 内灭菌。过时药液排入下水道弃掉。

（3）生产操作过程中岗位产生的不良品应做销毁处理，不得重新回收。

（4）灭菌后的安瓿宜立即使用或清洁存放。

（5）直接与药液接触的惰性气体、压缩空气，使用前需净化处理，其纯度（只指惰性气体）及所含微粒、杂菌数应符合规定要求。

（6）机器运转时，手或工具不准伸入转动部位。注意安全，避免烫伤。

6. 异常情况处理

当发生异常情况影响正常生产或产品质量时应通知车间主任及 QA 检查员进行处理。

（三）维护与保养

1. 日常维护与保养

（1）设备在使用前，检查设备是否处于“完好”状态。如转瓶处、微型轴承是否转动灵活可靠、各部位运转是否平稳，各电机、减速机温升情况，机器有无异常噪声。

（2）设备在使用时，一定严格按照设备标准操作规程运行。

（3）及时清除玻璃屑及药液，保持台面及整机的清洁和卫生。

（4）设备在使用后，要对设备进行认真清洁，并检查设备润滑情况。

（5）转瓶微型轴承、上下靠瓶梁涉及的不锈钢滚动轴承每天班后要加注润滑油。

2. 定期检修

（1）检修类别　小修（600～700h）、中修（2200～2600h）、大修（7000～8000h）。

（2）检查内容

①小修

Ⅰ、检查、调整进瓶网带是否松动、跑边。

Ⅱ、检查进瓶绞龙是否松动。

Ⅲ、检查进瓶拨轮是否松动。

Ⅳ、检查行走梁、靠瓶梁传动是否精确到位。

Ⅴ、检查拉丝钳封口是否合格。

Ⅵ、检查靠瓶轮是否与安瓿正确接触。

Ⅶ、检查出瓶装置是否完好。

Ⅷ、检查各传动件是否松动，各需润滑油部位是否要加注润滑油。

Ⅸ、检查计量泵计量是否精确。

Ⅹ、检查气路是否通畅、无漏气现象。

②中修

Ⅰ、包括小修内容。

Ⅱ、检查绞龙是否磨损，是否需要换新绞龙。

Ⅲ、检查进瓶拨轮是否磨损，是否需要更换新扇形块。

Ⅳ、检查靠瓶轮是否需要更换。

Ⅴ、检查拉丝钳封口处上靠瓶块上轴承是否转运灵活，否则需要更换。

Ⅵ、检查各输液硅胶管是否老化，失去弹性，否则需更换。

③大修

Ⅰ、包括小修、中修各相关内容。

Ⅱ、检查各传动齿轮、同步齿形带是否破损，是否需更换。

Ⅲ、检查各传动凸轮是否磨损，是否需要更换。

Ⅳ、检查主动传动轴、轴承是否破损。

（3）检修前的准备

①使用说明书、图纸、记录等资料。

②检修所需的材料、备件、工具及检测器具。

（4）检修方法

①拆卸：将已经磨损需要更换的零部件拆下进行更换，将需要清洗或更换的传动轴承等进行清洗或更换。

②装配：将已经清洗完毕的零件按拆卸相反顺序装好。

3. 安全事项

（1）切断设备电源并悬挂“禁止开启”警示牌。

（2）清理设备现场，制订人机安全措施。

（四）清洁

1. 清洁消毒频次及方法

（1）内部清洁消毒　与配制罐及药液输送管路同期进行清洁消毒，方法同药液输送系统管路。只是在进行在线纯蒸汽消毒前，要用万能夹将玻璃七通前胶管卡住，使药液输送系统形成闭合回路，再进行纯蒸汽消毒。而万能夹卡住处至针头的所有灌注系统组件（包括玻璃七通、灌注器、玻璃活塞、缓冲球、橡胶管、针头等）要拆下。卸下的组件按“车间万级区容器、器具清洁消毒标准操作规程”相关项下规定进行清洁灭菌后复装。

（2）外部清洁消毒

①每天生产前用灭菌的超细布将机体各表面、护板水渍擦净。

②生产过程中停车间隙，清除设备上碎玻璃屑及拭去机体各表面、护板污渍、水渍，保持设备干燥。

③每天生产结束后清洁消毒

Ⅰ、用毛刷清除设备上的碎玻璃屑。

Ⅱ、用超细布将机体各表面、护板的污迹清除。

Ⅲ、用超细布蘸0.05%～0.1%洗洁精溶液反复擦拭机体外壁，待清洁剂停留5min以上时，用超细布和大量纯化水反复擦拭至无滑腻感为止。将机体外表面所有水渍擦干。

Ⅳ、用75%乙醇擦拭消毒灌封机机体各表面、护板。

（3）灌封机百级罩清洁消毒

①用超细布去除表面污渍。污渍严重处，用0.05%～0.1%洗洁精溶液去除污渍后再用纯化水去除清洁剂残留。

②用75%乙醇全面擦拭消毒表面。

2. 清洁工具的清洁及存放

使用完的清洁工具按“车间洁净区清洁工具清洁消毒标准操作规程”进行清洁操作后存放在洁具间，备用。

3. 清洁效果评价

（1）设备表面光洁，无可见污渍。

（2）取2个带有标记的瓶子，从灌封机接料口处接最后冲洗水，检查可见异物合格，pH呈中性即可。

4. 填写清洁记录

填写清洁记录，经QA检查员检查清洁合格，并贴挂“已清洁”标示牌。退出灌封间将门关严，避免设备污染。

5. 设备清洁后有效期

（1）连续生产时，每天生产结束清洁后有效期至下次生产前，但不得超过48h。

（2）若设备停用超过48h，下次生产前重新对设备进行清洁消毒操作。

6. 生产结束至开始进行清洁操作等待时间不得超过1h。

7. 注意事项

（1）清洁前先切断电源，清洁过程中操作面板上不得沾水，以免变频调速器功能失常。

（2）严禁对运转的灌封机进行清洁操作。

（3）灌封机是保证产品质量（无菌和可见异物）关键设备，在清洁消毒操作过程中一定要非常小心，避免污染。

六、生产实训内容记录

填写小容量注射剂灌封批生产记录。

实训十四　隧道式杀菌干燥机标准操作规程

一、实训目的

1. 掌握隧道式杀菌干燥机的操作方法。
2. 掌握隧道式杀菌干燥机的维护及清洁方法。

二、实训范围

灭菌干燥岗位。

三、实训职责

灭菌干燥岗位操作人员，维修工。

四、实训产品

盐酸林可霉素注射液。

五、实训内容

（一）程序

同项目四实训一的程序。

（二）SZA420/27A 型安瓿杀菌干燥机标准操作规程（SOP）

1. 准备工作

（1）检查干燥机的清洁情况。

（2）检查机器所在区域内是否有上批生产遗留物。

（3）检查主机电源是否正常。

（4）检查各润滑点的润滑状况。

（5）检查所有必须的安全装置是否有效。

2. 开车

（1）合上电源闸刀开关。

（2）用钥匙打开电源柜电源开关，旋转开关至“1”挡。

（3）在“温度控制”表上调节旋钮，设定烘干杀菌温度为300℃。

（4）在“温控停机”表上调节旋钮，设定温控停机温度为100℃。

注：杀菌和停机温度设定后，不必经常拨动。

（5）启动“日间工作”按钮，各层流风机开始运转。此时各层流指示灯亮，加热管正在加热，温度记录仪开始记录。如果有任一指示灯不亮，说明有故障，机器会自动停机。

（6）检查电热管加热情况，顺时针转动“电流开关”，观察“电流指示”表电流情况。

（7）将旋钮反时针旋向左边，与清洗机联锁，安瓿进入干燥机。

（8）将“走瓿控制”旋钮顺时针旋向右边，与灌封机联锁，安瓿进入灌封机。当三机联线正常工作时，应旋向左边，全线安瓿进行自动平衡，只有当停开清洗机时，需要将隧道内瓶子排出时，才旋向右边。

说明：若电机超载，“电机报警”信号灯亮，故障排除后，警报随之解除。

（9）隧道内安瓿全部导出方法：首先停止洗瓶机进瓶，将“走瓿控制”转至右边，操作者将隧道端台板上的安瓿推移，同时将推瓿盒逐渐放入输送带上，紧靠后排安瓿，使安瓿不倒下，直至安瓿全部导出为止。

3. 停车

（1）按下“日间停车”按钮　各电热管自动断电，各风机继续运转，烘箱在降温，当温度降至100℃时，各风机自动停止，整机停止运行，各层流指示灯熄灭。

（2）遇情况时，按“紧急停机”按钮　除“电流指示”信号外，电源柜面板上所有其他信号灯均熄灭，整机停止运行。紧急停车时间不宜超过半小时，否则易损坏高温高效过滤器。

4. 结束工作

（1）按“车间安瓿杀菌干燥机清洁标准操作规程”对设备进行清洁操作。

（2）填写设备使用记录。

5. 注意事项

（1）要定期测量风速和风压（合格标准：中间烘箱风速应达0.7m/s，风压200Pa，进出口层流箱风速应达0.5m/s，风压200Pa），若不合格应及时调整或更换。

（2）灌装间与隧道隔墙的出口处，测量其出口处的层流方向应流向灌封间，其风压应不大于200Pa。

（3）开机后必须接通压缩空气，否则会烧坏HESPA过滤器和热风机。

（4）调压阀应每天旋开放出过滤出的水分，然后重新拧紧。

（5）禁止用湿手操作按钮及电器开关，防止触电。

（6）在做清洁工作时避免水飞溅到配电箱里或电机上。

（7）禁止挤压、碰撞电线管、电线等，防止发生触电。

（8）在操作时防止烫伤。

（9）发现设备有异常时，及时通知维修人员处理，不要使设备带病工作。

（三）维护与保养

1. 日常维护与保养

（1）机器必须自动状态下开车，不得用工具强行开车。

（2）调整机器时一定要用专用工具，严禁强行拆卸及猛力敲打零部件。

（3）定期检查、紧固松动的联接件。

（4）检查分瓶架与进瓶通道的相对位置。

（5）检查推瓶顶杆与锥形导向杆的动作配合。

（6）水泵禁止长时间干运转，只有检查转向时进行短时点动。

（7）加热器、超声波发生器禁止无水时启动。

（8）按使用说明书要求对机器进行定期加油润滑。

（9）机器必须每天进行清洗，将水槽水放尽，清除玻璃渣，用水或气将水槽、转鼓冲洗干净。

（10）槽内不锈钢过滤网罩每天必须刷洗。

（11）每天要将外部管路、过滤器内的残留水放尽，必要时更换过滤器滤芯。

（12）经常检查、清除堵塞的喷嘴。

2. 定期检修

（1）检修类别　小修（600～700h）、中修（3600～4000h）、大修（10000～12000h）。

（2）检查内容

①小修

Ⅰ、检查、调整进瓶机构（绞龙、提升块、夹头之间的交接）。

Ⅱ、检查过滤器及管路密封，更换滤芯。

Ⅲ、检查超声波工作状况。

Ⅳ、检查针头插入对中状况。

Ⅴ、检查、紧固各部位连接螺栓。

Ⅵ、检查润滑部位，加注润滑油。

②中修

Ⅰ、包括小修内容。

Ⅱ、检查电磁阀工作状况。

Ⅲ、检查全部喷针，并进行校直或更换。

Ⅳ、检查机械手翻转轴承及定位夹。

Ⅴ、拆洗全部喷针、管道、阀门及喷淋板。

Ⅵ、检修或更换各轴套、轴承，加注润滑脂。

Ⅶ、更换绞龙、拨轮、夹头等易损件。

③大修

Ⅰ、包括中修内容。

Ⅱ、整体解体，清洗检查。

Ⅲ、解体检查、修理大转盘。

Ⅳ、修理跟踪摆动针架。

Ⅴ、调整或修理传动装置。

Ⅵ、修理或更换凸轮。

Ⅶ、更换各滚动轴承及轴衬。

Ⅷ、检修或更换齿轮和减速机涡轮。

（3）检修前的准备

①使用说明书、图纸、记录等资料。

②检修所需的材料、备件、工具及检测器具。

（4）检修方法

①拆卸

Ⅰ、用手拉葫芦将大转盘吊起平放于铺平的木板上，逐个拆下机械手进行检修。

Ⅱ、拆下跟踪针架进行检修。

Ⅲ、对传动部件进行清洗检修。

②更换易损规格件。

③滚轮磨损的应更换。

④凸轮槽磨损较大，应更换。

⑤装配：按拆卸的相反程序进行装配。

（5）安全事项

①切断设备电源并悬挂“禁止开启”警示牌。

②清理设备现场，制订人机安全措施。

（四）清洁

1. 清洁频次和方法

（1）每天生产前用不脱落纤维的清洁布擦拭设备外表面。

（2）生产过程中，随时拭去设备表面污渍、水迹。

（3）每天生产结束后清洁

①检查烘箱进口段弹片处是否聚集有玻璃碎屑，出口段是否有碎瓶。如有应清除干净。

②检查网带，清扫网带上的碎屑。

③用清洁布擦洗设备外表面，污渍严重处，可用清洁布蘸适当清洁剂除去污垢后，再用纯化水或注射用水反复擦拭去除清洁剂残留后擦干。

（4）每周生产结束后清洁

①拆开烘箱的进、出口，用毛刷、吸尘器，清除隧道两边从侧带之下漏出的碎瓶、碎屑，彻底清扫隧道。

②清理排风机构下面抽屉中的碎屑。

③清扫冷却段底盘的碎屑。

④用清洁布蘸 0.05% ~0.1% 洗洁精溶液反复擦拭机体外壁，待清洁剂停留 5min 以上时，用纯化水或注射用水反复擦拭至无滑腻感，然后将各处擦干，保持表面光洁。

（5）更换过滤器时，用毛刷、吸尘器清除消毒室内的碎屑及灰尘，再用 75% 乙醇全面擦洗消毒室（主要是金属板）。

（6）运行满一年中修时，拆下网带，如果网带仍可使用，则用 75% 乙醇彻底擦洗一遍。

（7）设备外表面，万级区部分每三天清洁后用外部消毒剂擦拭，十万级部分每周清洁后擦拭消毒。

（8）维修或其他特殊情况随时进行清洁，清洁方法视污染情况而定。

2. 清洁工具的清洁及存放

使用完的清洁工具按“车间洁净区清洁工具清洁消毒标准操作规程”进行清洁操作后存放在洁具间，备用。

3. 清洁效果评价

设备表面光洁，无可见污渍。

4. 填写清洁记录

填写清洁记录，经 QA 检查员检查清洁合格，并贴挂“已清洁”标示牌。

5. 设备清洁后有效期

（1）连续生产时，每天生产结束清洁后有效期至下次生产前，但不得超过 48h。

（2）若设备停用超过 48h，停用前要按（四）1（4）对设备进行清洁消毒操作。

6. 生产结束至开始进行清洁操作等待时间

生产结束至开始进行清洁操作等待时间不得超过 2h。

7. 注意事项

清洁过程中电器元件不得沾水。

六、生产实训内容记录

填写小容量注射剂安瓿清洗、烘干批生产记录。

实训十五　热压灭菌检漏机标准操作规程

一、实训目的

1. 了解热压灭菌检漏机在制剂中的作用。

2. 掌握热压灭菌检漏机的标准操作方法。

3. 掌握热压灭菌检漏机的一般维修方法。

二、实训范围

灭菌岗位。

三、实训职责

灭菌岗位操作人员，维修工。

四、实训产品

盐酸林可霉素注射液。

五、实训内容

（一）程序

同项目四实训一的程序。

（二）热压灭菌检漏标准操作法（SOP）

1. 准备工作

（1）检查灭菌柜的清洁情况。

（2）检查机器所在区域内是否有上批次的生产遗留物。

（3）打开压缩空气气阀，启动压缩机，检查气源压力应在 0.4 ~ 0.6MPa 范围。

（4）将进汽阀门打开，观察汽源压力应在 0.3 ~ 0.5MPa 范围。且在蒸汽进入夹层之前，应先将管道中的冷凝水排放干净，连续进行灭菌时夹层中的蒸汽不要排放。

（5）打开纯化水阀门，为灭菌室提供纯化水做准备。

（6）打开常水阀，为真空泵的正常运转做准备。且观察水源压力应在0.15 ~ 0.3MPa 范围（注：水压低于 0.1MPa 时，切不可启动真空泵）。

（7）接通动力电源和控制电源，注意观察三相动力电源是否缺相。

2. 操作

（1）关闭后门（关后门操作是靠按压柜体后罩上的“关门”按钮开关实现的），装安瓿入室。

（2）关闭前门

①当灭菌对象全部入柜，操作员对前门行进方向进行检查，确认无任何障碍物方可进行关门操作。

②在开门状态下，打开电源开关，将门轻轻转到关闭位，使门板上啮合齿进入主体齿条内，并靠紧主体，然后按压触摸屏上的“关前门”按钮即可实现关

前门操作。

（3）参数设置

①电源开关拨向“开”，触摸屏供电以后，经过一段时间的自检，在触摸屏上按压“参数设置”按钮，在参数设置画面进行参数设置。

②参数设置完成后，按压“返回”按钮，使画面回至原开始画面。

（4）程序运行

①在启动程序前确认门已关好，并退出手动操作（否则程序将无法启动）。在确认参数无误时，在起始画面中，按压“程序运行”按钮，进入到程序运行画面，按下“启动”按钮，程序即开始自动运行。

②升温阶段：真空阀、真空泵、泵水阀开启，当内室压力低于 -80kPa 时，蒸汽阀、疏水阀门打开，温度达灭菌工艺温度要求时转灭菌阶段。

③灭菌阶段：在灭菌阶段，汽阀受压力控制，当压力高于压力上限时关闭，回差为 8kPa，疏水阀一直开，灭菌时间到后转排汽阶段。

④排压阶段：抽空阀打开，内室压力达到 -8 ~ +8kPa 转检漏阶段。

⑤检漏阶段：真空泵及抽空阀开启，真空度达到 -80kPa 时，停止抽空，进纯化水阀开启，进水泵开启，当压力回到设定的压力下限 +6kPa 时，在此抽空，即在检漏阶段，柜内压力一直保持在设定的压力下限左右，当到达上水位时停止进纯化水检漏计时，检漏时间到后压缩空气阀打开，当柜内压力高于设定检漏正压 80kPa 并维持 1min 后排纯化水阀、排水泵打开，一直到水位低于下水位并延时 1min 后转排泄阶段。

⑥排泄阶段：排纯化水阀、排水泵关闭，抽空阀开启，直到柜内压力在 -8 ~ +8kPa 时转结束。

⑦结束阶段：结束灯亮，蜂鸣器叫，内室压力为零时，按压复位按钮，程序复位，可以打开灭菌器门。

（5）开后门　程序结束后，按压柜体后罩上的“开门”按钮开关，门板到达开位后，开后门操作完成，拉开密封门，取出药品放入已灭菌区。

（6）结束工作

①切断控制电源和动力电源。

②关闭所有阀门。

③按“多功能机动门安瓿灭菌器清洁标准操作规程”对设备进行清洁操作。

（7）填写设备使用记录。

（8）注意事项

①开关门过程中，应密切注意门升降情况，如有异常，立即取消操作，查看故障因由并排除。

②关门时，用力不要过猛，以免破坏门开关。

③当设备出现故障或停电时，若需开门，必须在确认内室压力为零时，将门

罩取下，用合适的扳手旋转驱动装置上的丝杠，将门升起，然后打开门。

④非灭菌过程，柜门不要关紧，以防门密封圈长期压缩变形而影响门的密封性能和寿命。

（三）维护与保养

1. 日常维护与保养

（1）设备在使用前，检查各线路连接是否完好，管路连接是否牢固、可靠，各仪表、仪器是否状态正常、灵敏、准确，各部件是否松动。以及设备使用的正常条件，如温度、湿度、电源、水、气、风、汽等是否得到满足与保证。

（2）设备在使用过程中，一定严格按照设备标准操作规程运行。

（3）每次灭菌后，灭菌室及消毒车内如果有破碎瓶子残片及其他异物，应及时清除。

（4）开关门过程中，应密切注意门升降情况，如有异常，立即取消操作，查看故障因由并排除。

（5）关门时，用力不要过猛，以免破坏门开关。

（6）当设备出现故障或停电时，若需开门，必须在确认内室压力为零时，将门罩取下，用合适的扳手旋转驱动装置上的丝杠，将门升起，然后打开门。

（7）每隔半年左右时间，应打开门罩，给链轮、链条、丝杠等处加油润滑。

（8）主要部件的日常维护

①气动阀：使用时应注意管路中的异物对阀件的影响。

②真空泵：水温应在25℃以下，水源压力在0.15MPa以上。长时间停机时，应打开泵底螺塞，将泵内水放干净，然后灌满乳化液。

③疏水阀：如果积水不能正常排出，应将疏水阀打开进行清理。连续生产三个月要打开清理一次。

④安全阀：每半年将其手把抬起几次，用蒸汽冲刷，以防其动作失灵。

⑤过滤器及过滤网：进汽和进水管路上过滤器每半年清理一次，清理时，将下方螺堵旋出，把过滤网清理干净。内柜前下方的过滤网，每天使用后要清理干净。

2. 定期检修

（1）检修类别　小修（每月一次）、中修（半年一次）。

（2）检查内容

①小修：紧固各连接螺丝；检查压力表，校对温度传感器探头；检查润滑系统，并加注润滑油（脂）。

②中修：除包括小修内容外，还应：检查、更换磨损零件；检查、修理驱动门系统；检查、修理各种过滤系统。

（3）检修前的准备　准备好使用说明书、图纸、记录等资料、检修所需的材料、备件、工具及检测器具。

3. 检修方法

（1）将安全阀排汽手柄拉起反复排汽数次，防止长时间不用发生粘堵。

（2）拆下轴承与齿轮，清洗零部件，更换已磨损的齿轮、轴承等零件。

（3）拆下喷淋盘、管路过滤系统，清洗后复装。

（4）更换密封圈　取出密封圈，将新密封圈压入密封槽，压入时不得拉长密封圈，并按顺时针方向连续压入，四周圆弧处比直线部分略紧为好。

（5）拆下电动机，维护和保养。

（6）按拆卸的相反程序进行装配。

4. 安全事项

（1）切断设备电源并悬挂“禁止开启”警示牌。

（2）清理设备现场，制订人机安全措施。

（四）清洁

1. 清洁频次和方法

（1）每天生产前用清洁布擦拭设备内外表面。

（2）每次使用后要及时清除碎瓶玻璃屑。

（3）每天生产结束后清洁

①用毛刷或清洁布将灭菌内室所有的残余废物清除。

②拔出灭菌室前部底部排汽孔上的过滤器，把内室前部过滤网依附的纤维屑和沉积物清理干净。

③用洁净清洁布将机体内外表面的污渍清除，用纯化水反复擦拭后擦干，保持表面光洁。

④污渍严重处，可用清洁布适当蘸清洁剂去除，再用纯化水反复擦拭去除清洁剂残留后擦干。

（4）每三天生产结束后，清洁工要用清洁剂全面擦拭设备（洁净区部分）各壁面，待清洁剂停留 5min 后，再用纯化水反复擦拭去除清洁剂残留后擦干。最后用消毒剂对灭菌器外表面全面擦拭消毒，最后用纯化水反复擦拭至无消毒剂残留。

（5）每月拆下灭菌器内表面的喷淋盘，用钢丝球擦洗除去污垢后，纯化水冲洗干净后，复装。

（6）维修或其他特殊情况随时进行清洁，清洁方法视污染情况而定。

2. 清洁工具的清洁及存放

使用完的清洁工具按“车间洁净区清洁工具清洁消毒标准操作规程”或“车间一般生产区清洁工具清洁标准操作规程”进行清洁操作后存放在洁具间，备用。

3. 清洁效果评价

设备表面光洁，无可见污渍。

4. 填写清洁记录

填写清洁记录，经 QA 检查员检查清洁合格，并贴挂“已清洁”标示牌。

5. 设备清洁后有效期

（1）连续生产时，每天生产结束清洁后有效期至下次生产前，但不得超过三天。

（2）设备停用超过三天，下次生产前要对设备进行清洁消毒操作。

六、生产实训内容记录

填写小容量注射剂灭菌批生产记录。

实训十六　安瓿印字机标准操作规程

一、实训目的

1. 掌握安瓿印字机标准操作方法。
2. 掌握安瓿印字机的一般维修方法。

二、实训范围

安瓿印字机岗位。

三、实训职责

安瓿印字机岗位操作人员及维修工。

四、实训产品

盐酸林可霉素注射液。

五、实训内容

（一）程序

同项目四实训一的程序。

（二）安瓿印字机标准操作规程（SOP）

1. 准备工作

（1）检查设备的清洁情况。

（2）检查设备所在区域内是否有上批次的生产遗留物。

（3）检查设备是否处于“完好”状态。

（4）卸下字模轮，安装好批号铅字及印字铜板。要保证印字铜板的弧度与印字轮的弧度一致。

（5）上好油墨后可先用少量空瓶，用手转动拨轮检查印字与空瓶出口动作是否一致，如印字超前或滞后可细心调整字模轮角度。

2. 操作

（1）开车　先开传送带开关，再开主机开关。

（2）停车　按开车相反的顺序停车。

3. 结束工作

（1）按“车间安瓿印字机清洁标准操作规程”对设备进行清洁操作。

（2）填写设备使用记录。

4. 注意事项

（1）禁止用湿手操作按钮，防止触电。

（2）发现设备有异常时，及时通知维修人员处理，不要使设备带病工作。

（三）维护与保养

1. 日常维护与保养

（1）开机前应在下列部位滴加302#机械润滑油。

①进料后面的蜗轮蜗杆传动副、齿轮传动副。

②主轴、进瓶推送小连杆，针杆及推墨轮和油墨轮的凸轮副之间，推墨轮轴。

③主传动中二根链条、压轮、过桥齿轮副、印字皮带压轮轴上的油孔。

（2）齿轮箱应保持一定油位，发现油位低者适当补加，齿轮箱每半年更换一次润滑油。

（3）机器必须保持清洁，严禁机器上有油污、药液和玻璃碎屑，尤其是进安瓿和印字部分。

（4）设备在使用过程中，一定严格按照设备标准操作规程执行。且要及时清除药液和玻璃碎屑。如有异常应及时停机检修。

（5）设备使用后，要对其进行清洁，特别是要用汽油或丙酮等溶剂将沾有油墨的零件擦洗干净。

2. 故障及排除方法

（1）印字不清晰排除方法

①油墨调至均匀，浓度适中。

②反复细调字模轮，印字铜字弧度、高度，切勿操之过急。

③使用一段时间后，调整印字轮、油墨轮角度，可延长使用时间。

④更换油墨轮、印字轮、橡胶垫或字模。

（2）印不上字排除方法

①反复细心调整字模轮角度，使安瓿出口至印字轮下方时，印字轮上字迹位置正好旋转到安瓿位置，如超前或滞后，反复细调字模轮角度。

②细心调整出瓶座与印字轮之间的距离，使之压力适中。

③安瓿外壁挂水或有残液：擦干或烘干。

（3）轧瓶、碎瓶排除方法

①保证安瓿干燥，防止粘连。

②检查推送板、针杆夹板等螺丝是否松动。

③检查针板上安瓿出口不锈钢部件是否变形。

（四）清洁

1. 清洁频次和方法

（1）每天生产前用洁净的清洁布擦拭设备各表面。

（2）每批生产结束后及停车间隙，清除设备上碎屑、污物。每批结束还要更换活字及清除与下批生产无关的所有物品。

（3）每天生产结束后清洁

①清除机器上的碎屑和残留药液。

②用饮用水及清洁布擦拭机器表面。

③将活字拆下，用汽油擦拭干净后，放入贮存盒内于指定地点存放。

④用汽油对印字轮、匀墨轮、油墨轮、字版轮等进行清洗，保持设备洁净。

⑤特殊油污处用清洁剂擦拭后，用洁净湿布去除清洁剂残留，用干清洁布迅速擦干。

（4）每周生产结束后及停产前清洁

①包括每天生产结束后清洁。

②用清洁布或毛刷蘸0.05%～0.1%洗洁精溶液反复擦拭机体各表面，待清洁剂停留5min以上时，用清洁布和大量饮用水反复擦拭至无滑腻感，然后再用洗净的清洁布将各处擦干，保持表面光洁。

③将平时清洁不到处清洁干净。

（5）维修或其他特殊情况随时进行清洁，清洁方法视设备污染情况而定。

2. 清洁工具的清洁及存放

使用完的清洁工具按“车间一般区清洁工具清洁标准操作规程”进行清洁操作后存放在洁具间，备用。

3. 清洁效果评价

设备表面光洁，无可见污渍。

4. 填写清洁记录

填写清洁记录，经QA检查员检查清洁合格，并贴挂“已清洁”标示牌。

5. 设备清洁后有效期

（1）连续生产时，每天生产结束清洁后有效期至下次生产前，但不得超过7d。

（2）若设备停用超过7d，下次生产前要按（四）1（4）对设备进行清洁操作。

6. 注意事项

（1）清洁前先要切断电源。清洁过程中电器元件不得沾水。

（2）严禁对运行的设备进行清洁操作。

六、生产实训内容记录

填写小容量注射剂安瓿印字批生产记录。

实训十七　热打码机标准操作规程

一、实训目的

1. 掌握 HP－241B 型热打码机的操作方法。
2. 掌握 HP－241B 型热打码机的调节技能。

二、实训范围

热打码岗位。

三、实训职责

热打码岗位操作人员及维修工。

四、实训产品

盐酸林可霉素注射液。

五、实训内容

（一）程序

同项目四实训一的程序。

（二）HP－241B 型热打码机标准操作规程（SOP）

1. 准备工作

（1）检查热打码机的清洁情况。

（2）检查设备所在区域内是否遗留上批打印的包装材料。

（3）检查设备是否处于“完好”状态。

（4）检查机器润滑部位的润滑情况。

2. 操作

（1）装色带　旋松送带筒上的换带螺母（不必拧下），取下活动有机玻璃挡板，装上热打印色带，套上活动挡板，挡板应紧贴热打印带侧面，绕好色带（注意方向正确）。旋松卷带滚筒上的换带螺母，取下活动挡板，装上空纸芯筒将一小段色带头，用不干胶粘在空纸筒上（注意方向正确），套上活动挡板，旋紧换带螺母。

（2）色带宽度调节　调节色带挡圈的轴向位置，内挡圈不须调整，调整外挡圈，使两挡圈之间的距离比色带宽度宽1mm。

（3）换字　向里微推活字装卸把（1.5～2mm），同时将手把转90度，脱开钩头，拉出活字模块，旋松活字模块上的活字固定螺钉，将按产品要求排印好的活字（产品批号、生产日期、有效期至）安装在模块板上，以逆顺序重新安装于印头上。活字安装应高低一致，不得歪斜。切不可用金属棒敲打活字，以免损坏活字。若字模笔画被墨堵住可用铜刷刷干净或用针挖出。

（4）色带步进量调节　沿T形槽移动色带步进量蝶形螺钉的位置可改变色带的步进量。排与排之间的间隔以1mm为最佳值。

（5）色带张力调节　以打码机运行打印过程中色带不松脱为最低限。

（6）调节打印压力　调节连杆长度来调整印字头的高度，并使打印头在最低位置时能紧压在被打印材料上，比被印材料的最高点低0.2～0.5mm。调节压力预调螺钉，保证印字清晰。旋松螺钉压力变低，旋紧螺钉压力变高。

（7）温度调节　调节温度旋钮，根据所印包装材料，温度刻度对应3～4挡。

（8）根据包装材料的尺寸调整支撑板。

（9）打印

①打开电源开关，机器预热15～20min，若急用时可将温度调至最大值，待温度达到后，调回原位置。

②调节印字位置，首先试印一张样张，由组长检查，确认产品批号、生产日期、有效期至正确，打印位置正确，字迹清晰、端正后，批准正式打印。

③采取单张打印。

④调节打印速度：选择开关拨至“调速”挡，旋转“速度”调节旋钮，根据需要调节打印速度，暂停时关“打印暂停开关”。

3. 结束工作

（1）印字结束后，关闭电源开关，并将温度控制旋钮拨回零位。

（2）按“车间热打码机清洁标准操作规程”对设备进行清洁操作。

（3）填写设备使用记录。

4. 注意事项

（1）禁止用湿手操作按钮防止触电。

（2）发现设备有异常时，及时通知维修人员处理，不要使设备带病工作。

（三）操作与养护

1. 日常维护与保养

（1）每次开机前，仔细检查线路连接是否正确，各部件是否松动。

（2）设备在使用过程中，一定严格按照设备标准操作规程执行。

（3）设备使用后，要对其进行清洁，特别是活字要擦干净。且每周要对送带轮、压带轮表面和导带杆进行擦拭清洁。

2. 当设备出现故障时应及时处理

3. 设备常见故障及处理

（1）印字不清晰

①温度太低：预热时间不足，应在15min以上；急用，可先将温度调节旋钮调至高温一会儿，待温度升高再将旋钮调至最佳刻度；加热系统故障。

②印字压力太低：调节连杆，增大压力。

③色带张力太大不走带：旋松张力调节螺母。

④热打印色带质量不好：更换新的热打印色带。

⑤橡胶板老化，已打烂：更换橡胶板或转90度或反面使用。

⑥热打印带走带不正常：检查单向送带部件；拉紧压带轮弹簧，加大压力；压带轮与送带轮接触不良；送带阻力过大，旋松张紧螺母。

⑦铜字没装好：重新装好铜字，字高应一致，不得歪斜；铜字笔画被油墨堵死，需清洁。

⑧色带正反面装反，色带跑偏：正确重装色带；各导杆歪斜，不平行，导带挡圈位置不正确；压带轮与送带轮接触不好，不平行。

（2）连杆不能停在最高点　紧急上升开关损坏；接近开关损坏；电路板故障。

（3）温度失控　温控器损坏。

（4）不加热　电热管损坏；温控器损坏。

（5）电机不会旋转　电机损坏；电机启动电容损坏；电路板损坏；紧急上升开关损坏。

（6）电机不会停　接近开关损坏；电路板损坏。

实训十八　口服液灌装机标准操作及维护规程

一、实训目的

1. 掌握SHF－YF－Ⅲ口服液灌装机标准操作方法。
2. 掌握SHF－YF－Ⅲ口服液灌装机维护及清洁方法。

二、实训范围

适用口服液灌装岗位。

三、实训职责

口服液灌装岗位操作人员及维修工。

四、实训产品

1. 药品名称：清脑复神液。

2. 产品处方：人参、黄芪、当归、鹿茸、菊花、百合、丹参、冰片、红花。

3. 性状：棕红色澄清液体，味辛，甜。

4. 适应证：用于神经衰弱、顽固性头疼、失眠、眩晕、健忘等症。

5. 规格：每支 10mL。

6. 用法用量：口服，一日 2 次。

7. 药理作用：清心安神，活血通络。

8. 储存：密封，置阴凉处。

9. 包装：玻璃瓶装，每支 10mL，每盒 12 支。

10. 执行标准：《卫生部药品标准中药成方制剂第九册》WS3 – B – 1838 – 94。

11. 批准文号：国药准字 Z51020737。

五、实训内容

（一）程序

同项目四实训一的程序。

（二）SHF – YF – Ⅲ口服液灌装机标准操作法（SOP）

（1）严格执行 SHF – YF – Ⅲ口服液灌装机标准操作规程进行操作。

（2）本机要求必须由经过专门培训的人员操作。

（3）开车运转前用手转动变速箱，使主轴按规定方向运转，检查分度间歇转盘的空挡处是否与顶杆同一轴线，否则，应松掉分度等分盘上的固定内六角螺栓。当分度槽轮与分度盘上 ϕ14mm 滚子在直线段时（即主轴在运动时，分度盘不动的情况下）将分度间歇转盘调节到与顶杆同一轴线，然后固定内六角螺栓，注意分度盘与槽轮应有一定的空隙，否则工作时会有不正常的声音。如遇轧瓶，间歇转盘错位也用以上方法调整。

（4）高出瓶子托板平面。以免瓶子轧住，当分度间歇转盘将要运转时，顶杆应下降到与托板齐平。如一直调不好，则应将顶杆上方的限位块向下移动 3 ~ 6mm，固定后再试。这时顶杆面会高出托板杆 3 ~ 6mm，就应拆下顶杆将高出部分用车床加工掉（一般出厂均已调试好，不会有这种情况）。

（5）当手转动整机运转正常后，开空车试一试，如正常即可。调试轧口头子：将轧口头子对准瓶子，三把刀片必须离开瓶子铝盖 3 ~ 6mm，然后固定用手转动机器，用手盘动轧口头子，检查轧口刀片。刀片在收拢时应在瓶颈下沿 0. 5mm 左右的地方。然后用手转动一个瓶子检查是否合格。刀片上下均可调节，特别注意：当刀片最后收拢时，刀片外径不应碰到瓶子根径。这样受力较大，碰到瓶子就有可能碎瓶，刀片也容易磨损。此时只要将轧口头子往上再提高一点即可。这样刀片就离开瓶子盖较远，对进瓶有利，对尺寸误差大的瓶子就更有利。然后可开机试车。先少放几个瓶子，一直到满意为止。开车时必须检查刀片自转是否灵活。如不灵活应拆下整修清洗。

（6）在正常情况下的操作顺序

将瓶放入进瓶输送带→开启进瓶输送带 →开启振荡器，调节频率 →开启轧口头子 →开启主机。

（7）设备在使用过程中，如发生异常响声，异常情况，应立即停车检查，待故障排除后，方可再使用。

（8）故障排除

①铝盖没有收口：轧口头子安装太高，刀片不收拢。顶杆上端弹簧太松，可调节紧一点。但必须注意：如上端弹簧过紧，会造成顶杆高出托板，此时必须应将下端弹簧也调紧一点，直至顶杆与托板齐平即可。一般情况下先检查轧口头子是否安装过高。

②封口太高　将刀片往下调节稍许即可。

③封口太低　将刀片往上调节稍许即可。

④封口不紧

Ⅰ、刀片稍低，往上调节。

Ⅱ、刀片连杆的弹簧太松，拆下调紧（左旋）。

Ⅲ、轧口头子内的预紧弹簧过松，可拆下铝合金头子（螺纹连接）。用一字螺刀旋紧预紧弹簧即可。

⑤不正常碎瓶

Ⅰ、瓶子掉不下，轨道过紧，修掉一点即可。

Ⅱ、瓶子误差过大。

Ⅲ、预紧弹簧过紧。

Ⅳ、定位不准。

Ⅴ、刀片自转不灵活。

Ⅵ、顶杆高出托板。

⑥振荡器输送速度慢

Ⅰ、外罩碰到振荡器本体，无法起振。

Ⅱ、变压器固定螺栓松掉。

Ⅲ、电路板元件损坏。

（三）设备的维护保养

（1）操作工每班检查一次机器各部所有的摩擦表面的润滑情况，缺油部位要及时润滑。凸轮的滚轮工作表面每周涂一层润滑脂。

（2）机台下各连杆的关节轴承每周要滴油加以润滑；各种轴承要定期或根据运转情况加以清洗，加润滑油，密封轴承可滴油润滑，每月一次。

（3）齿轮变速箱每年要换油一次。

（4）传动链条要每月检查一次松紧度，每周涂润滑油或润滑脂。

（5）每班工作结束时，擦洗机器内、外表面。

（6）机器连续工作3000h进行一次全面保养。

（四）清洁

1. 清洁消毒频次及方法

（1）每天生产前清洁

①与配制人员联系好，用注射用水从配制罐通过泵体在线冲洗灌装机及管路10min，由灌装机分液管口处排掉。

②用灭菌的超细布将机体各表面、护板水渍擦净。

（2）生产过程中停车间隙，清除设备机体各表面、护板污渍、水渍，保持设备干燥。

（3）每天生产结束后清洁消毒

①外部清洁消毒

Ⅰ、用毛刷清除设备上的碎玻璃屑。

Ⅱ、用超细布将机体各表面、护板的污迹清除。

Ⅲ、用超细布蘸2%～3%碳酸钠溶液反复擦拭机体外壁，待清洁剂停留5min以上时，用超细布和大量注射用水反复擦拭至无滑腻感为止。将机体外表面所有水渍擦干。

Ⅳ、用75%乙醇擦拭消毒灌装机机体各表面、护板。

②内部清洁消毒

Ⅰ、与配制人员联系好，配制罐药液管道输送来的液体，由灌装机分液口排放（水－双氧水－水）。

Ⅱ、拆卸分液装置，用2%～3%双氧水反复擦拭分液装置内表面、下料口及漏斗内表面等，待消毒剂停留5min以上时，用大量注射用水反复冲洗至净。

Ⅲ、按拆卸相反顺序将分液装置复装。

（4）更换品种、同一品种连续生产7d、停产超过48h停产前后清洁消毒。

①外部清洁消毒同（四）1（3）①。

②内部清洁消毒

Ⅰ、与配制人员联系好，用注射用水从配制罐通过泵体在线冲洗灌装机及管路两遍，每遍各5min，去除药液残留。再用3%～5%碳酸钠溶液冲洗至少5min，然后用注射用水冲洗5min，接着用3%双氧水溶液冲洗至少5min，最后用经0.22μm精密滤芯过滤的注射用水冲洗至少10min。冲洗时间通过调节灌装机转速决定。因3%～5%碳酸钠溶液和3%双氧水溶液配制量一定。

Ⅱ、与配制罐内部清洁消毒同期进行。

（5）每月及生产结束时清洁消毒

①外部清洁消毒同（四）1（3）①。

②内部清洁消毒

Ⅰ、与配制人员联系好，用注射用水从配制罐通过泵体在线冲洗灌装机及管路5min，再用3%～5%碳酸钠溶液冲洗至少5min，然后用注射用水冲洗5min，接着用3%双氧水溶液冲洗至少5min，最后用经0.22μm精密滤芯过滤的注射用水冲洗不得少于30min。

Ⅱ、拆卸分液装置及漏斗。用大量注射用水反复冲刷。漏斗湿热灭菌121℃，15min。

Ⅲ、按拆卸相反顺序将分液装置及漏斗复装。

（6）维修或其他特殊情况随时进行清洁，清洁方法视污染情况而定。

2. 清洁工具的清洁及存放

使用完的清洁工具按“车间洁净区清洁工具清洁消毒标准操作规程”进行清洁操作后存放在洁具间，备用。

3. 清洁效果评价

（1）设备表面光洁，无可见污渍。

（2）取2个带有标记的瓶子，从灌装机接料口处接最后冲洗水，检查可见异物合格，pH呈中性即可。

4. 填写清洁记录

填写清洁记录，经QA检查员检查清洁合格，并贴挂“已清洁”标示牌。退出灌装间将门关严，避免设备污染。

5. 设备清洁后有效期

（1）连续生产时，每天生产结束清洁后有效期至下次生产前，但不得超过48h。

（2）若设备停用超过48h，下次生产前按（四）1（4）对设备进行清洁消毒操作。

6. 生产结束至开始进行清洁操作等待时间

生产结束至开始进行清洁操作等待时间不得超过1h。

7. 注意事项

（1）清洁前先切断电源，清洁过程中操作面板上不得沾水，以免变频调速器功能失常。

（2）严禁对运转的灌装机进行清洁操作。

（3）冲洗灌装机及管路时一定要使灌装机处于开启旋转状态，且转速一定要慢，保证冲洗液在管道内充满且冲洗液从漏斗上部有溢流。

（4）灌装机是保证产品质量（无菌和可见异物）关键设备，在拆装及清洁消毒操作过程中一定要非常小心，避免污染。

项目五　半固体制剂生产操作

实训一　半自动栓剂灌封机标准操作及维护规程

一、实训目的

1. 熟练掌握栓剂灌封机的操作方法。
2. 熟悉栓剂灌封机维护及清洁过程。

二、实训范围

适用于 BZS－Ⅲ型半自动栓剂灌封机组的使用维护保养操作。

三、实训职责

操作工、维修工对本规程实施负责。

四、实训产品

1. 药品名称：甲硝唑栓。
2. 产品处方：每克含甲硝唑 10mg，辅料为：凡士林，液体石蜡。
3. 性状：白色至黄色栓。
4. 作用类别：处方药。
5. 适应证：用于脓疮等化脓性皮肤病，小面积烧伤，溃疡面的感染和寻常痤疮。
6. 规格：1%。
7. 用法用量：局部使用，取本品适量，涂于患处，1 日 2 次。
8. 药理作用：本品为咪唑类抗生素，对大多数革兰阳性菌，部分革兰阴性菌，及一些非典型致病菌如衣原体、支原体均有抗菌活性。
9. 贮存：密闭，在阴凉干燥处保存。
10. 包装：本品采用铝塑包装，10g/支/盒。
11. 执行标准：《中国药典》（2015 版）二部。
12. 批准文号：国药准字 H42021784。

五、实训内容

（一）程序

同项目四实训一的程序。

（二）BZS－Ⅲ型半自动栓剂灌封机操作及维护标准操作规程

1. 操作

（1）开机前应检查水管、气管是否有泄漏点，各部位螺丝是否松动，调整接头是否松动变化。

（2）首选打开进气阀门，关闭整机排气阀门，观察气压表，气压应在0.5～0.6MPa，不得低于此压力。

（3）打开总电源钥匙门和急停开关，使整机处于供电状态，打开气源PLC开关和启动开关，打到自动档位置。将手/自开关打开至自动位置，整机开始自动开机状态。检查灌注部分是否有异常和松动。然后将封口PLC开关、启动开关和手/自开关打到自动位置，检查封口部分动作是否异常和松动及位置是否发生变化。若正常，关闭灌注部分和封口端开关。

（4）打开冷水开关，使冷水循环，检查是否泄漏。

（5）打开控制面板的加热开关，并使温控表的温度达到预置值。一般灌注部分灌注桶温控表为50℃；下料阀温控表为70℃；灌注温度为50℃；封口部分预热温控表为110℃；封口温控表为125℃。

（6）将配制好的药料倒入灌注桶内，依次打开搅拌开关，柱塞泵开关、热水循环泵开关、风机开关。

（7）开机20～30min后观察温控表是否达到预置值，到达后将空壳带引入灌注嘴下，打开灌注启动开关，待工作30min后冷冻箱内已灌满，再打开封口启动开关，连续封口。

（8）工作完成后应对柱塞泵和灌注桶及药物接触部分连续加热清洗，对药经过轨道进行清理，使之顺畅，保证顺利进行。

（9）工作完成后，依次关闭电源，取消气源，并使控制面板所有开关处于关闭状态。

2. 维护与保养

（1）每周对灌注气缸轴、封口预热气缸轴、封口气缸轴、整形气缸轴注油，并随时检查缺油情况。

（2）每周对剪断剪刀，齐上边剪刀和剪切粒数剪刀拆下用油石备磨。

（3）每天对贮气罐和三联体进行排污处理。

（4）观察冷冻风机是否工作。

（5）对有泄漏的密封元件，应不定期进行更换。

（6）观察保温桶水位，定期加纯净水。

（7）每班后对齐上边尾料、剪切尾料进行清理。

3. 清洁

（1）清洁的方法

①生产结束，取下“运行中”状态标识，挂上“待清洁”状态标识。

②用丝光毛巾蘸纯化水擦拭设备的表面，擦拭过程中如有难清除的污渍，用丝光毛巾蘸清洁剂擦拭，直至污渍去除，然后再用纯化水反复擦拭两遍。

③拆卸灌装软管，打开灌注头将剩余尾料放入洁净容器内，尾料按“尾料管理规程”处理。然后将灌装软管、灌注头用容器盛装加盖转移至容器具清洗室进行清洁。

④柱塞泵的清洗：将柱塞泵拆下后，卸下上下尼龙堵，全部放入热2%碳酸钠溶液中浸泡5min，用细毛刷刷洗，至活塞及各部分没有残余药料，再用热纯化水刷洗至刷水洗液呈中性，再用热丝光毛巾擦干，安装备用。

⑤灌注头的清洗：打开灌注头两端走料管堵头，将灌注头拆下后，拔出灌注塞，依次推出灌注阀，全部浸泡在热2%碳酸钠溶液中5min，用细毛刷刷洗，至没有残余药料，再用热纯化水刷洗至刷水洗液呈中性，灌注头吹干，原位安装备用。

⑥灌注料桶的清洗：料桶内注入三分之二体积的2%碳酸钠溶液，加热到45～55℃。然后打开搅拌电机和柱塞泵，用热水清洗5min，并用丝光毛巾擦拭桶内壁，内壁表面无粘附物。然后打开下料阀排尽。然后用纯化水反复冲洗，并用丝光毛巾擦拭内壁，直至所排放的冲洗液呈中性。

⑦走料软管的清洗：将软管全部浸泡在2%热碳酸钠溶液中5min，用细毛刷刷洗各走料管没有残余药料，再用热纯化水反复冲洗至冲洗水呈中性，管内壁无残留药物为止，控干备用。

⑧消毒需在完成④、⑤、⑥、⑦上述内容后，将灌注头、走料软管、柱塞泵浸泡在消毒剂中30min，晾干；灌注料桶用丝光毛巾蘸消毒剂擦拭桶内壁和搅拌浆等与药品直接接触的表面。

⑨清洁、消毒结束后，及时填写记录，经QA检查员检查确认合格后，取下“待清洁”状态标识，贴挂“已清洁”状态标识。

（2）清洁工具的清洁与存放　按“D级洁净区卫生工具清洁规程”进行清洁，存放于洁具间指定位置。

（3）清洁效果的评价　经处理后的栓剂灌装机内外表面及管道光洁、无污物、无积水。

（4）清洁效期　有效期为72h，超过清洁效期或特殊情况需要重新对设备清洁消毒。

六、实训作业

1. 栓剂生产各个工序都需要什么样的洁净级别?
2. 谈谈栓剂用药的特点。

七、生产实训内容记录

填写灌装岗位批生产记录。

实训二　真空均质乳化机标准操作及维护规程

一、实训目的

1. 熟练均质乳化机的操作过程。
2. 掌握均质乳化机的操作技巧。

二、实训范围

适用于 EJR－10 型真空均质乳化机的使用维修保养。

三、实训职责

设备操作人员，对本标准的实施负责。

四、实训产品

1. 药品名称：红霉素软膏。
2. 产品处方：每克含红霉素 10mg，辅料为：凡士林，液体石蜡。
3. 性状：白色至黄色软膏。
4. 作用类别：非处方药。
5. 适应证：用于脓疮等化脓性皮肤病，小面积烧伤，溃疡面的感染和寻常痤疮。
6. 规格：1%。
7. 用法用量：局部使用，取本品适量，涂于患处，1 日 2 次。
8. 药理作用：本品为大环内酯类抗生素，对大多数革兰阳性菌，部分革兰阴性菌，及一些非典型致病菌如衣原体、支原体均有抗菌活性。
9. 贮存：密闭，在阴凉干燥处保存。
10. 包装：本品采用铝塑复合软管包装，10g/支/盒。
11. 执行标准：《中国药典》（2010 版）二部。
12. 批准文号：国药准字 H34030279。

五、实训内容

（一）程序

同项目四实训一的程序。

（二）EJR－10型真空均质乳化机标准操作规程

1. 操作

（1）接通电源，电源相符，并注意地线可靠接地，打开总电源开关，电源指示灯亮。

（2）接通均质锅各管道（包括各溢水口、放水口和排污口）和进水管（进水口上直接接上自来水），由用户自备。

（3）均质切削、刮板搅拌，先加料（可用水代替）再分别打开对应的控制开关均质切削、刮板搅拌速度［均质器切割轮转向为面对割轮看逆转；均质搅拌转向为面对搅拌看（下向上看）逆转。调试时应点动试转，确认无误时再正式让均质器运转］。搅拌启动前也应点动，检查搅拌刮壁是否异常，如有应立即排除。

（4）要打开锅盖及料口盖，一定要在锅内无真空压力时进行，如果锅内有真空压力，则应关闭抽真空接口上的阀（并关闭真空泵），打开锅盖上的阀门使锅内无真空压力。

（5）各项准备工作完毕以后，接通电源，便可按规定要求进行工作。

（6）运转部件有主锅搅拌系统、主锅均质系统、主锅升降系统、副锅搅拌系统、真空泵系统。控制通过面板上的按钮进行，可控制照明与熄灭，控制主锅搅拌的运转，控制主锅均质的运转，控制副锅搅拌的运转，控制真空泵的运转以及主副锅的加热。各项控制都在控制面板上进行。

（7）日常工作操作指南

①打开电源→②油水锅加料→③油水锅合盖→④油水锅加热搅拌→⑤均质锅合盖，关闭盖上其他阀门，打开抽真空阀门，进行抽真空（吸料）→⑥均质锅加热（温度可调）→⑦均质搅拌乳化到灌装物料（时间到）停止加温→⑧再打开放料阀放料→⑨清洗后可升起锅盖倾倒排污再合盖→⑩循环前面的工作。

（8）注意事项

①电源相符，并注意地线可靠接地。

②均质器轴端看为左转，每次电机接线后或长期不用重新起用时都应点动试转，确认无误时再正式让均质器运转。

③每次搅拌启动前都应点动，检查搅拌刮壁是否有异常，如有应即刻排除。

④搅拌抽真空工作前一定要检查锅是否与锅盖平贴，锅口、料口盖等是否盖严，密封可靠。

⑤向均质锅内冲入氮气前，应将真空表下的球阀关闭，防止真空表打坏。

⑥真空泵在关机前，应先把真空系统净化器上的球阀关闭。

⑦要打开锅盖及料口盖，一定要在锅内无真空压力时进行，如果锅内有真空压力，则应关闭净化器上的球阀（并关闭真空泵），打开锅盖上的放气阀，使锅内无真空压力。

⑧净化器接冷却水。

⑨真空泵在均质锅密封状况下方可启动运转。如有特殊需要敞通大气启动泵，运转不能超过3min。

⑩真空泵严禁无油运转。泵运行时严禁堵塞排气口。

2. 维护与保养

（1）定期检查各部件及轴承内的润滑油及油脂，及时更换干净的润滑油及油脂。

（2）保持均质器的清洁。每次要停止使用或更换物料时，都应清洗均质器与工作液接触部分，特别是其头部的切割轮、切割套、均质轴套内的滑动轴承及轴套。清洗重新组装后手转叶轮应无卡滞现象，锅体与锅盖两法兰相对固定后点动均质器电机转向正确，无其他异常，方可启动运转。

（3）所有锅的清洁工作由设备清洁规程执行。

3. 清洁

（1）生产结束后、同品种换批的清洁

①生产结束，取下“运行中”状态牌，挂上“待清洁”状态牌。

②生产结束后，在均质机内加入2%碳酸钠溶液，加热温度控制在35～45℃，碱液的加入量同配制量相同，开启搅拌桨进行清洗10min，打开排液阀排放清洗液，然后用丝光毛巾擦拭均质机的内表面，用纯化水反复冲洗三遍。

③用丝光毛巾蘸纯化水擦拭均质机外表面，如难以清洁可蘸2%碳酸钠溶液清除，再用丝光毛巾蘸纯化水反复擦拭。

（2）更换品种、同品种连续生产三批、超过清洁效期、设备维修后清洁消毒。

①先按照3（1）的内容进行清洁。

②然后用丝光毛巾浸润消毒剂（两种消毒剂交替使用，每月更换一次）擦拭均质机内接触药液设备表面。

（3）清洁、消毒结束后，经QA检查员检查确认合格后，取下“待清洁”状态标识，贴挂“已清洁”状态标识。

（4）清洁工具的清洁与存放　按“D级洁净区卫生工具清洁规程”进行清洁、消毒，存放于洁具间的指定位置。

（5）清洁效果评价　经处理后的高效均质机内外表面清洁光亮、无污迹及生产遗留物。

（6）清洁效期　有效期72h，超过效期或遇到特殊情况需在生产前重新清洁。

（7）相关记录 “消毒剂、清洁剂配制使用记录”。

六、实训作业

1. 均质乳化机的类型都有哪些？

2. 均质乳化机在操作过程中应该注意哪些问题？

实训三 软膏灌装机标准操作及维护规程

一、实训目的

1. 掌握软膏灌装机操作方法。

2. 熟悉软膏灌装机的清洁方法。

二、实训范围

适用于软膏灌装机的操作。

三、实训职责

班长、操作者。

四、实训产品

红霉素软膏。

五、实训内容

（一）程序

同项目四实训一的程序。

（二）软膏灌装机标准操作规程

1. 机器首次启动

必须要进行相应的电气和气动的连接，以及剂量的校准和调节。

2. 电源的连接

将电源插入机器上，同时检查电压是否和机器的要求相一致。该电源要求是380V 的 50Hz 三相电，功率范围大于 1. 1kW。在电气连接时一定要注意，不能用临时或不合适的连接导线，防止导致机器的损坏。

3. 机器的气动连接

只需要将压缩空气管道和机器上的气管相连接即可，注意不能用临时或不合适的管道来代替安装，因为不合格的管道极容易腐蚀损坏。特别要求注意的是线路不能接反。

4. 剂量的校准和调节

虽然厂家已经将剂量调得比较准确，但是还是要在试车时进行剂量校准操作，确保剂量的完全精确。

5. 各工位装置调节

该机器的正确运行需要各工位装置协调工作，因为每个工位都不能出问题，否则任何一个工位出问题都会产生故障。因此在生产前特别是在首次开机前，必须要保证这些工位的安装，装配正确。

（1）检查灌装头上的针管能否对准管口，伸入管内，不碰管壁。

（2）分别检查自动落管、对色标、灌装、出瓶顶杆装置是否和模杯口对中。

6. 机器开机前检查

（1）开机前一定要进行必要的检查，保证机器的电路、气路连接正确。

（2）所有部件安装正确，传输线路畅通无阻。

（3）药液料桶是否准备就绪，同时药液充足。

7. 机器的启动

（1）机器启动前一定确保压缩空气已经打开。

（2）机器启动顺序

①将待灌装的软膏加入灌装装置上方的药液料桶内。

②将钥匙插入总电源钥匙开关，开动总电源，给机器上电。

③开动主机，机器工作转盘开始运转。

④开动电加热按钮。

⑤用手挡住管检测光电传感器，使机器“认为”有管存在，机器才会在下面灌装装置执行灌装操作。

⑥用容器接住灌装头挤出的软膏，直到挤出的软膏很流畅为止，说明灌装装置内部空气已经排尽，如果不排尽空气会影响灌装剂量。

⑦最后等到控制台上的温控仪显示的温度达到目标温度后，预热温度设定为160℃，热风温度设定为280℃（一般按下电加热按钮后10min左右），将空的软膏管放入自动落管装置的料仓内，开始正式生产。

8. 机器停机

（1）关闭电加热按钮。3min后，待温度显示器显示温度低于200℃时。

（2）先关闭主机（按下主机关按钮），主机关指示灯（红灯）显亮而主机开指示灯（绿灯）熄灭。

（3）用电源钥匙关闭电源开关，切断总电源，控制台上所有指示灯熄灭。

（4）关闭压缩空气阀门。

（5）清场，清洁设备。

9. 设备的维护保养

（1）操作工每班检查一次机器各部所有的摩擦表面的润滑情况，缺油部位要及时润滑。

（2）检查压缩空气系统，排水器如有积水要及时排放，油雾器要保持油位高于吸油口，缺油时要及时补充。

（3）齿轮变速箱每年要换油一次。

（4）每班工作结束时，擦洗机器内外表面。

（5）机器连续工作 3000h 进行一次全面保养。

六、实训作业

1. 你所熟悉的软膏剂有哪些？
2. 你认为软膏灌装机在灌装过程中最容易出现的问题是什么？

七、生产实训内容记录

填写红霉素软膏灌装记录。

项目六　固体制剂生产操作

实训一　制粒标准操作规程

一、实训目的

1. 了解制粒在制剂中的作用。
2. 掌握制粒标准操作方法。
3. 掌握制粒维护操作方法。

二、实训范围

本规程适用于制粒操作。

三、实训职责

生产工艺员、段长、操作者、质检员对本规程的实施负责。

四、实训产品

1. 药品名称：板蓝根颗粒。
2. 性状：本品为棕色或棕褐色的颗粒；味甜、微苦。
3. 作用类别：本品为感冒类非处方药药品。
4. 规格：10g/袋。
5. 贮存：密封。
6. 包装：塑料袋装。
7. 执行标准：《中国药典》（2015 版）一部。

五、实训内容

（一）程序

同项目四实训一的程序。

（二）BZJ－360 型、LBL－750 型包衣造粒机标准操作规程

1. 准备工作

（1）检查主机转盘内是否有异物存在，并应清洗干净，用手推动转子不应有卡滞现象，转向正确。

（2）主机的出料口应关闭严实，并用锁紧螺钉锁紧。

（3）在升降架上，应固定好造粒挡板和喷枪、送粉筒，切勿与转子、定子相碰。

（4）关闭排水阀。

（5）检查供粉机内是否有异物存在，并清洗干净。装上送料杆和出料口，不应有卡滞现象。

（6）蠕动泵胶管内应清洁无异物存在，胶管无损伤。

（7）电气柜操纵板上，关闭加温控制按钮和变频器启动按钮，打开节流阀，使所有压力表均为零位。打开无油空气压缩机供气开关。

（8）使用 LBL－750 型包衣造粒机时，升降转盘用油泵油箱应加注 20#机油至油标位，如需加热，应先调整蒸汽加热器减压阀压力为 0.1MPa，并打开供气阀及排气阀。

2. 操作

（1）开机检查

①接通动力电源，从电控柜里合上总电源开关，以及分别合上二次开关，并将门关好。按下接通电源按钮，其绿灯亮，此时药丸温度表和热风温控仪应指示当时温度。按下风机按钮，其绿灯亮，此时通风机应高速旋转，但不应有异常噪声。

②反时针方向旋转风量调节阀，使鼓风流量计的浮子逐步上升，可达 400L/min。反时针方向旋转风量减压阀，喷气压力表的指示逐步上升到 0. 3MPa，然后降至 0. 1MPa，此时压力表的指示不应有跳动现象。

③按下喷气按钮，其绿灯亮，此时逐步拧松喷枪锥帽，喷气流量计的浮子逐步上升到 20L/min。然后调至 5～10L/min。

④按下主机按钮，其绿灯亮。当主机调速旋钮向顺时针方向旋转时，主机转速表逐步上升，转盘的转速加快，此时注意听转盘旋转的声音，不应有异常噪声或金属撞击声。

⑤按下喷浆泵按钮，其绿灯亮，当喷浆泵调速旋钮向顺时针方向旋转时，随着喷浆泵转速表的指示值增大喷浆泵的转速逐步加大，但不得超过 120r/min。

⑥按下喷气按钮，绿灯亮，喷气流量调至 10～15L/min。然后，再按下喷浆按钮，其绿灯亮。此时，从喷枪中应喷出雾化的液体，而贮液器中停止了液体回流。

⑦按下输送粉末按钮，其绿灯亮。当供粉机调速旋钮向顺时针方向旋转时，随着供粉机转速表的指示值增大，供粉机转速增快，但不许超过 100r/min，此时料斗内不应有冲击、摩擦等噪声。

⑧启动风机，风量调至 400L/min，热风温控仪设定在 80℃，把加温控制开关置于Ⅱ档位置，此时加温指示灯亮，经过 1～2min，热风温控仪达到 80℃，此

刻两个加温指示灯同时灭。

⑨三个调速旋钮和温控开关归零位，手动—自动转换开关置于自动位置时。

（2）造粒过程的操作

①造粒前的测试工作

Ⅰ、取下转盘上的三片包衣挡片，拧紧固定螺钉。

Ⅱ、把喷枪挂在主机外边的出料口手柄上，取下送料管，做好测试前的准备工作。

Ⅲ、转换开关置于手动位置，按下接通电源按钮。

Ⅳ、供粉机料斗内装入粉料，按下输送粉末按钮，从送料杆出口观察供粉机供粉情况。

Ⅴ、贮液器内注入浆液，测定好其密度。在喷气压力为0.1MPa下，调喷枪锥帽使喷气量满足工艺要求。

Ⅵ、启动喷浆泵，按下喷气、喷液按钮，观察喷枪口喷液情况。

Ⅶ、机器全部复原到初始状态。主机内固定好喷枪和造粒挡板，装好送料管供料铲，转换开关置于手动状态。

②造粒过程的操作

Ⅰ、向主机转盘内倒进适量的母粒，按下接通电源和风机按钮。然后，将风量调节阀调至工艺要求的风量值。

Ⅱ、按下主机按钮，用主机调速旋钮把转盘转速调到要求的转速。然后调整喷枪和挡板的高度与方向。并启动吸尘器排风。

Ⅲ、按下喷浆泵按钮，用调速旋钮提高喷浆泵的转速，使贮液器内的浆液快速回流。当回流管内没有气泡流动时，把喷浆泵转速调至工艺要求的初值。

Ⅳ、按下喷气按钮，检查喷气压力和流量是否为要求值，然后立刻按下喷液按钮，开始润湿母粒并注意观察，使母粒不粘结。

Ⅴ、经过适当地润湿母粒后，按下供粉按钮，然后用调速旋钮把供粉速度调至工艺要求的初值。随着母粒尺寸的加大，应逐步地增加供粉速度和喷浆流量。

Ⅵ、在造粒过程中，当颗粒之间含有较多粉末时，应适当加大喷浆流量。反之，颗粒太潮，发生粘结或粘锅时，应减少喷浆流量，加大供粉速度。

Ⅶ、在造粒过程中，注意观察和排除喷枪底部、造粒挡板后壁以及药丸温度传感器后边的粘结现象。

Ⅷ、当颗粒尺寸达到要求或耗尽了粉料时，停止供粉、喷浆和喷气，然后根据球粒的干湿情况抛光1～2min，打开出料口，靠转盘的离心力把颗粒输出主机。

Ⅸ、用起母法造母粒时，在主机内输入粉料并当作母粒。只喷浆不供粉即可。

Ⅹ、颗粒要包衣时，在转盘内装上三个包衣挡片，然后将成品球粒当作母粒输入主机，热风温度调至所需值，定期喷浆和干燥。

（3）注意事项

①在机器工作时，熟练掌握各开关、按钮和控制器的位置及其作用。

②不要在盖板拆除时开动机器。

③如果机器噪声过大或出现振动等异常现象，不要操作机器。

④机器未切断主电源，不得进行修理和保养工作，不得打开电气控制柜的门。

3. 维修保养

（1）日常维修保养

①日常维修保养由操作人员负责。

②每班使用前操作人员应认真地检查设备的测压挡板是否有损坏。

③每班使用前操作人员认真检查电机的运转是否正常，各转动部位是否有异响，及时给各转动部位加润滑油脂。

④每班工作完成后应及时清洁，保证设备清洁卫生。

⑤每班安装设备前要检查造粒筛网送料螺旋桨、造粒密封圈是否完好；造粒端盖是否转动正常。

（2）季度维修保养

①季度维修保养由设备管理员负责。

②每季度设备管理员应认真检查一次设备的电路系统、送料系统、升降系统、机械系统，防止发生故障。

（3）年度维修保养

①年度维修保养由设备管理员负责。

②每年对设备进行一次年度大修，主要检查各轴承磨损情况，主、从动轴键槽完好情况，升降系统运行性能。

③主电机减速机，所加的润滑油为30#齿轮油。

（4）设备维修保养应做好维修保养记录。记录由设备部归档保存。

4. 清洁

（1）日常清洁

①出料后关闭出料口并锁紧，将贮液器中浆液倒出，换成纯化水。

②鼓风量调至400L/min以上，主机调至250～300r/min并关好排水阀。

③主机倒入纯化水，擦洗转盘和上筒体，启动喷浆泵，按下“喷气”“喷液”按钮，清洗喷枪。

④打开出料口，排出污水。以上程序重复多次，直到主机和喷枪清洗干净为止，并打开排水阀排除通风腔中的余水。更换药粒品种、批号时，用专用工具拆下转盘彻底清洗通风腔。

⑤排出污水后，停止喷气和喷液，用干净的白布蘸0.05%～0.1%洗洁精。擦拭主机、喷枪、挡板以及定子盖等表面，然后再用干净的白布擦拭干净，保持

表面光洁。

⑥将加温控制开关置于Ⅱ挡，热风温控仪调至80℃，打开排水阀，烘干机器。使用LBL－750型包衣造粒机时，如需加热，应打开蒸气加热器、排气阀。

⑦机器烘干后，复位到初始状态。

（2）大处理清洁方法

①拆掉机器上盖、喷枪、挡板、固定支架及支撑杆，拆掉定子上的温度探头。

②包衣造粒机转盘拆卸

Ⅰ、BZJ－360型，拧下转盘紧固螺栓，用专用工具顶松转盘，用手拿出转盘，小心拆卸，不得碰撞。

Ⅱ、LBL－750型，拧下转盘紧固螺栓，用专用工具顶松转盘，用手旋转升降臂至转盘中心的上方，把专用长螺栓穿过升降臂的起吊孔，拧到转盘中心螺纹孔内，拧紧并保持大吊装螺栓垂直，把升降开关转到“上升”位置，慢慢升起转盘，升降过程中用手扶正吊装大螺栓，确保转盘不撞到定子壁上，转盘上升到超过定子上沿时，慢慢摆动升降臂使其离开定子上方。

③用干净的白布蘸0.05%～0.1%洗洁精，擦拭转盘及定子表面，使其表面光洁。然后用纯化水冲洗，打开排泄阀排净污水，然后用75%乙醇擦拭，自然晾干。

④转盘安装，按拆卸相反步骤操作即可。

⑤按日常清洁方法操作即可。

（3）清洁频次

①随时拭去设备表面污物。

②主机每锅出料后即进行内部清洁。

③每班前后擦拭设备表面。

④日常清洁每天一次，大处理清洁更换品种，连续生产7d清洁一次。

⑤清洁工具存放：使用完的清洁工具用0.05%～0.1%洗洁精清洗，纯化水冲洗干净，存放在洁具间自然干燥备用。

⑥清洁效果的评价：经处理后包衣造粒机，应内外表面光洁，无污物、无油迹，转盘内无上次生产药品残留，喷枪内外洁净畅通。

（4）注意事项

①冲洗完定子后关闭电源再清洗其他部件。

②配电盘切不可沾水。

六、生产实训内容记录

填写颗粒制造记录。

实训二 干燥标准操作规程

一、实训目的

1. 了解干燥设备的种类。
2. 掌握干燥标准操作方法。
3. 掌握干燥设备温度控制方法。

二、实训范围

车间一切干燥过程。

三、实训职责

操作者、段长、工艺员、质检员对本规程的实施负责。

四、实训产品

板蓝根颗粒。

五、实训内容

（一）程序

同项目四实训一的程序。

（二）CT－I型热风循环电烘箱标准操作规程

1. 准备工作

（1）检查温度表、高效过滤器是否正常。

（2）检查润滑点的润滑状况。

（3）检查主机、加热器、风机电源是否正常。

（4）把电源开关打开，电源指示灯亮后，启动加热旋钮，操作面板温度显示器显示所需工作温度为止，以后自动控温。

2. 操作

（1）待一切准备工作就绪，将装满物料的料盘放入烘车，推进烘箱内关好箱门。

（2）首先打开主机开关，再打开鼓风机开关、引风机开关。

（3）烘箱进出口设有高效过滤器，可根据需要调节风量，使工作室温度均匀。

（4）关闭引风机、鼓风机、加热器电源，打开烘箱门。

（5）注意事项

①该烘箱无防爆设备，切勿将易燃易爆物品放入箱内，以免发生事故。

②注意观察箱内温度变化情况，一旦温度控制失灵，立即停机检修。

③用电源线粗一倍的导线作为接地线。

④当烘箱不用时，应切断电源，以保证安全。

3. 烘干室维护标准操作规程

（1）小修（600 ~ 700h）

①检查机器各部位紧固件是否松动。

②检查风机是否碰撞，如不灵活必须调整。

③滚动轴承腔内润滑脂应该定期更换，要经常加润滑油。

④检查电气控制部分。

（2）中修（2500 ~ 2600h）

①包括小修内容。

②检查主要零件的表面磨损情况，发现缺陷应及时修复。

③检查更换电加热管。

（3）大修（9000 ~ 10000h）

①包括中修内容。

②检查电动机，并更换轴承加注润滑油。

（4）检修前准备

①技术准备

Ⅰ、使用说明书、图样、技术标准等资料。

Ⅱ、制定中、大修方案。

②物资准备

Ⅰ、检修所需的材料及备件。

Ⅱ、检修用的工具及检测器具。

③安全技术准备

Ⅰ、切断设备电源并悬挂“禁止开启”警示牌。

Ⅱ、清理设备现场，制定人机安全措施。

（5）检修方法

①拆卸

Ⅰ、拆下上盖固定螺母，打开机体前上盖。

Ⅱ、旋下螺母，电加热管即可抽出。

Ⅲ、拆下侧板，拆卸固定电动机的螺丝，取下电动机。

②装配按拆卸相反程序进行。

（6）试车与验收

①试车前的准备

Ⅰ、清除机器周围杂物。

Ⅱ、检查润滑部位、油位正常。

Ⅲ、检查确认电动机旋转方向正确。

②试车

Ⅰ、空载试车不少于2h。

Ⅱ、各传动运转正常，各机构动作准确、灵活。

Ⅲ、整机运转平稳，无异常振动和杂音。

Ⅳ、整机工作时，噪声不大于85dB。

Ⅴ、负荷试车时间不少于4h。

Ⅵ、生产能力达到设计要求或满足生产需要。

③验收：质量符合本规程要求，检修记录齐全准确，经空载负载试运行合格后可办理验收手续。

4. 清洁

（1）清洁方法

①首先将烘车、干燥盘转入清洗消毒间进行清洗消毒，干燥箱本体在线清洗，用毛巾擦拭干燥箱内壁、导轨上污物。

②每天生产结束后用纯化水擦拭干燥箱内壁、导轨。

③烘车、干燥盘用软布蘸0.05%～0.1%洗洁精擦洗，再用洁净的纯化水冲洗干净，然后用洁净的毛巾擦拭干净，保持表面光洁，最后用75%乙醇、洁净抹布擦拭一遍，自然晾干。

（2）清洁频次

①随时拭去设备表面污物。

②烘车、干燥盘每班生产结束后即进行清洁。

③每班前班后擦拭设备表面。

④每班清理扫除机器死角一次。

⑤更换品种、连续生产七天整体全部清洁一次。

（3）清洁工具存放　使用完的清洁工具用0.05%～0.1%洗洁精清洗，纯化水冲洗干净，存放在洁具间自然干燥备用。

（4）清洁效果的评价　清洁后平台、操作箱、导轨无污物，无上次生产药品残留，表面清洁，周围干净。

（5）岗位操作工做好清洁记录并填好操作人、操作日期。

（6）7d不使用，使用前按上述程序进行清洁、消毒。

（7）注意事项

①清洁过程中注意先切断电源且电器件不得沾水。

②机器出料口不易清洁，应多注意。

③在清洗烘干盘前后点清数目。

六、生产实训内容记录

填写干燥岗位操作记录。

实训三　颗粒包装机标准操作及维护规程

一、实训目的

1. 了解颗粒包装标袋的种类。
2. 掌握颗粒包装过程中的操作技巧。
3. 掌握颗粒包装机维护方法。

二、实训范围

颗粒分装操作过程。

三、实训职责

段长、操作工、生产工艺员、质检员对本规程的实施负责。

四、实训产品

板蓝根颗粒。

五、实训内容

（一）程序

同项目四实训一的程序。

（二）K80C型自动颗粒包装机标准操作方法

1. 开机前调整

（1）调整压辊与胶辊的间隙为零，以能带动包装材料传递即可，力过大则会导致胶辊变形以至损坏。

（2）将固定辊上的两个限位环根据包装材料的宽度固定在其两侧，使包装材料在拉纸过程中处于自由平整状态。

（3）包装材料经纸袋成型器至滚轮，用手逆时针转动主动滚轮使包装材料夹入两滚轮之间。滚轮间的压力通过机体内被动滚轮一侧的弹簧及压紧螺母进行调整。

（4）包装速度在每分钟60～70袋时，频率可设定在700左右。

（5）对于无光标的包装材料，袋长设定直接按所需长度设定（mm）。使用有光标的包装材料时，比实际制袋长度要多5~20mm。

（6）调整拉袋时间，要在停机状态下，用手拉动电机皮带，至热封器处于刚打开时停止。松开小凸轮的紧定螺钉，转动小凸轮使其工作边的起始点对着接近开关，紧固小凸轮。

（7）调整光电头的位置，使光电头照射在色标上沿，此时应注意包装材料通过光电头时不能产生弯曲、扭转。

（8）检查落料时间　计量装置应正处于刚开始送料的位置，如果不对，可把主传动轴上端的小齿轮的顶丝松开，将该齿轮向上移，与大齿轮脱离，然后左、右调整大齿轮，以横封口处不夹料为宜。

2. 开机运行

（1）接通电源开关，将温度控制仪设定到预定数值，一般情况下，应使纵封温度低于横封温度。经预热使温度达到稳定值后就可以对包装材料进行封合。

（2）压下离合器手柄，使计量系统不工作。

（3）用手逆时针转动主动滚轮，使包装材料夹入滚轮之间。

（4）接通工作开关，使机器开始运转，旋转调整手轮，使包装速度达到预定要求。包装速度可由智能拉袋控制器显示。

（5）检查热封边是否封牢。

（6）检查包装袋内侧是否对齐，如未对齐，可调整纸袋成型器的前后左右位置以获得满意的效果。

（7）接通光电开关，调整光电头的灵敏度旋钮。

（8）将包装物料倒入料斗，合上离合器，接通工作开关，开始包装。

3. 颗粒机维护标准操作规程

（1）在开机时除了应检查各传动件间的润滑是否良好外，每班次均应对转盘离合器、裁刀离合器及各相对运动的部位加注30#润滑机油。

（2）横封辊的四个支承座在设备运行的过程中应根据实际情况经常加注硅油。

（3）减速器每2000h更换新油到油标的中心。

（4）定时检查设备机器各紧固部位，是否有松动、脱接现象。

4. 清洁

（1）清洁方法

（2）用软布蘸0.05%~0.1%洗洁精，擦拭储料斗、转盘、薄膜支架、成品出口等内外表面，再用软布蘸洁净的纯化水擦拭干净，然后再用洁净的毛巾擦拭干净，保持表面光洁，最后用75%乙醇擦拭，自然晾干。

（3）拆下制袋导槽转入清洗消毒间，浸泡在0.05%~0.1%洗洁精中刷洗，用纯化水冲洗至净，然后再用洁净的毛巾擦拭干净，保持表面光洁，最后用75%乙醇擦拭，自然晾干。

（4）用硬毛刷把纵封辊、横封辊刷洗干净，然后用软布蘸0.05%~0.1%洗洁精擦拭纵封辊、横封辊表面，然后再用洁净的毛巾擦拭干净。

（5）拆下横封辊碳刷护罩，用小毛刷把碳刷周围刷洗干净。

（6）清洁频次

①随时拭去设备表面污物。

②主机每班生产结束后即进行内部清洁。

③每班前班后擦拭设备表面。

④每班清理碳刷一次。

⑤更换品种、连续生产七天整体全部清洁消毒一次，消毒时使用75%乙醇按清洁方法操作。

（7）清洁工具存放　使用完的清洁工具用0.05%～0.1%洗洁精清洗，纯化水冲洗干净，存放在洁具间自然干燥备用。

（8）清洁效果的评价　处理后自动颗粒包装机应内外表面光洁，无污物、无油迹，纵封辊、横封辊外表面清洁无上次药品生产残留，碳刷周围干净。

（9）岗位操作工做好清洁记录并填好操作人、操作日期。

（10）7d不使用，使用前按上述程序进行清洁、消毒。

（11）注意事项

①清洁过程中注意先切断电源且电器件不得沾水。

②清洁后纵封辊、横封辊安装回分装机，盘动皮带使纵封辊、横封辊刀口对齐。

实训四　混合机标准操作规程

一、实训目的

1. 了解药物混合设备的种类。
2. 掌握混合机操作的关键控制点。
3. 掌握混合机维护操作方法。

二、实训范围

固体制剂混合操作过程。

三、实训职责

操作者、段长、生产工艺员、质检员。

四、实训产品

板蓝根颗粒。

五、实训内容

（一）程序

同项目四实训一的程序。

（二）HD200 型三维运动高效混合机标准操作规程

1. 准备工作

（1）开机前仔细检查机器各部位是否松动。

（2）混合机的混料筒内外应擦干净。

（3）开启注油盖对减速箱添加润滑油至油标线。

（4）轴承和链条要经常加润滑油。

（5）试车时应注意机器是否有异常的杂音，以便及时停车检查。

2. 操作

（1）根据物料混合要求，设定时间继电器的混合时间。

（2）确定调速电机控制器的旋钮调到零位，并将其电源开关接通。

（3）合上电源开关，按绿色的启动电源钮，启动电机，电机开始旋转，但设备并没有运动，这时启动转差离合器控制装置的启动开关，慢慢调节转差离合器控制装置的调速旋钮，使设备的物料筒开始转动，直到达到要求的转速。

（4）开机调整调速旋钮，慢慢使混合筒的加料口调至适当位置，停机、关闭电源，打开加料口添加物料。最大装载量为料桶容积的 80%，盖紧顶盖。

（5）设备运行达到了预定的时间，设备自动停止工作，此时必须将控制装置的调速开关关闭，将调速旋钮调回零位。

（6）混合完毕后，调整调速旋钮使物料桶加料口呈倾倒位置开始出料。

（7）注意事项

①减速箱内润滑油和滚动轴承腔内润滑脂应定期更换。

②该机器时间继电器具有计时设定功能，开机或复位后设定的数值不能改变，若要改变须重新复位，使用时断开电源再接通时间间隔须大于 1s，如果间隔较短时，建议使用复位按钮复位，复位时间大于等于 0.02s。

③定期检查主要零件的表面磨损情况，发现缺陷应及时修复，方可使用。

④机器必须有可靠接地。

⑤注意机器在运行过程中，不宜靠近混合筒，以免发生撞击危险。

⑥工作结束后，做好清洁保修工作。

3. 混合机维护标准操作规程

（1）注意两端轴承座的润滑。

（2）发生故障应先停车后检查原因。

（3）经常检查各部位，紧固机体，不允许出现松动现象。

（4）检查设备的完好性，部件、配件是否齐全。

（5）日常维护通常在每天上班后、下班前15～30min由操作人员进行，通过设备的检查、清扫和擦拭，使设备处于整齐、清洁、安全、良好的状态。

（6）新设备在使用一个月后，要重新更换减速机机油，机油号为3# 锂基脂。

（7）轴承及链条要经常加润滑油（一般间隔48h）。

（8）每月对电气检修一次，每年对机械、电气大修一次。

4. 清洁

（1）清洁方法

①用软布蘸0.05%～0.1%洗洁精，擦拭混料筒、出料口等内外表面，再用软布蘸洁净的纯水擦拭干净，然后再用洁净的毛巾擦拭干净，保持表面光洁，用75%乙醇、洁净抹布擦拭一遍，自然晾干。

②用软布蘸0.05%～0.1%洗洁精擦拭机器外表面，然后再用洁净的毛巾擦拭干净，保持表面光洁。

③用毛刷把机器死角处的粉尘扫除干净。

（2）清洁频次

①随时拭去设备表面污物。

②主机每班生产结束后即进行内部清洁。

③每班前班后擦拭设备表面。

④每班清理扫除机器死角一次。

⑤更换品种、连续生产7d整体全部清洁一次。

（3）清洁工具存放　使用完的清洁工具用0.05%～0.1%洗洁精清洗，纯化水冲洗干净，存放在洁具间自然干燥备用。

（4）清洁效果的评价　处理后多向运动高效混合机，应内外表面光洁，无污物、无油迹，无上次生产药品残留，表面清洁，周围干净。

（5）岗位操作工做好清洁记录并填好操作人、操作日期。

（6）7d不使用，使用前按上述程序进行清洁、消毒。

（7）注意事项

①清洁过程中注意先切断电源且电器件不得沾水。

②机器出料口不易清洁，应多注意。

六、生产实训内容记录

填写颗粒剂总混批生产记录。

实训五　铝塑包装机标准操作及维护规程

一、实训目的

1. 了解铝塑包装机在制剂中的作用。

2. 掌握铝塑包机常见故障的解决方式。

3. 熟练铝塑包装机的操作方法。

二、实训范围

各产品铝塑包装操作过程。

三、实训职责

操作工、段长、工艺员、质检员对本规程的实施负责。

四、实训产品

1. 药品名称：诺氟沙星胶囊。

2. 性状：本品内容物为白色至淡黄色颗粒或者粉末。

3. 作用类别：抗感染类药物。

4. 适应证：适用于敏感菌所致的尿路感染、淋病、前列腺炎、肠道感染和伤寒及其他沙门菌感染。

5. 规格：0.1g。

6. 用法用量：一日2次，一次4粒，疗程3d。

7. 储存：遮光，密封保存。

8. 包装：铝塑包装。

9. 执行标准：《中国药典》（2015版）第一增补本。

10. 批准文号：国药准字H14023224。

五、实训内容

（一）程序

同项目四实训一的程序。

（二）DPP-160型铝塑包装机操作规程

1. 开机前准备

（1）严格执行DPP-160型铝塑包装机的操作规程。

（2）初次使用及调整必须由生产厂家来人试运行调试。

（3）本机要求必须由经过专门培训的人员操作。

（4）开车运转前应由人手动盘车，转动减速箱皮带轮确认转动部件无卡死情况方可开动运转。

2. 操作

（1）接通外接电源后，先打开电源总开关，并同时按成型温度指示、一次热封温度指示、二次热封温度指示三个按键。设定各温控表数值。

成型温度定为：140~220℃。

一次热封温度定为：140～220℃。

二次热封温度定为：140～220℃。

以上温度为参考值，工作中，根据实际加热情况，可以做适当的调整。当PVC片比较厚时可适当调高一些。

（2）接通压缩空气及循环水。

（3）当各温控表（除二次热封）达到各自定温的温值后，准备正常作业，把PVC成型铝和铝箔装在各自的支撑轴上。

（4）安装PVC层，引到加热板的缝隙中，并通过成型机构，引向一次热封机构。经过高速整辊及导向辊引向二次热封机构，进入夹持进给机构，再到定位夹持机构。

（5）把成型铝引入冷冲成型机构，再引向一次热封机构，进入夹持进给机构，再到定位夹持机构。

（6）经上述准备工作之后，按启动键，整机启动PVC片被连续吹塑吹出泡罩带。成型铝被连续冷冲出大泡罩带。此时，要观察泡罩是否按组卡对正落入热封模具中。如没有落入一次热封模具中，可调整成型箱体。如没有落入二次热封模具中，可调整成型铝箱体。

（7）当泡罩都饱满，把铝箱覆在泡罩带上，按动一次热封气缸键，气缸活塞下降、网纹板下降，开始热封，此时观察网纹质量、调整蝶簧压力，直到网纹清晰为止。二次热封调整同上。

（8）上述过程都完成后，再启动启动键开车。这样从PVC加热、吹塑成型、一次热封、成型铝、冷冲成型、二次热封、冲裁板块，整个过程就完成了。这时应观察冲裁箱体进行前后调整到板块位置正常为止。

（9）每次作业结束需切断总电源时，要求按下列顺序进行　首先按下加热温度指示、一次热封温度指示、二次热封温度指示三处按键。其次按下其他所有按键，最后关闭总电源开关。禁止在没关掉所有操作调节按键的情况下先切断总电源。

3. 维修保养

（1）遵守“DPP－160型铝塑铝包装机使用保养操作规程”。

（2）指定专人对DPP－160型铝塑铝包装机进行维护保养。

（3）在机械齿轮啮合处、链条传动处，加钙基润滑脂，每星期一次。

（4）切刀、热合器的压板导轨处，加20号机油，每班一次。

（5）毛刷轴承处、滚轮速度调节机构轴承处及其他转动轴承处。加40号机油，每班一次。

（6）设备工作完毕后，对其工作场地及设备进行彻底清场。

（7）设备在使用过程中，如遇有怪异声及其他异常情况立即停车检查，待故障排除后方可使用。

（8）整机全面检查保养每年一次。

（9）故障及排除

①吹泡形状不良

Ⅰ、整个板块泡罩不满，可能是 PVC 片加热温度低，应检查温度控制表，看温度是否达到要求；是否失灵。

Ⅱ、整个板块泡罩不满，可能是气源压力低，应检查气路元件，看有无漏气部位。

Ⅲ、整块板上有部分泡罩不满，可能是模具有漏气封闭不严的情况，检查模具是否有异物或损伤。

②PVC 片与铝箔热封不牢或网纹不全

Ⅰ、整板热封不牢，一是热封温度低，二是热封压力不够，应检查温度控制表，温度值是否符合要求，是否失灵，其次检查气缸压力，是否达到 0.6MPa，检查气动传动件有无故障。

Ⅱ、板块局部热封不良，一般是因热封板或网纹板表面有杂物，清理后可消除，也可能是两板表面有突出或凹陷等情况，修理或更换。

Ⅲ、在热封后的泡罩带上网纹有半边不清或压合不牢，是由于热封板和网纹板接触线不平行，可调节汽缸固定板上的调整螺母。

③成型铝泡型不良

Ⅰ、整个板块泡罩不满，可能是气源压力低，应检查气源压力，以及有无漏气的地方。

Ⅱ、成型后有皱纹，可能是上下模压力不够，应检查碟簧数量及调整螺母，调整压力。

Ⅲ、板块有局部拉裂现象，一般是冷冲凸模表面有杂物，清理后可消除，也可能是凸模及凹模圆角处有毛刺等情况，修理或更换。

④成型铝与 PVC 片热封不牢

Ⅰ、整板热封不牢，一是热封温度低，二是热封压力不够，应检查温度控制仪表，温度值是否符合要求，是否失灵，其次检查气缸压力，看气压是否在 0.6MPa，并检查气动传动件有无障碍。

Ⅱ、板块局部热封不良，一般是下网纹加热板表面有杂物，清理后可消除，也可能是下板表面有凸出、凹陷等情况，修理或更换。

Ⅲ、在热封后的铝成型泡半边压合不牢，是由于上板与下板不平行，调节上板的螺母即可。

⑤热封后铝箔有皱纹：产生的主要原因是铝箔导向辊不平行，调整它们到平行为止。

⑥冲裁板块错位

Ⅰ、板块上泡罩按作业方向左右偏，是由于导向辊上的挡圈位置不正，调整挡圈到正确位置。

Ⅱ、板块泡罩按作业前进方向偏前偏后，是冲裁箱体位置不对，调节箱体后面的丝杠即可。

4. 清洁

（1）清洁消毒方法

①清理掉设备内外粉尘。

②下料斗、量杯依次用饮用水、纯化水清洗干净。

③料桶等相关用具搬到清洁间依次用饮用水、纯化水冲洗干净。

④用丝光毛巾蘸取75%乙醇擦洗两遍。

⑤用3%双氧水擦拭时，擦拭后用纯化水再擦洗至无双氧水残留液为止。

（2）清洁工具的清洁干燥　用洗洁精洗净后，用纯化水冲洗干净，烘干存放于容器及工具存放室。

（3）效果评价

①设备内外壁无污渍。

②用纯化水冲洗后，其中冲洗水pH检测呈中性。

③微生物抽检合格。

（4）清洁后挂上“已清洁”标志，并注明清洗日期，超过三天使用须重新清洁。

（5）及时真实地填写清场操作记录。

六、生产实训内容记录

填写铝塑成型包装记录。

实训六　整粒机标准操作及维护规程

一、实训目的

1. 掌握整粒标准操作方法。
2. 掌握整粒过程中水分量对整粒的影响。
3. 掌握整粒机常见故障解除方法。

二、实训范围

整粒操作过程。

三、实训职责

生产工艺员、段长、操作者、质检员对本规程的实施负责。

四、实训产品

板蓝根颗粒。

五、实训内容

（一）程序

同项目四实训一的程序。

（二）ZLK180 型快速整粒机标准操作规程

1. 操作前的生产现场检查

操作前的生产现场由质检员检查，取得“生产许可证”后，方可生产。

2. 更换房间生产标志牌

操作者依据生产指令单更换房间生产标志牌。

3. ZLK180 型快速整粒机标准操作规程

（1）给整粒机轴承及传动部分注油孔注油，进行润滑。

（2）检查筛网是否完好，目数是否准确。

（3）用丝光毛巾蘸 75% 乙醇擦拭整粒机内壁、规定目数、筛网、容器、桶、工具和与药接触的部位，进行消毒，自然晾干。

（4）领取已照射灭菌的塑料袋。

（5）安装整粒机。

（6）打开主电源开关，检查各部件配合情况，无异常后方可以使用。

（7）将待整粒的半成品用移料车移至操作间规定位置。

（8）将两个生产用布袋的一端分别安装到整粒机的出料口和出尾料口上，另一端分别放在两个规定的洁净已消毒的容器上，并进行定置管理。

（9）查看颗粒色泽，无明显色差后，启动机器，开始填料，进行整粒。

（10）严禁负荷启动及超负荷运转。

（11）将整粒后符合要求的半成品装入套有已照射灭菌的塑料袋的桶内，将袋口拧紧、密封。

（12）将可利用物料也装入套有已照射灭菌的塑料袋的桶内，将袋口拧紧，密封。

（13）按“称量配料标准操作规程”进行称量，桶外贴上标志牌，整批做一标志牌，将半成品转至规定位置，将可利用物料转至中转室。

4. 手工整粒

（1）检查筛网是否完好，目数是否准确。

（2）用丝光毛巾蘸 75% 乙醇擦拭药槽、筛网、容器、桶、工具，进行消毒，自然晾干。

（3）领取已照射灭菌的塑料袋。

（4）将待整粒的半成品用移料车移至操作间规定位置。

（5）查看颗粒色泽，无明显色差后整粒。

（6）用相应目数的筛手工选料，不允许用手搓粒。

（7）将整料后符合要求的半成品装入套有已照射灭菌的塑料袋的桶内，将袋口拧紧。

（8）将可利用物料也装入套有已照射灭菌的塑料袋的桶内，将袋口拧紧。

（9）按“称量配料标准操作规程”进行称量。桶外贴上标志牌，整批做一总标志牌，将半成品转至规定位置，将可利用物料转至中转室。

5. 填写整粒岗位原始记录及物料平衡记录

按“操作记录填写规程”填写整粒岗位原始记录及物料平衡记录。

6. 具体品种使用整粒的方法及筛网的目数

见相应品种的工艺规程。

7. 操作过程监督检查

生产工艺员、质检员对操作过程监督检查。

8. 生产结束

生产结束后执行“生产区清场操作管理规程”。

9. 维修保养

（1）日常维修保养

①日常维修保养由操作人员负责。

②每班使用前操作人员应认真地检查设备的测压挡板是否有损坏。

③每班使用前操作人员认真检查电机的运转是否正常，各转动部位是否有异响，及时给各转动部位加润滑油脂。

④每班工作完成后应及时清洁，保证设备清洁卫生。

⑤每班安装设备前要检查造粒筛网送料螺旋桨、造粒密封圈是否完好；造粒端盖是否转动正常。

（2）季度维修保养

①季度维修保养由设备管理员负责。

②每季度设备管理员应认真检查一次设备的电路系统、送料系统、升降系统、机械系统，防止发生故障。

（3）年度维修保养

①年度维修保养由设备管理员负责。

②每年对设备进行一次年度大修，主要检查各轴承磨损情况，主、从动轴键槽完好情况，升降系统运行性能。

③主电机减速机，所加的润滑油为30#齿轮油。

（4）设备维修保养应做好维修保养记录。记录由设备部归档保存。

10. 清洁

（1）清洁方法

①将筛网等可拆下部件移至清洁间，用清洗液洗净，依次用饮用水、纯化水冲洗 2 遍至无清洗液及饮用水残留液。

②在对主机清洗时，应接压缩空气，以防止水进入电机。

③用清洗液对主机内外进行冲洗，然后用饮用水冲洗至无清洗液残留液，最后用纯化水冲洗至无饮用水残留液。

（2）消毒方法

①在清洁间将筛布等可拆部件用丝光毛巾蘸取 75% 乙醇溶液擦拭消毒。

②用丝光毛巾蘸 75% 乙醇溶液擦拭物料斗等其他部件进行消毒。

（3）清洗工具的清洁及干燥

①用洗洁精液冲洗后，用饮用水冲洗至无洗洁精残留液，再用纯化水冲洗干净。

②用烘箱干燥，存放于工器具存放间。

（4）消毒效果评价

①用洁净白绸布擦拭，无污渍。

②纯水冲洗后 pH 检测中性。

（5）备注

①清洁后换上已清洁标志，并按“操作记录填写规程”填写“清洁记录”。

②清洗后超过一周使用或维修后必须重新清洗。

六、生产实训内容记录

填写整粒制造记录。

实训七　电磁感应铝箔封口机标准操作及维护规程

一、实训目的

1. 掌握封口机封口质量标准。
2. 熟练封口操作过程。

二、实训范围

适用于 500B 型手持式快速电磁感应铝箔封口机使用、维护保养操作。

三、实训职责

段长、操作工、生产工艺员、质检员对本规程的实施负责。

四、实训产品

诺氟沙星胶囊。

五、实训内容

（一）程序

同项目四实训一的程序。

（二）500B 型电磁感应铝箔封口机标准操作规程

1. 500B 型手持式快速电磁感应铝箔封口机标准操作规程

（1）选择平整台面，放稳机器，将手持感应头的接头插入本机正面面板上的插座并旋紧。注意插座的定位缺口方向。

（2）电源线的插头一端插入机箱后板上的“电源插座”，另一端插入电源供给插座，请务必使用单相三线制电源。电压 220V，插座能承受 10A 以上电流。

（3）打开机箱后板上的“电源总开关”，此时控制面板上的封口时间，数码管亮起来机器就可以工作了。

（4）按住“时间设定按钮”键，根据需要封口的容器的直径、材质设定好合适的加热时间值，设定值在 0. 1 ~3. 9s。

（5）将容器对准感应头的中心（容器盖事先放好感应铝箔膜并旋紧压实），按一下手柄上的“感应开关”，这时原先设定好的时间会倒计时到零，则表示该次工作已完成，此时再移去感应头进行下一个容器的封口作业。

（6）检查封口质量，根据不同材质、直径的容器以及生产效率，适当修整“时间设定按钮”键，使得封口质量得到最佳。

（7）不工作时直接按机箱后板上的“电源总开关”关闭。

2. 维护保养注意事项

（1）本机不适用金属容器和金属瓶盖以及电化铝喷漆盖，更不能放在金属台面上按动加热按钮，否则会损坏机器。如遇到金属瓶盖和电化铝喷漆盖，可先进行铝箔封口再旋上瓶盖。

（2）本机在使用过程中，操作人员要经常注意感应头的温升情况，如手感过热烫手（80℃左右）时应停止工作，待感应头自然冷却或用电扇对准感应头强制快速冷却，使感应头温度下降至室温（25℃左右）时再开始工作，以免感应头的温度过高而损坏。

（3）本机设有温度过热自动保护功能，当机内温度过热时，绿色的“过热指示灯”亮，此时应待机内冷却或绿灯灭时方可继续工作。

（4）应经常查看感应头前面的白色胶木板的颜色，如发现有烧焦变色严重时，请旋开感应头的螺纹盖查看感应线圈是否有绝缘漆炭化或脱落，如有此现象应及时更换感应头线圈，以免继续使用损坏主机。

（5）当感应铝箔面积过大，按下感应开关后，时间显示马上到零没有感应或红色的“过流指示灯”闪烁并伴有“嘀”的报警声时，此时应适当增大被封物与感应头之间的间隔距离后，才能进行正常工作。可选用胶板之类的物品做挡板用，切勿用金属材料代替。

（6）本机使用单相三线电源线，为使操作者安全，务必使用单相三线制电源插座，工作场所地面必须干燥，以保持绝缘。

（7）输入电源电压不可过低，如输入电源电压低于160V时，应停止工作，待电压正常后再工作。

（8）选择感应铝箔膜的材质必须和被封口的容器的材质一致。

（9）在通电源之前必须先将感应头插入感应航空插座，并锁紧螺帽。

（10）本机配备保险管为5A，不可用大于5A的保险管代替。

（11）本机在使用过程中应保持良好的通风环境，不能堵塞机箱的各通风口。

（12）本机内有高压，线路板带电，严禁私自打开机器维修，以免发生触电。

（13）使用前如发现有导线裸露应停止使用本机，待维护后方可使用。

（14）本设备运输、贮存、使用时不能撞击、重压、受潮。

3. 维护与保养

（1）操作前必须熟悉封口机的调整使用方法。

（2）本机配有外壳接地三芯插座，使用时应良好接地，确保安全生产。

（3）初级使用或使用间隔时间过长时。电热元件可能会受潮，应进行数分钟低温预热后方可进行正常操作。

（4）注意适当选择封口速度和封口温度，严格注意停机操作规程，严禁封口带长时间静止在高温加热状态，以免烧毁封口带。

（5）初次试验时，温度应逐渐提高，以防止温度过高，使薄膜融化粘在封口带上。如发现封口带或加热块被粘附弄脏时，应停机清除。

4. 清洁

（1）清洁频次

①每次生产结束后清洁。

②同一品种更换批时进行清洁。

（2）消毒频次

①更换品种清洁和同品种连续生产三批时进行清洁消毒。

②超过清洁效期或设备维修后进行清洁消毒。

（3）清洁方法

①生产结束后，关闭电源，用纯化水湿润丝光毛巾，擦拭操作台面、热封手柄等。如有难以清除污渍，用2%碳酸钠溶液湿润丝光毛巾擦拭，然后再用纯化水湿润丝光毛巾擦拭两遍，清除清洁剂残留。

②消毒需在完成（二）4（3）①后，用消毒剂湿润的丝光毛巾擦拭封口操

作台面、热封手柄，自然晾干，备用。消毒剂交替使用，每月更换一次。

③清洁、消毒完毕后，经 QA 检查员检查确认合格，贴挂“已清洁”状态标识。

（4）清洁工具的清洁与存放　按“D 级洁净区卫生工具清洁规程”进行清洁，存放洁具间指定位置。

（5）清洁效果评价　经处理后的微电脑电磁感应封口机的表面清洁光亮、无污渍、无灰尘。

（6）清洁效期　有效期 72h，超过效期或遇到特殊情况需在生产前重新清洁消毒。

实训八　包衣机标准操作及维护规程

一、实训目的

1. 了解包衣机的种类。
2. 掌握包衣机标准操作方法。
3. 掌握包衣机标准维护操作方法。

二、实训范围

包衣操作过程。

三、实训职责

操作工、段长、工艺员、质检员对本规程的实施负责。

四、实训产品

1. 药品名称：罗红霉素颗粒（包衣）。

2. 主要成分：罗红霉素，其化学名称为：9－［*O*－［（2－甲氧基乙氧基）－甲基］－肟基］红霉素。

3. 性状：本品为无味包衣颗粒，除去包衣后显白色或类白色。

4. 作用类别：化药及生物制品 /抗微生物药 / 抗细菌药 /抗生素类 。

5. 适应证：适应于敏感菌株引起的下列感染：（1）上呼吸道感染。（2）下呼吸道感染。（3）耳鼻喉感染。（4）生殖器感染（淋球菌感染除外）。（5）皮肤软组织感染。也可用于支原体肺炎、沙眼衣原体感染及军团病等。

6. 规格：50mg（5 万单位）（按 $C_{41}H_{76}N_2O_{15}$ 计算）。

7. 用法用量：口服。（1）成人：一次 150mg，一日 2 次。（2）儿童：体重 24～40kg 儿童，一次 100mg，一日 2 次；12～23kg 儿童，一次 50mg，一日 2 次。

（3）婴幼儿：按体重一次 2.5 ~5mg/kg，一日 2 次，或遵医嘱。

8. 药理作用：新一代大环内酯类抗生素，主要作用于革兰阳性菌、厌氧菌、衣原体和支原体等。其体外抗菌作用与红霉素相类似，体内抗菌作用比红霉素强 1 ~4 倍。

9. 贮存：密封，在干燥处保存。

10. 包装：铝塑袋包装，6 袋/盒 ×10 盒 ×40 中盒。

11. 执行标准：《中国药典》（2015 版）二部。

12. 批准文号：国药准字 H19980127。

五、实训内容

（一）程序

同项目四实训一的程序。

（二）BGYW—150 型高效有孔无孔双用包衣机标准操作规程

1. 开机前准备

（1）检查系统压缩空气是否达到 0.5MPa。

（2）检查系统蒸汽压力是否达到 0.5MPa。

（3）将蠕动泵的吸液管插入包衣液桶中。

（4）根据所要包衣的情况，检查有关辅料是否已经准备好。

2. 操作

（1）打开系统主电源开关，人机界面屏幕上显示系统自动运行界面。

（2）按下“手动”键转为手动画面。

（3）按下各相应键检查各部分工作是否正常，然后返回主画面。

（4）按下“设置”键，转为参数设置画面。

（5）按画面所显示的信息对相应的参数进行设定，当全部设定完成后返回主画面。

（6）按下“控制”键，系统将按照所设定的时间及参数自动运行。

（7）停机操作　手动运行时，在手动画面下，按下相应控制键停止各部分工作；自动运行时，返回主画面，按下控制键，系统自动进入自动运行，将根据程序设定的工艺过程，自动完成包衣。

（8）暂停　若运行中出现异常，需要打开操作孔进行处理时，可按下“暂停”键，此时系统的滚筒、风机、喷液、加热会暂时停止，同时主画面上将显示“暂停”。再次按下“暂停”将恢复自动运行。

（9）注意事项

①每次工作结束后必须把喷枪清洗干净。

②每次工作结束后，必须将锅内部件清洗干净。

③没有停机前不要将手伸入锅内取料。

3. 维护与保养

（1）日常保养

①检查整机完好，配件、部件齐全，有异常须及时上报。

②检查、紧固各连接部件；每班放掉空气过滤器内积水。

③检查各种操作手柄位置、电器开关位置，应正确、无松动，操作灵活可靠。

④检查各连接管线、管件应密封完好，密封不好，须更换密封件。

⑤清洁设备各部位，使设备内外干净，无油污、锈迹、灰尘和杂物。

⑥每月检查清洁初、中效过滤器，且过滤器须完好。

（2）一级维护保养　操作人员和维修人员每三个月进行一次。

①电器维修人员负责清扫、检查、调整主控系统，用干布擦净光电转换器探头。

②彻底清洗、擦拭设备内外表面和死角部位。

③对链条、链轮加注润滑油，检查各计量仪表，发现异常及时上报。

④检查热风机，清理初、中效过滤器。检查各输风管连接处密封情况，密封不好需更换密封件。

⑤排风机：清洗布袋，重新安装时要注意过滤器部件与风机部件之间的密封。清理抽屉中的粉尘。

⑥蠕动泵：对无变速机加入指定的润滑油：S－30 或 S－40、W－9、W－10 牵引液。检查输液软管的完好情况，不完好需更换。

（3）二级维护保养　由维修人员每年进行一次。

①完成一级保养全部内容。

②更换主机减速机润滑脂，必须采用二硫化钼润滑脂，清洗电机，更换润滑脂，检查电机绝缘情况，对包衣滚筒托轮、轴承加注润滑脂，整理电控系统。

③检查热风机的高效过滤器须完好，清洗风机，更换润滑脂，检查电机绝缘情况，检查热交换器须完好。

④清洗排风机，振打清灰电机，更换润滑脂，检查电机绝缘情况。偏心套轴承加注黄油，检查橡胶密封膜应无损坏，若损坏需更换，检查检修门及出灰门的密封性，密封不好需调整。

⑤清洗蠕动泵电机，更换润滑脂，检查电机绝缘情况，整理电器线路，清洗无级变速机，加注润滑脂。

4. 清洁

（1）清洁方法

①清理掉设备内外粉尘。

②包衣锅依次用饮用水、纯化水清洗干净。

③料桶、输液管等搬到清洁间依次用饮用水、纯化水冲洗干净。

④丝光毛巾蘸取75%乙醇擦洗两遍。

⑤用3%双氧水擦拭，擦拭后用纯化水再擦洗至无双氧水残留液为止。

（2）清洁工具的清洗干燥　用洗洁精洗净后，用纯化水冲洗干净，烘干存放于容器及工具存放室。

（3）效果评价

①设备内外壁无污渍。

②用纯化水冲洗后，其中洗水pH检测呈中性。

③微生物抽检合格。

（4）清洁后挂上“已清洁”标志，并注明清洗日期，超过3d时使用须重新清洁。

（5）及时真实地填写清场及清洁操作记录。

六、生产实训内容记录

填写片剂包衣制造记录。

实训九　散剂内包装机标准操作及维护规程

一、实训目的

1. 了解散剂内包装标准在制剂中的作用。
2. 掌握散剂内包装机标准操作方法。
3. 掌握散剂内包装机标准维护操作方法。

二、实训范围

散剂分装操作过程。

三、实训职责

段长、操作工、生产工艺员、质检员对本规程的实施负责。

四、实训产品

1. 药品名称：诺氟沙星颗粒。
2. 性状：本品内容物为白色至淡黄色颗粒或者粉末。
3. 作用类别：抗感染类药物。
4. 适应证：适用于敏感菌所致的尿路感染、淋病、前列腺炎、肠道感染和伤寒及其他沙门菌感染。

5. 规格：0.1g。

6. 用法用量：一日 2 次，一次 4 粒，疗程 3d。

7. 储存：遮光，密封保存。

8. 包装：铝塑包装。

9. 执行标准：《中国药典》（2015 版）第一增补本。

10. 批准文号：国药准字 H14023224。

五、实训内容

（一）程序

同项目四实训一的程序。

（二）DXDF90E 型散剂自动包装机标准操作规程

1. 准备

（1）操作前的生产现场由质监员检查，取得“生产许可证”后，方可生产。

（2）操作工依据生产指令单更换房间生产标志牌。

（3）操作工依据生产指令单更换包装机上的生产批号，由段长检查复核批号的准确性。

（4）操作工按“中转室管理规程”领取合格的半成品药粉。

（5）散剂包装机的预热、保养、检查。

①给机器加热，检查温度控制仪的温度是否正确。

②检查机器各紧固件，不得有松动现象。

③给轴承及各转动部分、齿轮啮合处及注油孔加机油润滑。

④检查电机部分，各连接处应紧固，不应有松动、破皮、漏电等现象。

2. 操作

（1）温度仪达到所需热合温度时，开机空车运行。

（2）检查空袋运行情况，三边热合严密情况，刀位不偏离，不连刀，批号、工号清晰、准确，每袋两端均应切在光标上，合格后，开始生产，并留一空袋折叠备用。剩余的空袋放入容器内，待一批生产结束后按“标签销毁操作规程”进行销毁。

（3）空袋运行时，包材损耗应小于 20 袋。

（4）操作者上料之前应将上料斗用 75% 乙醇消毒，自然晾干。

（5）将药粉上满料斗，机台上不许撒药粒。

（6）开机下料运行，随时调整装量。

（7）将带有药粉的药袋连续抽取 6 袋进行称量，称量时将游标拨至标准袋量处，被称量的药袋放在天平左盘内，标准空袋放在天平右盘，重量差异在标准袋量 ±7% 之内。

（8）生产过程中，不合格药袋随时挑出，用剪刀剪开，将药袋中的药粉重新倒入药斗内进行分装，此过程不得污染，不得裸手操作，废袋放入容器内，待一批生产结束后按“标签销毁操作规程”进行销毁。

（9）检查

①运行过程中，操作者应每5min抽查一次装量。

②内包装要求：热合严密、不漏气，包材压边端正、平整，不夹药。下封口边缘错位不大于1mm，两侧封口宽度不小于3mm。

③批号清晰，药袋表面洁净无药粉。

④根据外观调长度，固定光标位置，使每个药袋偏差不大于一个光标。

⑤检查频次：操作工随时自检，段长每日上下午各两次，工艺员每日上下午各一次。

（10）盛装

①将合格药袋装入干净的周转筐内（或周转桶中），数量准确。

②盛装后将药筐（药桶）推进中转室，与中转室管理员交接。

（11）机器运行过程，如遇异常响声，应立即停机检查或找维修人员帮助调整，确定无误后方可开机。

（12）生产结束后，执行“生产区清场操作管理规程”，段长填写散剂制造记录。

3. 维护与保养

（1）定时检查包装机各部位螺钉，以免有松动现象。

（2）注意电器部分的防水、防潮、防腐、防鼠。电控箱内及接线端子需保持干净，以防电气故障。

（3）停机时应使两热封辊处于张开的位置，以防烫坏包装材料。

（4）定时给包装机的各齿轮啮合处、带座轴承注油孔及各运动部件加注机油润滑。加注润滑油时，请注意不要将油滴在传动皮带上，以防造成打滑丢转或皮带老化损坏。

4. 清洁

（1）清洁消毒方法

①清理掉设备内外粉尘。

②下料斗、量杯依次用饮用水、纯化水清洗干净。

③料桶等相关用具搬到清洁间依次用饮用水、纯化水冲洗干净。

④用丝光毛巾蘸取75%乙醇擦洗两遍。

⑤用3%双氧水擦拭时，擦拭后用纯化水再擦洗至无双氧水残留液为止。

（2）清洁工具的清洁干燥　用洗洁精洗净后，用纯化水冲洗干净，烘干存放于容器及工具存放室。

（3）效果评价

①设备内外壁无污渍。

②用纯化水冲洗后，其中冲洗水 pH 检测呈中性。

③微生物抽检合格。

（4）清洁后挂上“已清洁”标志，并注明清洗日期，超过 3d 使用须重新清洁。

（5）及时真实地填写清场操作记录。

六、生产实训内容记录

填写散剂分装记录。

实训十　压片机标准操作及维护规程

一、实训目的

1. 掌握压片机标准操作方法。
2. 掌握压片机工作中的异常情况处理。

二、实训范围

用于 GZPL－55C 高速压片机的使用、维护保养及检修过程。

三、实训职责

操作工、段长、工艺员、质检员对本规程的实施负责。

四、实训产品

1. 药品名称：诺氟沙星片。
2. 性状：本品白色片。
3. 作用类别：抗感染类药物。
4. 适应证：适用于敏感菌所致的尿路感染、淋病、前列腺炎、肠道感染和伤寒及其他沙门菌感染。
5. 规格：0.1g。
6. 用法用量：一日 2 次，一次 4 片，疗程 3d。
7. 贮存：遮光，密封保存。
8. 包装：铝塑包装。
9. 执行标准：《中国药典》（2015 版）第一增补本。
10. 批准文号：国药准字 H14023224。

五、实训内容

（一）程序

同项目四实训一的程序。

（二）GZPL－55C 高速压片机标准操作规程

1. 开机前准备

（1）冲模的安装和调试　冲模安装前，须切断电源，拆下料斗、加料器、打开大盘防护罩，把大盘上下、模孔及要使用的冲模擦拭干净。同时将中模顶丝旋出大盘 2mm，避免中模入孔室与它相撞。

（2）中模的安装　中模安装入孔时要保持水平，用铁棒通过上冲孔，轻轻向下打入。中模进入孔模后，以其上平面不高于大盘平面为合格，切记紧好每一个顶丝。

（3）下冲的安装　拆下下冲挡块，降下冲杆抹上润滑油，左手推开阻尼，右手将下冲推入孔中，做到活动自如且不会掉下来，下冲安装完毕将下冲挡块装好。

（4）上冲的安装　打开上冲盖板，将上冲杆抹好润滑油，由缺口处依次装入，然后将盖板装好，上防尘圈。

（5）安装左右加料器　检查左右加料器平台与大盘平面有 0.05mm 的间隙（用塞尺测量），和左右加料器与电机连接是否紧固，同时安装好左右刮粉板，紧好左右加料器与刮粉板螺丝。

（6）左右出料挡板的安装　高于大盘，注意与下冲头的间隙要适宜。

（7）左右出料器的安装　出料器底座的两个缺口插入机器台面上的两个弹簧螺丝下即可。

（8）安装好各种防护罩、窗、门。

（9）安装好吸尘器、筛片机及吸尘器管路。

2. 操作

（1）接通主电源开关，打开安全锁，系统加电。PLC 控制器的显示器进入控制主页。

（2）料斗填料后，按下“强迫加料”键，使药粉充满加料器。

（3）按下左右剔废键后按运行键测好片重。

（4）调节预压力　启动机器，顺时针转动预压力手轮，使上预压力轮从不转到刚转动为止。

（5）主压力调节　根据片子合格为准，此时可根据电脑显示在参数页上设定好压力单值上限和单值下限相应值。

（6）可将手动键改为自动键。

（7）启动主机　启动主机有两种方式，一种是点动方式即触摸“点动”按钮，主电机运转，同时加料器也工作，当释放按钮时，主电机和加料器停止工作；另一种方式是当触摸“运行”按钮时，机器就连续工作。机器不工作时，必须将手盘车压力减小，使上下冲头不至于在某位置处于受压状态，便于再次工作时启动。

（8）停机操作

①正常停机时，要先将电脑设定在“手控”方式，压力减小，车速减为最低方可停车。

②遇到紧急情况可按下急停开关停机（正常操作时不要使用它）。

（9）注意事项

①细粉多的原料和不干燥的原料不要使用。

②使用中如发现机器震动，异常或发出不正常的声音，应立即停车，检查。

③应尽可能避免机器不压药片时空转。如果机器不压药片空转，则填充和药片的厚度调节器一定要预先调节到大于4mm的值，一般情况下，无填充料，应立即停机。

④机器试运转，最初300h内，机器工作应在最大容量70%以下。

⑤为了操作人员和机器的安全，不要乱动安全设备。

⑥在停机之前应将压片速度降到较低时，再停机。

⑦机柜内的PE应接地。

⑧关玻璃门时要特别小心，由于支撑玻璃门的伸缩栓力量很大，关玻璃门时用力拉住门把，轻轻将门关上，否则容易损坏玻璃。

3. 维护与保养

（1）小修

①检查紧固各部件的连接螺栓。

②检查蜗轮副、齿轮副、压轮的磨损情况，调整间隙。

③检查防震垫，校正水平。

④检查油雾器、油杯，更换润滑油。

（2）中修

①包括维护检查项目。

②检查、修理组件的压圈、轴承、油封。

③检查修理冲盘的过载保护胀圈。

④检查修理下主压轮、下预压轮。

⑤检查修理液压系统。

⑥检查修理润滑系统。

⑦检查更换软管。

⑧检查修理预压油缸。

⑨检查修理填充机构。

⑩检查修理连杆组件。

(3)大修

①大修包括中修内容。

②检修下主压轮组件的机座孔，更换磨损件。

③检查研修冲模孔。

④检查修理主传动系统，或刮研蜗杆、蜗轮和有关部位的轴承。

⑤检修强迫加料电动机、减速机、主电动机，修理机座。

⑥检查电气控制系统。

⑦设备经大修后应恢复其原有性能、精度及生产效率，并由工程设备部、使用部门进行验收，做好记录。

⑧大修后，对整机性能进行验证。

4. 清洁

(1)清洁方法

①将加料器、冲模等卸下移入清洁间，用清洗液冲洗后，依次用饮用水、纯化水冲洗至无清洗液及饮用水残留液，网布按“洁净区布制品清洁规程”进行清洁。

②用丝光毛巾取清洗液擦转台、上下导轨、上下压轮等部件，然后依次取用饮用水和纯化水擦洗，至无清洗液和饮用水残留液，丝光毛巾不及之外可用毛刷擦洗。

(2)消毒方法

①在清洁间将筛布等可拆部件用丝光毛巾蘸取75%乙醇溶液擦拭消毒。

②用丝光毛巾蘸75%乙醇溶液擦拭物料斗等其他部件进行消毒。

③清洗工具的清洁及干燥。

④用清洗液冲洗干净后，依次用饮用水和纯化水冲洗至无饮用水残留液。

(3)消毒效果评价

(4)用洁净白绸布擦拭，无污渍。

(5)用纯化水冲洗过的部件，检测纯化水pH呈中性。

六、生产实训内容记录

填写片剂压片制造记录。

实训十一　硬胶囊灌装机标准操作及维护规程

一、实训目的

1. 掌握胶囊灌装标准操作方法。

2. 掌握胶囊灌装时应该注意的事项。

二、实训范围

胶囊充填操作过程。

三、实训职责

操作工、段长、生产工艺员、质检员对本规程的实施负责。

四、实训产品

诺氟沙星胶囊。

五、实训内容

（一）程序

同项目四实训一的程序。

（二）NCJ－800 型全自动胶囊充填机灌装标准操作方法

1. 生产前的准备工作

（1）操作前的生产现场由质检员检查，应取得“生产许可证”后，方可进行生产。

（2）操作工依据生产指令单更换房间生产标志牌。

（3）操作工按“中转室管理规程”领取合格的胶囊粉。

（4）操作工到车间内包材中转室领取空心胶囊。

①首先检查每件包材有无合格单，并检查外观质量（色泽及嗅味）。

②双人核对数量，无误后在胶囊货位卡上签字交接。

（5）设备的安装、检查、保养。

①需加油部位应注油。

②盘车检查各部件运转是否正常灵活，无异常后接通电源，打开自动开关，调整规定转速，仔细检查供料装置有无堵塞现象，供药感应器是否灵活。

③用 75% 乙醇将操作台面、供药、供料装置擦拭消毒。

④操作间湿度根据各品种规定而定。

⑤按“天平校正规程”校正架盘天平，托盘用 75% 乙醇消毒。

⑥取周转桶及细布手套，用 75% 乙醇将周转桶消毒。

2. 生产操作

（1）关好自动门，启动自动开关，调整转速，空车运转，仔细检查各部件运行情况，无异常后，准备生产。

（2）操作工将空心胶囊内包装打开，以每袋 3. 5 万粒分装于消过毒的塑料袋中，并称重，记录重量，倒入供料桶中。

（3）核对药粉品名、批号是否与生产指令单一致，无误后，将药粉注入供药器内，加药高度不应超过观察窗的2/3处。

（4）再次启动自动开关，调整转速，仔细观察各部件运行情况，并依据交接单中的理论粒重调装量。

（5）将分装出的胶囊抽查粒重，随时将空粒、半空粒及粒重不符合标准的挑出，将囊壳扒开药粉倒出后继续分装。

（6）运行过程中若机器有异常声响，立即停机，及时通知维修人员查找原因，排除故障。

（7）将分装的胶囊装入周转桶中，并填写半成品标志牌，入中转室。生产结束后，执行“生产区清场操作管理规程”，操作工及工段长填写胶囊分装工作记录中与之相应的部分。

3. 胶囊灌装及维护标准操作规程

（1）本设备系震动机械，应经常检查各部位螺钉的紧固情况，若有松动，应及时拧紧，以防发生故障和损坏。

（2）有机玻璃部件（工作台板、药板）应避免阳光直射和接近高温，不得搁置重物，药板必须竖直放置或平放，以免变形和损坏。

（3）电器外壳和机身必须接地，以确保安全，工作完毕切断电源。

（4）每天工作完毕，应清理机上和模具孔内残留药物，保持整机干净、卫生，避免用水冲洗主机。机上模具如需清洗，可旋松固定螺丝，即可拿下，安装方便。

（5）胶囊灌装机常见故障及维修

①振动不理想，调节电压。

②簧片螺钉松动，拧紧螺钉。

③胶囊壳排好在工作台板中，口高出或偏低，调节错位板高低及导轨。

④胶囊壳倒头太多（超过3%），震动器调节不当，应调节适当电压或胶囊壳尺寸不合规格，选用合格胶囊壳。

⑤胶囊壳卡在台板上不能下落，更换胶囊壳或调节错位板和台板孔位置。

⑥模具不能在轨道中复位，导轨后端压簧卡住或胶囊变形卡住，重新安装弹簧或顶杆，另用推棒将卡住胶囊推下。

⑦模具中导向板磨损，使得胶囊套合率低，更换新模具或两边定位松动，紧固定位钉，胶囊变形或潮湿，更换好胶囊壳。

4. 清洁

（1）清洁方法

①将配料盘等部件拆下后移入清洁间。

②用清洗液对零件进行清洗后，依次用饮用水和纯化水冲洗至无清洗液和饮

用水残留液。

③对主机内外部件及辅机进行清洗，用清洗液擦洗干净。

④用饮用水将清洁液擦洗干净后，用纯化水擦洗干净。

（2）消毒方法

①在清洁间将筛布等可拆部件用丝光毛巾蘸取75%乙醇溶液擦拭消毒。

②用丝光毛巾蘸75%乙醇溶液擦拭物料斗等其他部件进行消毒。

（3）清洗工具的清洁及干燥

①用清洗液对工具进行清洗干净后，依次用饮用水和纯化水各冲洗干净。

②用烘箱干燥，存放于工具存放室。

（4）消毒效果评价

①用洁净白绸布擦拭，无污渍。

②用纯化水冲洗过的部件，检测纯化水pH呈中性。

（5）备注

①清洁后换上已清洁标志，并按“操作记录填写规程”填写“清洁记录”。

②清洗后超过一周使用或维修后必须重新清洗。

六、生产实训内容记录

填写胶囊填充生产记录。

实训十二　硬胶囊抛光机标准操作及维护规程

一、实训目的

1. 掌握硬胶囊抛光机标准操作方法。
2. 掌握硬胶囊抛光机标准维护方法。

二、实训范围

已充填的硬胶囊自动抛光过程。

三、实训职责

段长、操作工对本规程的实施负责。

四、实训产品

诺氟沙星胶囊。

五、实训内容

（一）程序

同项目四实训一的程序。

（二）JP－1 型胶囊抛光机标准操作规程

1. 生产前的准备工作

（1）将抛光机、物料槽用75%乙醇消毒，自然晾干。

（2）领取生产所需的清洗过的周转桶，用75%乙醇消毒，备用。

（3）领取灭菌后的塑料袋、备用。

2. 操作

（1）将吸尘器电源插头插入机件下方插座，接上吸尘软管，吸尘器先开始工作。

（2）打开电源开关，调节转速，将胶囊从加料口加入，直至药品表面清洁。

（3）将塑料袋套在物料槽里，并置于出料口处，抛光好的胶囊将塑料袋口封好，置于周转容器中，填写半成品标志牌，转入中转站。

（4）操作者应及时、准确、真实填写记录。

3. 维护与保养

（1）操作工应严格按该设备有效的标准操作规程进行操作。

（2）设备运行之前，检查转动轴的灵活情况，如过紧应调整制动螺杆。

（3）设备在工作中如发现异常应立即停车检查，应将故障排除，才能再用。设备处于待用状态，应将各转动铰链加注 N32 机械油以防生锈，并用布罩盖好。

（4）每个月检查尼龙毛刷，必要时更换，保持毛刷干净有劲。

（5）每年应对设备进行解体洗油，检查轴承及轴套磨损情况，如磨损过度，则给予更换。

4. 清洁

（1）清洁方法

①将网布、毛刷等卸下移入清洁间，用清洗液冲洗后，依次用饮用水、纯化水各冲洗至无清洗液及饮用水残留液，网布按“洁净区布制品清洁规程”进行清洁。

②用丝光毛巾取清洗液擦洗轴和盖、进出料口等部件然后依次取用饮用水和纯化水擦洗干净，至无清洗液和饮用水残留液，丝光毛巾不及之外可用毛刷擦洗。

（2）消毒方法

①在清洁间将筛布等可拆部件用丝光毛巾蘸取75%乙醇溶液擦拭消毒。

②用丝光毛巾蘸取75%乙醇溶液擦拭物料斗等其他部件进行消毒。

③用清洗液冲洗干净后，依次用饮用水和纯化水各冲洗至无饮用水残留液。

（3）清洁效果评价

①用洁净白绸布擦拭，无污渍。

②用纯化水冲洗过的部件，检测纯化水 pH 呈中性。

（4）备注

①清洁后换上已清洁标志，并按“操作记录填写规程”填写“清洁记录”。

②清洗后超过一周使用或维修后必须重新清洗。

实训十三　不干胶贴标机标准操作及维护规程

一、实训目的

1. 掌握贴标机的操作方法。
2. 了解贴标机故障处理方法。

二、实训范围

适用于不干胶贴标机的操作。

三、实训职责

段长、操作工、生产工艺员、质检员对本规程的实施负责。

四、实训产品

诺氟沙星胶囊。

五、实训内容

（一）程序

同项目四实训一的程序。

（二）TB－200 不干胶贴标机操作及维护标准操作规程

1. 开机前的准备

（1）检查工作室内的清洁，清除多余的物品，贴标机是否挂有“已清洁”状态标示牌，摘下清洁标示牌换上运行标示牌。

（2）用瓶体检查与贴标辊之间的松紧度以瓶压紧能检入为宜。

（3）将标纸放到标纸辊上用胶带固定。松动固定卡号螺丝，换上生产批号，然后拧紧，调整好开机。

（4）检查压缩空气压力，大于等于 0.5MPa，各开关情况，供应状态。

2. 操作

（1）打开总电源，指示灯亮。

（2）检查光电头灵敏度。

（3）检查瓶光电检测器，用一阻隔物在距光电头 5～10mm 处晃动，看光电头后侧红灯是否闪亮，如闪亮表示正常。

（4）以上调整正常后，将要贴标的药瓶排放在输瓶转盘上，打开传输开关，瓶子到位后打开主机开关。

（5）瓶标贴完后，先关主机，再关传输开关，最后关闭总电源，关闭汽阀。

（6）按“不干胶贴标机清洁规程”对贴标机进行清洁，润滑。

（7）经 QA 检查员检查合格后在记录上签字，并将状态标示挂在机器上。

3. 维护保养

（1）设备在使用前，必须检查线路连接是否良好，输送带的灵活性，清除设备表面脏物。

（2）每次开机前检查瓶体与贴标辊之间的松紧度，以瓶压紧，启动电源，检查光电头的灵敏度。

（3）每次开机前查看压缩空气表是否达到 0.5MPa 以上，以保证印号清晰。

（4）设备使用完后，检查各转动部件的润滑情况及时润滑各部件。

（5）每周对设备进行润滑一次。排除汽水分离器中积水。

实训十四　粉碎机标准操作及维护规程

一、实训目的

1. 掌握粉碎标准操作方法。
2. 掌握粉碎机维护及清洁方法。

二、实训范围

一切粉碎操作过程。

三、实训职责

工艺员、段长、操作者、质检员对本规程的实施负责。

四、实训产品

诺氟沙星胶囊。

五、实训内容

（一）程序

同项目四实训一的程序。

（二）TF—260 型涡轮自冷式粉碎机粉碎标准操作规程

1. 准备工作

（1）开机前仔细检查机器各部位是否松动。

（2）粉碎机内外应清洁干净。

（3）粉碎机主体轴承座应用 ZG－3 钙基润滑脂 80% 和二硫化钼润滑脂 20% 混合润滑脂，每隔三月加一次油。

（4）试车时应注意机器是否有异常的杂音，以便及时停车检查。

2. 操作

（1）本机必须空载启动，等待运转正常后，方可开始加料，加料必须均匀。

（2）停机时必须先停止加料，等待 10min 后，或不再出料后再停机。

（3）将机器电源开关旋钮旋到开的位置，开动机器后，将物料倒入斗内，物料由加料口进入粉碎腔，物料在粉碎腔中高速旋转气流中经冲击、摩擦并在转子与筛网、磨块之间的缝隙中继续进行磨粉，因而能获得粒子均匀、粒度分布范围小的制品，物料在气流、机械的双重作用下，获得良好的粉碎效果，磨好的粉子通过筛子送出去，有自冷作用。

（4）粉碎结束后，将机器电源开关旋钮旋到关的位置。

（5）注意事项

①定期检查所有外露螺栓、螺母，并拧紧。

②发现异常声响或其他不良现象，应立即停机。

③定期检查主要零件的表面磨损情况，发现缺陷应及时修复，方可使用。

④机器必须有可靠接地。

⑤超过莫氏硬度 5 度的物料将使粉碎机的维修周期缩短，因此必须注意使用该机的经济性。

⑥物料严禁混有金属物。

⑦物料含水分不应超过 5%。

3. 维护与保养

（1）小修（600～700h）

①检查机器各部位紧固件是否松动。

②检查涡轮、轴承等活动部分是否转动灵活。

③滚动轴承腔内润滑脂应该定期更换，要经常加润滑油。

④检查电气控制部分。

（2）中修（2500～2600h）

①包括小修内容。

②检查主要零件的表面磨损情况，发现缺陷应及时修复。

③检查更换迷宫密封。

（3）大修（9000～10000h）

①包括中修内容。

②分解清洗转子、筛子、磨块等组成，并给主体轴承座加注 ZG－3 钙基润滑脂 80% 和二硫化钼锂基润滑脂 20% 混合润滑脂。

③检查各电动机，并给轴承加润滑油。

（4）检修前准备

①技术准备

Ⅰ、使用说明书、图样、技术标准等资料。

Ⅱ、制定中、大修方案。

②物资准备

Ⅰ、检修所需的材料及备件。

Ⅱ、检修用的工具及检测器具。

③安全技术准备

Ⅰ、切断设备电源并悬挂“禁止开启”警示牌。

Ⅱ、清理设备现场，制定人机安全措施。

（5）检修方法

①拆卸

Ⅰ、拆下端盖固定螺母，打开机体端盖，依次拆下涡轮和迷宫密封。

Ⅱ、拆下筛板和磨块。

Ⅲ、拆卸固定电动机的螺丝，取下电动机。

②装配按拆卸相反程序进行。

（6）试车与验收

①试车前的准备

Ⅰ、清除机器周围杂物。

Ⅱ、检查润滑部位、油位正常。

Ⅲ、检查确认电动机旋转方向正确。

②试车

Ⅰ、空载试车不少于 2h。

Ⅱ、各传动运转正常，各机构动作准确、灵活。

Ⅲ、整机运转平稳，无异常振动和杂音。

Ⅳ、整机工作时，噪声不大于 85dB。

Ⅴ、负荷试车时间不少于 4h。

Ⅵ、生产能力达到设计要求或满足生产需要。

③验收：质量符合本规程要求、检修记录齐全准确，经空载负载试运行合格后可办理验收手续。

4. 清洁

（1）清洁方法

①用软布蘸0.05% ~0.1%洗洁精，擦拭储料斗、定子、涡轮、成品出口等内表面，再用软布蘸洁净的纯化水擦拭干净，然后再用洁净的毛巾擦拭干净，保持表面光洁。

②用软布蘸0.05% ~0.1%洗洁精擦拭机器外表面，然后再用洁净的毛巾蘸洁净的纯化水擦拭干净，保持表面光洁。

③用75%乙醇和洁净抹布擦拭储料斗、定子、涡轮、成品出口等内表面，自然晾干。

④用纯化水将机身外部擦干净。

（2）清洁频次

①随时拭去设备表面污物。

②每班生产结束后按4（1）和4（2）项下进行清洁。

③每班前班后擦拭设备表面。

④更换品种、连续生产七天整体全部清洁消毒一次。

⑤清洁工具存放：使用完的清洁工具用0.05% ~0.1%洗洁精清洗，纯化水冲洗干净，存放在清洁工具清洗存放间自然干燥备用。

（3）清洁效果的评价　处理后涡轮自冷式粉碎机，应内外表面光洁，无污物、无油迹，周围干净。

（4）岗位操作工做好清洁记录并填好操作人、操作日期。

（5）7d不使用，使用前按上述程序进行清洁、消毒。

（6）注意事项

①清洁过程中注意先切断电源且电器件不得沾水。

②设备不可用水直接冲洗。

③保存好机器零部件，清洗时随时检查。

六、生产实训内容记录

填写粉碎岗位生产记录。

实训十五　过筛机标准操作及维护规程

一、实训目的

1. 掌握过筛筛目的概念。
2. 掌握过筛标准操作方法。

二、实训范围

本规程适用于过筛操作。

三、实训职责

工艺员、段长、操作者、质检员对本规程的实施负责。

四、实训产品

诺氟沙星胶囊。

五、实训内容

（一）程序

同项目四实训一的程序。

（二）ZS－400、ZS－515型振动筛粉机标准操作规程

1. 准备工作

（1）开机前仔细检查机器各部位是否松动。

（2）内外应清洁干净。

（3）检查电动机、联轴器、振动器的润滑情况。

（4）试车时应注意机器是否有异常的杂音，以便及时停车检查。

（5）检查压紧锁是否压紧，防止松动。

2. 操作

（1）接通电源，电动机顺时针运转。

（2）根据物料选择需要决定筛网数目，目数大的在下层，目数小的在上层。

（3）调节振动器上下旋转锤块的相位角，可改变筛面物料的运动轨迹，当上下重锤块重叠，相位角在0°时，物料从中心向外辐散，当重锤的相位角在90°时，物料向中心聚拢。

（4）将机器电源开关旋钮旋到开的位置，开动机器将待筛颗粒由顶部进料口送入，在筛面机上充分筛选后从出料口排出。

（5）粉碎结束后，将机器电源开关旋钮旋到关的位置。

（6）注意事项

①定期检查所有外露螺栓、螺母，并拧紧。

②发现异常声响或其他不良现象，应立即停机。

③定期检查主要零件的表面磨损情况，发现缺陷应及时修复，方可使用。

④机器必须有可靠接地。

⑤为防止物料泄漏或粉尘溢散，在进料口和出料口安装连接管或布套。

⑥加料结束后，继续开机五分钟，使筛网和筛底物料全部排干净，以免物料

返潮，影响筛分，或因更换品种、目数造成混料。

⑦物料含水分不应超过5%。

3. 维护保养操作规程

（1）小修（600～700h）

①检查机器各部位紧固件是否松动。

②检查电动机、联轴器、振动器等活动部分是否转动灵活。

③各滚动轴承腔内润滑脂应该定期更换，要经常加润滑油。

④检查电气控制部分，检查压紧锁是否压紧。

（2）中修（2500～2600h）

①包括小修内容。

②检查主要零件的表面磨损情况，发现缺陷应及时修复。

③检查联轴器、弹簧是否损坏。

（3）大修（9000～10000h）

①包括中修内容。

②分解清洗联轴器、振动器重新加注润滑油。

③检查各电动机，并给轴承加注润滑脂。

（4）检修前准备

①技术准备

Ⅰ、使用说明书、图样、技术标准等资料。

Ⅱ、制定中、大修方案。

②物资准备

Ⅰ、检修所需的材料及备件。

Ⅱ、检修用的工具及检测器具。

③安全技术准备

Ⅰ、切断设备电源并悬挂“禁止开启”警示牌。

Ⅱ、清理设备现场，制定人机安全措施。

（5）检修方法

①拆卸

Ⅰ、拆下上盖固定螺母，打开机体上盖。

Ⅱ、打开压紧锁，把筛圈拆下。

Ⅲ、拆下联轴器，拆下振动器，拆卸固定电动机的螺丝，取下电动机。

②装配按拆卸相反程序进行。

（6）试车与验收

①试车前的准备

Ⅰ、清除机器周围杂物。

Ⅱ、检查润滑部位、油位正常。

Ⅲ、检查确认电动机旋转方向正确。

②试车

Ⅰ、空载试车不少于 2h。

Ⅱ、各传动运转正常，各机构动作准确、灵活。

Ⅲ、整机运转平稳，无异常振动和杂音。

Ⅳ、整机工作时，噪声不大于 85dB。

Ⅴ、负荷试车时间不少于 4h。

Ⅵ、生产能力达到设计要求或满足生产需要。

③验收：质量符合本规程要求、检修记录齐全准确，经空载负载试运行合格后可办理验收手续。

4. 清洁

（1）清洁方法

①先将筛粉机上盖打开，拆卸下粗筛、细筛，并运到清洗消毒间，按颗粒制剂触药容器具清洁消毒程序进行清洁。

②用纯化水将粗筛、细筛、上盖冲洗 5min，至无生产遗留物，用纯化水冲洗 10min。

③用 75% 乙醇、洁净抹布擦拭一遍，置清洁架上自然晾干。

④用洁净抹布和纯化水擦洗机器腹腔及上、下出料口内壁至无前次生产遗留物，再用 0.05% ~0.1% 洗洁精溶液擦洗，用纯化水清洗至无泡沫。

⑤用 75% 乙醇和洁净抹布擦拭腹腔及上、下出料口自然晾干。

⑥用纯化水将机身外部擦干净。

（2）清洁频次

①随时拭去设备表面污物、油迹。

②每天班前班后用毛刷清洁干净。

③更换品种、连续生产 7d 整体清洁消毒一次。

（3）清洁工具存放　使用完的清洁工具按清洁程序进行清洁后，存放在洁具间自然干燥，备用。

（4）清洁效果的评价　经清洁后的振动筛粉机内外均无药粉粉末的残留，无清洁剂及水残留的痕迹。

（5）岗位操作工做好清洁记录并填好操作人、操作日期。

（6）7d 不使用，使用前按上述程序进行清洁、消毒。

（7）注意事项

①清洁过程中注意先切断电源且电器件不得沾水。

②设备不可用水直接冲洗。

③保存好机器零部件，清洁时随时检查。

六、生产实训内容记录

填写颗粒剂粉碎、过筛批生产记录。

实训十六　热收缩包装机标准操作及维护规程

一、实训目的

1. 掌握热收缩包装机操作方法。
2. 掌握热收缩包装机维护方法。

二、实训范围

热收缩操作过程。

三、实训职责

段长、操作工、工艺员、质检员对本规程的实施负责。

四、实训产品

诺氟沙星胶囊。

五、实训内容

（一）程序

同项目四实训一的程序。

（二）热收缩包装机标准操作规程

1. 准备

（1）操作前的生产现场由质检员检查，取得“生产许可证”后，方可生产。

（2）热收缩包装机的预热、保养、检查。

（3）给机器加热达到恒温器指示的所需工作温度方可操作。

（4）检查机器各紧固件，不得有松动现象。

（5）给轴承及各转动部分、齿轮啮合处注油孔加机油润滑。

（6）检查电动机部分，各连接处应紧固，不应有松动、破皮、漏电等现象。

2. 操作

（1）操作者将套膜轴穿入薄膜料筒中心，移动套膜头至薄膜筒中心紧固，再将套膜头用螺丝刀固定于套膜轴上，使之不能滑动，完成上述操作后，将套膜轴放置于托膜滑动架上（放置时注意将薄膜的开口边对着操作者），将薄膜穿过托膜滑动架上的打孔器之后，将膜分开通过开膜器使一面在滑动工作台下，一面在滑动工作台之上，并封切好垂直边。

（2）将物品放入收缩膜内，且靠在封切好的垂直边。

（3）把薄膜和物品一起向左移入包装机内的工作网架上右侧，即包装物体离刀刃1/2寸至1寸（1寸=2.54cm）的位置处，以留有收缩余量，根据物品大小，调节工作网的高低位置，使物品的中心线与封切刀平齐。

（4）操作者按下上盖，并通过透明罩观察收缩过程，收缩好后上盖将自动打开，整个操作完毕，取出产品，马上进行下个包装过程。

（5）生产过程中的检查　塑封均匀、紧密、数量准确；外观质量符合标准；机器如遇到异常响声，立即停机查找原因，确定无误后，方可开机运行。

（6）生产结束后，执行“生产区清场操作管理规程”，段长填写生产记录。

3. 维护与保养

（1）设备必须保持良好的接地，以保障人身安全。

（2）定期对设备的电气、传动部件进行检查。

实训十七　薄膜衣配制机标准操作及维护规程

一、实训目的

1. 掌握薄膜衣配制标准操作方法。
2. 掌握薄膜衣制膜方法和种类。

二、实训范围

包衣液的配制。

三、实训职责

工艺员、段长、操作者、质检员对本规程的实施负责。

四、实训产品

诺氟沙星片。

五、实训内容

（一）程序

同项目四实训一的程序。

（二）TNW800－Ⅱ型无级调速糖衣机标准操作规程

（1）操作前的生产现场由质检员检查，取得“生产许可证”后，方可生产。

（2）操作者依据生产指令单更换房间生产标志牌。

（3）用丝光毛巾蘸75%乙醇将所有的工器具擦拭一遍，自然晾干。

（4）根据品种进行包衣物料的配制。

（5）薄膜包衣时，根据工艺要求计算薄膜包衣的重量，包衣材料的浓度，核对品名、规格、包衣颜色。

（6）将适量的溶剂或纯化水加入大小适宜的容器中，并加入薄膜包衣材料，置于喷滤灌内进行搅拌，包衣时其材料应充分溶解均匀。

（7）工艺员、质检员对操作过程监督检查（注意防火）。

（8）按“操作记录填写规程”填写岗位原始记录。

（9）生产结束后执行“生产区清场操作管理规程”。

（三）薄膜包衣机维护标准操作规程

（1）严格按使用说明书操作。

（2）检查减速机油位。

（3）检查密封条是否损坏。

（4）检查各紧固件是否松动。

（5）检查各气、液管路是否有泄漏。

（6）检查有无异常震动及杂音。

（7）经常清除设备的油渍及尘埃。

（8）包衣锅及包衣介质喷（滴）系统工作后，应及时清洗干净。

（9）包衣机主机中的摆线针轮减速机用油浸式润滑，推荐使用150号工业齿轮油。首次加注润滑油经100～250h运转，应更换新润滑油，以后每运转1000h再更换润滑油。

（10）主轴轴承装配时，要填满锂基润滑脂，中修时更换油脂。

（11）滚筒前支撑的两个支撑滚轮在出厂时已填满锂基润滑脂，设备中修时重新更换润滑脂。

（12）糖浆蠕动泵和薄膜蠕动泵所用硅胶管在滚轮接触段加硅铜脂或滑石粉润滑。

（13）应定期检查各紧固处，防止松动。

（14）每次清洗主机后应及时将清洗站过滤器清洗干净。

（15）清洗站加剂泵需定期更换润滑油。

实训十八　自动薄膜封口机标准操作规程

一、实训目的

1. 了解自动薄膜封口机种类。

2. 掌握自动薄膜封口机标准操作方法。

3. 掌握自动薄膜封口机维护与保养方法。

二、实训产品

诺氟沙星胶囊。

三、实训范围

本规程适用于四车间 FR－900 型自动薄膜封口机的操作。

四、实训职责

工艺员、段长、操作者、质检员对本规程的实施负责。

五、实训内容

（一）程序

同项目四实训一的程序。

（二）自动薄膜封口机标准操作规程

1. 准备工作

（1）检查各转动部位润滑是否良好，注入适量润滑脂。

（2）更换批号字码　拆下防护罩；旋下印字轮中轴紧固螺钉，取下印字轮；用专用的扳手松开螺母，取下应换的字码，换上所需字码并锁紧螺母，重新装上印字轮即可。

（3）预热 30min 后方可操作。

（4）按包装袋的尺寸及充装量，调整输送台的高度及前后位置；高度调节应使用弯月扳手松开过桥齿轮螺母，调整后紧固；根据封口尺寸，调好封口宽度定位架位置。

（5）根据包装材料的材质和厚度进行速度、温度调整，以达到满意的封口质量和较高的生产效率。同样材料，温度选择高时，速度也应高些，反之亦然；薄膜厚时，温度应高些，速度应低些，反之亦然。需反复试验，使温度、速度与材料厚度、材质相适应，最终满足工艺要求。

（6）如材质为聚乙烯单层塑料，封口时需打开风机，进行冷却。初次试验时温度应逐步提高，以防止温度过高，使薄膜熔化粘在封口带上。如发生粘结应及时清除剥离，以保证封口质量和保护封口带。

（7）如材质为复合薄膜材料，封口时选择的温度值比单层薄膜高得多，一般不需开风机冷却。

（8）压花轮的压力与封口质量关系密切，压力以调整到花纹清晰为宜。压力过高，影响零件寿命，压力低，花纹不清晰，封口强度降低。

2. 操作

（1）先按下电源开关，此时按钮内指示灯亮。

（2）旋转调速旋钮，调节输送带到所需的运行速度。

（3）按下升温开关，按钮内指示灯亮，再旋转温度控制器下面的旋钮使指针指向所需温度值，此时温度控制器内绿灯亮；烫头开始升温，当温度达到指定值时，绿灯灭，红灯亮，即可开始进行封口操作。

（4）根据需要，按下风机开关（薄层材料需冷却），按钮内指示灯亮，冷却风机被启动。

（5）停机　为延长封口带使用寿命，停机前，必须先断开升温开关（按钮内指示灯灭），烫头温度下降，让封口带仍运行一段时间。30min 后方可关闭风机，全机停止，此时按钮内指示灯灭。

（6）注意事项

①当不用时，应切断电源，以保安全。

②发现异常声响或其他不良现象，应立即停机。

③定期检查主要零件的表面磨损情况，发现缺陷应及时修复，方可使用。

3. 维护与保养

（1）操作前必须熟悉封口机的调整使用方法。

（2）本机配有外壳接地三芯插座，使用时应良好接地，确保安全生产。

（3）初级使用或使用间隔时间过长时。电热元件可能会受潮，应进行数分钟低温预热后方可进行正常操作。

（4）注意适当选择封口速度和封口温度，严格注意停机操作规程，严禁封口带长时间静止在高温加热状态，以免烧毁封口带。

（5）初次试验时，温度应逐渐提高，以防止温度过高，使薄膜融化粘在封口带上。如发现封口带或加热块被粘附物弄脏时，应停机清除。

4. 清洁

（1）清洁方法

①每次使用后，先拔下电源，用半干毛巾或者抹布擦拭封口机的外表与各传动部分外壁至洁净，干纱布擦拭电器控制柜表面至洁净。

②经 QA 检查员检查后挂已清洁标识卡，标明清洁日期、有效期。

（2）清洁效果评价　清洁后封口机应该整洁，无污渍。

实训十九　软胶囊机标准操作规程

一、实训目的

1. 掌握软胶囊机标准操作方法。

2. 掌握软胶囊机维护方法。

二、实训范围

本规程适用于软胶囊机的操作。

三、实训职责

工艺员、段长、操作者、质检员对本规程的实施负责。

四、实训产品

1. 药品名称：维生素 E 胶丸。
2. 性状：本品内容物为淡黄色油状液体。
3. 作用类别：本品非处方药药品。
4. 规格：100mg/粒。
5. 贮存：遮光，密封。
6. 包装：铝塑包装，60 粒/盒。
7. 执行标准：《中国药典》（2015 版）二部。
8. 批准文号：国药准字 H20043134。

五、实训内容

（一）化胶罐标准操作程序

1. 开机前准备

（1）确认设备的状态与标识一致。

（2）确认设备已清洁。检查各部件紧固状况，如有松动及时处理。

（3）检查真空表、温度表是否灵敏、可靠。

（4）检查数控上下限是否准确（如有设备无数控装置则无此操作）。

（5）检查化胶罐上各截门关闭是否灵活，搅拌桨有无变形。

2. 运行

（1）合上电闸，点动搅拌桨、真空泵，若有异常声音，要立即停机检查，排除故障后，继续进行。

（2）打开控制开关及加热开关，对化胶罐夹套进行预热（预热温度按工艺要求）。

（3）按处方（如明胶 1kg、甘油 0.4kg、水 1kg）取水投入罐内，加热至规定温度，再加入甘油，搅匀，再投入明胶及其他物质，加热溶解制成胶液。

（4）开启真空泵，向罐外抽真空（注意夹层温度保持在要求范围内），直至制出的胶液达到工艺标准后，关闭真空泵。

3. 出胶

打开化胶罐出料口，经筛网将胶液放出至温胶囊罐内。

4. 停机

（1）关闭加热开关及控制开关。

（2）关闭总电源。

5. 填写“设备运行记录”

6. 化胶罐清洁标准操作程序

（1）清洁工具　清洁布。

（2）清洁频次

①每批生产结束后。

②停用超过3d，再次使用前。

③维护检查后。

（3）清洁地点　可移动部件到清洗室进行清洁，不可移动部件就地清洁。

（4）使用的清洁剂　饮用水、纯化水。

（5）清洁方法

①将化胶罐中胶液排出。

②关闭出胶口、进料口，放入饮用水至高于罐中原有胶液高度后加热，浸泡。

③开机搅拌至内壁无附着物后停机，放掉罐中水的同时清洁出料口。

④重复以上操作至出水清澈无污物，用纯化水冲洗两遍。

（6）使用的消毒剂　75%乙醇溶液。

7. 消毒方法及频次

每次清洁后用清洁布蘸消毒剂擦拭所有接触胶液部件表面并晾干。

8. 清洁工具的清洗及存放

（1）在清洗室用饮用水洗刷至无可见残留物后晾干。

（2）存放于指定地点。

9. 清洗后填写“设备清洁记录”

10. 化胶罐维护检修标准操作程序

（1）日常维修

①按照“化胶罐标准操作程序”进行操作。

②投料前加水，再启动搅拌桨，防止桨叶因扭矩过大造成损坏。

③检查真空表、温度表是否完好、准确。

（2）停机检查（每工作210～240h）

①取下“完好”标示，挂上“维修”标示。

②检查温控电源，发现问题及时解决。

③检查罐口密封垫使用状况，如发现磨损、变形、老化要及时更换，确保密封可靠。

④检查加热运转情况，有无异常声响，加热正常。

⑤检查搅拌桨、轴及连接部位有无变形及裂痕。

⑥注满润滑油。

（3）停产前检查（每工作 1800～2000h）

①完成停机检修内容。

②全面检查罐体及真空管路的密封状况，如有渗漏，应及时检修，并更换各截门的密封圈。

③检查各转动部位的磨损情况，着重检查搅拌器内轴承及油封的状况，视程度给予更换。

④测试搅拌电动机。

（4）维护检修后填写“设备维护检修记录”。

（二）软胶囊机压制法制丸

1. 软胶囊机压制法制丸标准操作程序

（1）开机前准备　确认设备的状态与标识一致。确认设备已清洁。检查各部件紧固状况，如有松动及时处理。检查润滑系统，确保润滑系统工作正常。

（2）空车及预热准备　打开该机总电源（控制柜指示灯亮），开动主机空运转，检查各传动部位机件间及电气控制部分有无异常，并认真检查两模具间刻线是否对齐（以上检查项目如有异常，立刻停车进行整改、排除）。

①检查明胶盒安装是否正确，打开明胶盒温度控制开关进行预热。

②检查明胶桶加热电源连接情况，打开加热开关。

③检查输胶管加热是否工作正常，再将输胶管与明胶盒连接好，接通输胶管加热电源，之后打开明胶桶阀门向明胶盒注入明胶液。

④检查冷却系统是否正常，打开冷却系统。

（3）胶皮的制备　将从冷却转鼓上制成的胶皮，导入左右油辊间并正确送入两模具间，经下丸器、拉网轴进入网胶接收器内（注意：此时机器在运转状态，运行中的两模具间在没有胶皮的情况下严禁将喷体放下，更不能在没有胶皮的情况下给模具加压）。调制出的胶皮，用测厚仪测量，将胶皮的厚度控制在工艺要求范围内，并要保持左、右两转鼓制出的胶皮厚度均匀一致，表面平滑，不得有气泡、划痕。

（4）放下喷体试压丸，胶皮合格、稳定后，将供料系统喷体缓缓放置于两模具之间，使其成自由落体状并开始给喷体加热。再给两模具平衡加压，使其达到正常压丸状态。进行试压丸，并调整丸重间差异，将丸重差异控制在工艺要求范围内。丸形、丸重调整合格后，正式制丸。

（5）填写“设备运行记录”。

2. 软胶囊机清洁标准操作程序

（1）清洁工具　清洁布、不掉毛的毛刷、容器、专用工具。

（2）清洁频次　每批生产结束后、更换品种时、停用超过 3d 再次使用前、维护检修后都应进行清洁。

（3）清洁地点　可移动部件到清洗室进行清洁，不可移动部件就地清洁。

（4）使用的清洁剂　饮用水、纯化水。

（5）清洁方法　停机后，关闭明胶桶出液开关，清除机器周围的废液蜡、油污。用专用工具卸下料斗、供料管、供料泵及供料板组，除供料管外均分别用热水浸泡冲洗，再用毛刷在热水中清洗，供料管用热水冲洗，至出水清澈无可见残留物，用纯化水冲洗两遍。用相同方法拆下并清洗模具、喷体及明胶盒，用热水浸泡除净输胶管中明胶，均用清水冲洗至出水清澈无污垢后，用纯化水冲洗两遍。用清洁布擦拭设备表面至无水痕。

3. 消毒剂

75%酒精。

4. 消毒方法及频次

每次清洁后用清洁布蘸消毒剂擦拭接触药部件表面并晾干。

5. 清洁工具的清洗及存放

在清洗室用饮用水洗刷至无可见残留物后晾干。存放于指定地点。

6. 清洗后填写“设备清洁记录”。

7. 软胶囊机维护检修标准操作程序

（1）日常维护　按照“软胶囊机标准操作程序”进行操作。每班检查润滑系统是否正常。检查主机电动机传动和出丸输送带的张紧度，如有松动要及时调整。运行中检查两模具刻度线是否对齐，检查温胶桶夹层中的水位，严禁在缺水的情况下对其加热。

（2）停机检查（每工作 210 ~ 240h）　取下“完好”标示，挂上“维修”标示。清洗或更换机身两侧、油辊，以保证制出的胶皮布油充足、均匀。清洗干燥机的风道和进风孔，以保证干燥用风的清洁与畅通。检查电机系统中各元件和控制回路的绝缘电阻（不小于 5MΩ）及接零的可靠性。更换供料泵换向板，以保证药液装量的准确、稳定，换向板间隙控制在 0.005 ~ 0.01mm 范围内。更换供料泵柱塞杆内密封圈一套，确保药液装量准确。对主机电控柜各电器件进行维护保养。

（3）停产检修（每工作 1800 ~ 2200h）　完成停机检修内容。将软胶囊主机自上而下按部件拆下，自药液盒—供料系—机头—油辊系至全身一一拆下，并全面解体，先将不用于润滑的液体石蜡淘净，再将零件用 80℃热水清洗干净之后，再自下而上检查、修复、更换零部件。检查蜗轮、蜗杆、伞齿轮的磨损情况，更换轴承、轴套及密封圈。检查机头、模具、模具轴的磨损情况，更换全部轴承。

（4）供料系统

①修磨供料泵体，上下两块主平面再做研磨加工，以保证两平面无间隙。检

查曲轴、曲轴套及滑块磨损情况。检查传动方轴密封情况，如不严，更换方轴及密封圈。

②检查铜凸轮磨损情况，若磨损严重则应进行更换。检查柱塞杆表面粗糙度，若低于标准就应统一更换。

③清理润滑柱塞泵。检查喷体喷涂层有无脱落及刀口有无弯曲变形。

（5）更换供料泵全部轴承及胶圈。检查下丸器传动系统齿轮及轴套磨损情况，如有磨损统一更换。

（6）检测电机绝缘、电阻轴承润滑、皮带及皮带轮安全连接情况。

（7）完成停机检修内容。

（8）维护检修后填写“设备维护检修记录”。

（三）软胶囊干燥机

1. 软胶囊干燥机标准操作程序

（1）开机前准备　确认设备的状态与标识一致。确认设备已清洁，检查各部件紧固情况，如有松动及时处理。检查各指示灯、按钮及仪表设施是否完好。

（2）运行　打开总电源，电源指示灯亮。打开风机开关，风机启动，调节温湿度至工艺要求。进行投料操作。投料结束后，进行干燥操作直至胶丸符合工艺要求。

（3）停机　关闭风机，关闭总电源。

（4）填写“设备运行记录”。

2. 软胶囊干燥机清洁标准操作程序

（1）清洁工具　清洁布、容器、专用工具。

（2）清洁频次　每批生产结束后，更换品种时，停用超过3d再次使用前，维护检修后都应进行清洁。

（3）清洁地点　可移动部件到清洗室进行清洁，不可移动部件就地清洁。

（4）清洁剂　饮用水、纯化水。

（5）清洁方法　将与药品接触部件拆卸后，拿到清洗室进行清洗至无污物。用湿的清洁布对干燥室内部进行擦拭至无污物。可拆卸件安装回原位置。

（6）使用的消毒剂　75%乙醇溶液。

（7）消毒方法及频次　每次清洁后用清洁布蘸消毒剂擦拭所有接触药部件表面并晾干。

（8）清洁工具的清洗及存放　在清洗室用饮用水洗刷至无可见残留物后晾干，存放于指定地点。

（9）清洗后填写“设备清洁记录”。

（四）软胶囊干燥机维护检修标准操作程序

1. 日常维护

按照“软胶囊干燥机标准操作程序”进行操作。要随时注意观察风机是否正常，温度是否正常。

2. 停机检修

每工作 210 ~ 240h，检查风道密封性。

3. 停机检修

每工作 1800 ~ 2000h，更换减速机润滑油。检查各类轴承有无磨损，视磨损情况予以修复或更换。检查电气部分可靠性。

4. 维护检修后填写“设备维护检修记录”。

实训二十　滴丸机标准操作规程

一、实训目的

1. 掌握滴丸机标准操作方法。
2. 掌握滴丸机维护方法。

二、实训范围

本规程适用于滴丸机的操作。

三、实训职责

工艺员、段长、操作者、质检员对本规程的实施负责。

四、实训产品

1. 药品名称：维生素 AD 滴丸。
2. 性状：本品内容物为黄色油状液体。
3. 作用类别：本品非处方药药品。
4. 规格：维生素 A 1500 单位，维生素 D 500 单位/粒。
5. 贮存：遮光，密封。
6. 包装：铝塑包装，60 粒/盒。
7. 执行标准：《中国药典》（2015 版）二部。

五、实训内容

（一）DWJ - 2000D 自动滴丸机操作规程

（1）检查设备清洁情况，水、电、气供给情况，设备润滑情况；检查滴头与生产品种是否配套。

（2）整机接入电源。打开电源主控开关，滴丸机滴头侧面的照明灯点亮，表示主机电源已接通；同时，触摸屏自动进入操作界面。

(3) 在操作画面中，仔细观察触摸屏中的位置，判断设备是处于“自动”状态还是处于“手动”状态。正常时处于手动状态。

(4) 系统进入“手动状态”后，点击“参数设定”，设定各参数。设定方法如下：点击“参数设定”，此时屏幕显示各参数以前所设定之值，若不需要更改，点击“退出”键即可。若需要进行更改，则点击所需更改的参数后，输入正确的参数，然后点击“确认”键即可，完成参数的更改操作。更改完毕后，按“返回”键，系统返回操作画面。

(5) 点击“加热”键和加热油泵的“开关”键（红色为开，绿色为关），系统（指调料罐、滴液罐、冷却柱顶部等）进入加热状态。此时油液和药液开始升温，系统进入“预热状态”。这个过程（视药液的多少）需要1~2h。到达设定温度后，系统将自动停止加热，也可点击“加热”键，停止加热。

(6) 点击“制冷”开关，系统进入制冷状态，压缩机和风机开始工作。这个过程需要1h左右。“制冷”与“加热”过程可以同步进行，这样可以缩短准备工作的时间。

(7) 点击冷却液“油泵”开关（红色为开，绿色为关），使冷却液进行循环，同时拉动滴液罐左侧汽缸升降换向阀使冷却柱升起。

(8) 装药　打开“调料罐”的装药口，装入已配好的药，关闭“调料罐”的装药口。药可以是固体粒状的，可以是粉末状的，或在外部加热成液体状的。药液温度低于70℃时不可打开搅拌电机进行搅拌。因工作时“调料罐”内部有压力，所以在向“调料罐”加药后，一定要将装药口的胶垫放置好，并拧紧装药口卡箍的螺栓，保证“调料罐”的整体密封性。

(9) 主机接上压缩空气管道，调整压力在0.7MPa。

(10) 手动运行

①当药液温度达到设定的温度时，可点击触摸屏的“搅拌”开关，“调料罐”上部的搅拌电机开始工作，滴液搅拌到设定的时间后（如3min）即可进行下一道工序。

②上药（调料罐至滴液罐）：此工序用触摸屏进行操作，点击“上药罐阀门”，系统进入加药状态，当药液达到“滴液罐”内部的上液位时，系统会自动关闭上药管阀门。

③滴制：当滴液罐中充满混合液后，制冷液液面上升到位，制冷温度达到所需值时，即可进行滴制，先打开触摸屏“传送带”开关，再打开“滴头”开关，开始滴制。此时，滴头温度必须达到80℃以上。

首次滴制时应调整调节阀和滴制时间来控制丸重，调整滴制周期来控制滴速。

(11) 自动运行

①点击菜单中的“自动”键，主机处于自动运行状态，此时，油浴温度、

制冷温度、管口温度和滴头温度受上下限自动控制。当药液温度达到启动温度时，系统自动“上药”，并停止搅拌，当药液达到上液位时，停止上药并开始搅拌，此时可手动打开滴头开关和传送带开关，开始滴制。

②当药液落至下液位时，系统自动“上药”，并停止搅拌重复上述过程，当调料罐内药液很少时（不足以上满滴制罐时）可点击“手动”，让主机处于手动状态，关闭滴头，手动“上药”直至调料罐内无药，停止“上药”，然后再打开滴头开始滴制。

（12）填写生产记录。

（13）关闭系统　在线清洗系统进行清洗完毕后，先关闭系统，其次关闭总电源，最后关闭空压机，打开调料罐放气阀，放出压缩空气。

（14）按本机清洁、消毒标准操作规程进行清洁。

（15）注意事项

①系统运行前，一定要查看参数设定的数据，必须符合要求，如果不符合，一定要更改后再运行。

②系统在自动运行时如有其他要求或意外情况发生，应及时将系统切换到手动状态点击各开关按钮来完成。

③制冷前应该打开冷却油泵，以防产生“冰堵”。加热时应先打开加热油泵使整个系统均匀受热。

④确信药已经成为液体时温度高于熔点才能搅拌，只有药液充分搅拌均匀后，才能把它加到滴液罐内，等冷却液中的滴丸必须出净后方能关闭冷却油泵和传送带。

⑤手动滴制时，一定要注意制冷温度是否符合要求，否则药丸发软，容易引起管道堵塞。

⑥开始滴制时，一定要控制好加压阀，以防药滴制过快成流，造成“大药丸”而堵塞管道。

⑦制冷系统，开关间隔必须在5min以上，否则将对压缩机产生不可挽救的损坏。

（二）DWJ－2000D自动滴丸机清洁操作规程

1. 频度

（1）生产前、生产后清洁、消毒。

（2）更换品种规格、批号时清洁、消毒。

（3）设备维修清洁、消毒。

2. 清洁、消毒工具

水桶、设备洁净布等。

3. 清洁剂和消毒剂

清洁剂，经验证可以使用的清洁剂。

消毒剂，经验证可以使用的消毒剂。

4. 清洁

（1）生产操作前　对直接接触药物的部位进行消毒。

（2）生产结束后　用在线清洗系统进行清洗，清洗的具体步骤如下：

①关闭系统程序——滴头开关，传送带，制冷系统，冷却油泵。将冷却柱降下，放上滴液罐下部的接水盆。

②加水——从装药口或进水口向“调料罐”和外置罐内注入适量90℃以上的热水，然后开始搅拌。

③清洗——点击打开“加料管阀门”，使热水注入“滴液罐”内，打开“滴头”开关，废水在压力的作用下流出。关闭“滴头”开关。如此反复数次，直至滴制系统清洗干净，“调料罐”内的水全部流出，更换上已经洗干净的滴头。

④注意：为确保安全，加水清洗之前，一定要放空调料罐内的压缩空气后，方可开调料罐，装药口再注水清洗。否则调料罐内有气压，会出现安全事故。

⑤填写设备清洁记录。

（3）清洗效果评价

①用设备洁净布擦抹无污渍。

②用纯化水清洗，应无色，pH中性。

③消毒效果评价，微生物检验合格。

（三）DWJ－2000D自动滴丸机维护的保养操作规程

（1）操作者必须遵守标准操作规程。

（2）指定专人对机器进行维护保养。

（3）运行时操作人员不得离开现场，在运行过程中发生异常应及时停机检查，必要时，请设备维修人员来检查。如遇有异声及其他异常情况应立即停机检查，待故障排除后方可使用。

（四）日常保养

（1）各传动链松紧度适宜，工作前加注润滑脂。

（2）各齿轮必须啮合完整。

（3）真空泵里的油应达到油杯位置。

（4）接通电源，各温度指示表应有正常升温指示。

（5）开机空转，各运转部件应无异常声响，转动顺畅。

（五）定期保养

每半年对真空泵进行拆机清洗。

（六）设备检修、保养后，填写设备改造、检修、保养记录

项目七　合成原料药生产操作

实训一　离心机标准操作规程

一、实训目的

1. 了解离心分离的种类。
2. 掌握离心机标准操作方法。
3. 掌握离心机维护方法。

二、实训范围

本标准操作规程适用于SSN800型三足式离心机的标准操作。

三、实训职责

生产工艺员、段长、操作者、质检员对本规程的实施负责。

四、实训产品

1. 药品名称：淀粉。
2. 性状：白色或类白色粉末。
3. 作用类别：药用辅料。
4. 规格：25kg/袋。
5. 贮存：密闭保存。
6. 包装：编织袋。
7. 执行标准：《中国药典》（2015版）二部。

五、实训内容

（一）程序

同项目四实训一的程序。

（二）SSN800型三足式离心机标准操作规程

1. 准备工作

（1）检查电源是否正常。

（2）检查电机电源是否缺相。

（3）检查制动装置是否灵敏有效。

（4）检查纯化水管路、料液管路及阀门是否正常。

2. 操作

（1）按生产要求将离心机内铺上离心甩布，甩布的铺垫要平整、无折叠。

（2）接通电源，按启动按钮，开动离心机，并检查离心机是否转动正常。

（3）当离心机转动均匀之后，先向离心机内注入纯化水 1～2min，使甩布充分润湿。

（4）按工艺要求注入工艺料液，打料要平稳、均匀，以防止打偏现象发生。

（5）打料量不允许超过离心机总容量的三分之二。

（6）打料结束后向离心机内注入纯化水对料液内的酸、杂质等进行清洗。

（7）当料液甩至达到工艺要求后，关闭电源，按停止按钮，拉动制动杆，均匀用力，使转鼓停止转动。

（8）将甩干后水解淀粉从离心机内取出，进行下一次离心，直至当批产品离心结束。

（9）注意事项

①在离心机运转全过程中，操作工应密切注视离心机运转，不得擅自离岗，如有异常情况，应立即停车检查，并通告车间有关人员。

②操作工注意力一定要集中，身体尽量远离运转的设备进行操作。

3. 维护与养护

（1）日常维护

①每天机器在启动、运转、制动、停机等过程中，操作工应检查设备有无异常情况，如有故障，应立即排除。

②按本设备操作规程进行正确操作。

③机器使用完毕，应做好清洁工作，保持机器整洁。

④加料时要严防任何金属硬物掉入容器内。

（2）定期检修

①每月检修内容

Ⅰ、紧固所有连接螺丝。

Ⅱ、检查、调整离心装置，并清洗疏通。

Ⅲ、检查润滑系统，按规定加注润滑油（脂）。

②半年检修内容

Ⅰ、包括月修内容。

Ⅱ、检查、更换磨损零件。

Ⅲ、检查、更换磨损齿轮及轴承。

Ⅳ、检查离心机内胆有无破裂，吊杆销子是否折断。

③月修和半年修前应做好充分的准备，包括技术、物资、安全等各方面。要

制订检修方案。

4. 清洁

（1）清洁方法

①清洁前检查电源是否关闭。

②外部清洁：用毛巾或毛刷蘸 0.05% ~0.1% 洗洁精反复擦拭机体外壁，之后用清水冲洗，用毛巾擦净。保持表面光洁。

③内部清洁：取面碱 200 ~300g 加纯化水至 10L 配成 2% ~3% 碳酸钠溶液。用毛巾或毛刷蘸此溶液反复擦拭机体内壁，再用大量纯化水清洗至肉眼无可见颗粒，pH 显中性。最后用洁净的丝光毛巾擦干，备用。

（2）清洁频次

①随时拭去机体外表面污物。

②每班前班后进行外部清洁。

③每批生产结束后用纯化水冲洗机体内表面。

④更换品种、同一品种连续生产 15d 及停产超过 7d，开产前进行内部清洁。

⑤维修或其他特殊情况随时进行清洁。

（3）清洁工具存放　使用完的清洁工具按清洁程序清洗后，存放在洁具间自然干燥备用。

（4）清洁效果检查　内外表面光洁，无污物、无油迹、无残渣，周围干净。

（5）岗位操作工做好清洁记录。

（6）注意事项　清洁过程中注意先切断电源且电器件不得沾水。

六、实训作业

1. 三足式离心机维护保养的关键部位是什么？
2. 在离心分离过程中如果药液打偏会出现什么后果？
3. 你还知道哪些分离设备？

七、生产实训内容记录

填写水解淀粉离心分离记录。

实训二　反应釜标准操作及维护规程

一、实训目的

1. 了解反应釜的结构。
2. 掌握反应釜标准操作方法。

二、实训范围

适用于反应釜的标准操作。

三、实训职责

操作者、维修工。

四、实训产品

淀粉。

五、实训内容

（一）程序

同项目四实训一的程序。

（二）淀粉水解反应釜的标准操作规程

1. 准备工作

（1）检查电源是否正常。

（2）检查电机电源是否缺相。

（3）检查温度计容器内是否缺油。

（4）检查温度计、压力表、真空表是否灵敏准确。

（5）检查冷却水、纯化水管路及阀门是否正常。

（6）检查蒸汽管路及阀门是否正常。

2. 操作

（1）按生产要求投入固定量的纯化水。

（2）开动搅拌器，并检查电机及搅拌桨是否转动正常。

（3）往水解罐内加入规定量的盐酸，调节盐酸摩尔浓度为 3 ~ 4mol/L。

（4）投入淀粉，搅拌均匀，封闭投料口。

（5）开启进汽阀门，在 30 ~ 50min 内使温度升至 80℃。

（6）控制进汽阀门与冷却水阀门，使温度保持恒定。

（7）保温到规定时间立即关闭进汽阀门，开启冷却水阀门。

（8）药液温度降到 40℃以下，打开投料口，加入适量纯化水，搅匀。

（9）注意事项

①加料时要严防任何金属硬物掉入容器内。

②升温时，要在工艺允许范围内，尽量缓慢通蒸汽；降温时，也要缓慢通冷却水，严防骤冷骤热。

③出料时，如罐底堵塞，不得用金属工具敲击，应用塑料棒捅开。

3. 维护与保养

（1）日常维护

①每天机器运行时，操作工应检查蒸汽管道及压缩空气管路是否漏水漏气，如有此现象应采取措施或停机检修。

②责任人每天应检查设备有无损坏，如有损坏应及时处理。

③按本设备操作规程进行正确操作。

④机器使用完毕，应做好清洁工作，保持机器整洁。

⑤每周检查罐体阀门及管路连接处是否完好，视情况更换。

⑥每周检查蒸汽管道及真空管道的连接部位是否紧密，紧固各气管接头和连接部件。

⑦加料时要严防任何金属硬物掉入容器内。

⑧升温时，要在工艺允许范围内，尽量缓慢通蒸汽；降温时，也要缓慢通冷却水，严防骤冷骤热。

⑨严防夹套内进入酸液，以免酸液进入夹套产生效应，引起玻璃衬里破坏的现象发生。

⑩粘结在罐内表面上的反应物应及时清洗，清洗时不得用金属工具，以防损伤玻璃衬里。

（2）定期检修

①每月检修内容

Ⅰ、紧固所有连接螺丝。

Ⅱ、检查、调整减速机装置，并清理疏通油路。

Ⅲ、检查润滑系统，按规定加注润滑油（脂）。

②每半年检修内容

Ⅰ、包括月修内容。

Ⅱ、检查、更换磨损零件。

Ⅲ、检查、更换磨损齿轮及轴承。

Ⅳ、拆下电动机，维护和保养。

（3）注意事项

①设备闲置不用时，应每月启动一次，启动时间不少于1h，防止气阀因长时间润滑油干枯造成气阀或气缸损坏。

②定期校验真空表及温度计，每年一次。

（4）清洁方法及频次

①清洁前检查电源、蒸汽是否关闭。

②外部清洁：用钢丝球或毛刷蘸0.05%～0.1%洗洁精反复擦拭或刷洗罐体外壁、罐盖及管道，之后用清水冲洗，用毛巾擦净。保持表面光洁。

③内部清洁

Ⅰ、水解反应釜的内部清洁：先用纯化水冲洗罐内表面及管道至少10min，于管道终端放掉。要求无药液残留。再取面碱2～3kg用少量水溶解后，倒入水解反应罐内，加纯化水至100L配成2%～3%碳酸钠溶液。用此溶液煮罐半小时后，再用长柄毛刷蘸此溶液反复刷洗罐内壁及搅拌桨三遍，要求刷洗全面，不留死角。再用此溶液开泵在线冲洗管道至管道终端放掉。然后用大量纯化水清洗至pH显中性，备用。

Ⅱ、羟乙基化反应罐的内部清洁：先用纯化水冲洗罐内表面后，在反应罐和多层过滤器之间用适量纯化水循环冲洗管道至少10min后放掉。要求无料液残留。再取面碱2～3kg用少量水溶解后，倒入羟乙基化反应罐内，加纯化水至100L配成2%～3%碳酸钠溶液。用此溶液煮罐半小时后，再用长柄毛刷蘸此溶液反复刷洗罐内壁及搅拌桨三遍，要求刷洗全面，不留死角。再在羟乙基化反应罐和多层过滤器之间用此溶液循环冲洗管道至少10min后放掉。然后用大量纯化水清洗至pH显中性，备用。

（5）清洁频次

①随时拭去机体外表面污物。

②每班前班后进行外部清洁。

③每批生产结束后进行内部清洁。

④更换品种、同一品种连续生产15d及停产超过7d开产前进行内部清洁。

⑤维修或其他特殊情况随时进行清洁。

（6）清洁工具存放　使用完的清洁工具按清洁程序清洗后，存放在洁具间自然干燥备用。

（7）清洁效果检查　内外表面光洁，无污物、无油迹、无残渣，周围干净。

（8）岗位操作工做好清洁记录。

六、实训作业

1. 你所知道的反应釜都有哪些材质？都适用于哪类产品的生产？
2. 反应釜在清洁过程中应该注意哪些方面的问题？

七、生产实训内容记录

填写淀粉水解批生产记录。

实训三　多层过滤器标准操作规程

一、实训目的

1. 了解多层过滤器的种类。

2. 掌握多层过滤器的过滤原理。
3. 掌握多层过滤器维护方法。

二、实训范围

本规程适用于多层过滤器操作。

三、实训职责

岗位工人、维修工对本规程实施负责。

四、实训产品

1. 药品名称：羟乙基淀粉。
2. 性状：白色或者类白色粉末。
3. 作用类别：增加并维持血液胶体渗透压，增加血浆容量、维持血压。
4. 规格：20kg/袋。
5. 贮存：密闭保存。
6. 包装：编织袋 。
7. 执行标准：WS－10001－（HD－1413）－2003。

五、实训内容

（一）程序

同项目四实训一的程序。

（二）G－Y－400 型多层过滤器标准操作规程

1. 准备工作
（1）检查电源是否正常。
（2）检查电机电源是否缺相。
（3）检查压力表是否灵敏准确。
（4）检查纯化水管路及阀门是否正常。
2. 操作
（1）检查进水板的大、小硅胶密封胶圈的完整性，并平整地按压于密封槽内，以防过滤时漏液。
（2）按一定顺序并依据生产要求安装一定片数的过滤板。
（3）在出水板的网板面上，平铺上规定直径和孔径的澄清板。
（4）检查滤板序号排列是否正确，确认无误后，顺时针旋转手轮，直到用手旋不动手轮为至。
（5）开动电机，向板框内压入纯化水，检查板框是否有漏液现象。
（6）停止注水并向板框内缓缓压入料液，排出管内空气，方可过滤料液。

保持板框过滤压力不超过0.4MPa。并注意：如压力表读数突然速度增高或降低，则可以判定是滤材阻塞或破损。

（7）过滤完毕后将继续向板框内注入部分纯化水直至将板框内残余料液过滤完为止。

（8）注意事项

①板框过滤器要旋紧，否则易出现过炭现象。

②板框过滤压力要严格控制，否则易出现喷料，造成料液损失及安全隐患。

3. 维护与保养

（1）日常维护

①每天设备在运行过程中，操作工应检查设备有无异常情况，如有故障，应立即排除。

②按本设备操作规程进行正确操作。

③机器使用完毕，应做好清洁工作，保持机器整洁。

（2）定期检修

①每月检修内容

Ⅰ、紧固各连接螺丝。

Ⅱ、检查板框过滤器是否有破损。

Ⅲ、检查润滑系统，按规定加注润滑油（脂）。

②半年检修内容

Ⅰ、包括月修内容。

Ⅱ、检查、更换磨损零件。

Ⅲ、检查、更换磨损齿轮及轴承。

③月修和半年修前应做好充分的准备，包括技术、物资、安全等各方面。要制订检修方案。

4. 清洁

（1）清洁方法及频次

①每次使用后

Ⅰ、将附着活性炭的澄清板取下置于废弃袋内，盘内废水排出冲净。

Ⅱ、重新旋紧手轮，直至用手扳不动为止。用纯化水冲净管路除去残留料液。

Ⅲ、逆时针旋转手柄，将过滤板拆下，置于清洗间内用纯化水冲洗至净。用纯化水浸泡，备用。

Ⅳ、设备主体在线清洗，用纯化水冲洗至净，用洁净毛巾擦干。

②更换品种、同一品种连续生产15d及停产超过7d开产前进行如下清洁：拆下的过滤板，用纯化水冲净后置于2%～3% Na_2CO_3溶液中浸泡至少1h，设备主体同羟乙基化反应罐同时用2%～3% Na_2CO_3溶液循环在线冲洗，若有冲不到

处可用毛刷蘸2～3% Na_2CO_3溶液反复刷洗；然后用大量纯化水清洗至pH显中性，用丝光毛巾擦干，备用。

③维修或其他特殊情况随时进行清洁。

④每次生产前用纯化水冲洗设备主体、过滤板1～2遍。

（2）清洁工具存放　使用完的清洁工具按清洁程序清洗后，存放在洁具间自然干燥备用。

（3）清洁效果检查　内外表面光洁，无污物、无油迹、无残渣，周围干净。

（4）岗位操作工做好清洁记录。

（5）注意事项　清洁过程中注意先切断电源且电器件不得沾水。

六、实训作业

1. 板框过滤器在过滤过程中控制压力的目的是什么？
2. 板框过滤器过滤层的多少与过滤速度之间有什么关系？
3. 料液在进入板框过滤器时是先进入过滤板还是先进入过滤框？

七、生产实训内容记录

填写过滤批生产记录。

实训四　超滤器标准操作规程

一、实训目的

1. 掌握超滤器的过滤原理。
2. 掌握超滤器维护方法。

二、实训范围

本规程适用于UF416型超滤装置的操作。

三、实训职责

操作工人，维修人员。

四、实训产品

羟乙基淀粉

五、实训内容

（一）程序

同项目四实训一的程序。

（二）UF416 多层过滤器标准操作规程

1. 准备工作

（1）检查电源是否正常。

（2）检查电机电源是否缺相。

（3）检查压力表是否灵敏准确。

（4）检查纯化水管路及阀门是否正常。

2. 操作

（1）准备工作

①检查电源是否正常。

②检查电机电源是否缺相。

③检查压力表是否灵敏准确。

④检查纯化水管路及阀门是否正常。

⑤检查超滤设备涉及的所有管道、阀门、滤柱上的卡箍是否卡好、卡紧。

⑥检查超滤罐内待超滤料液温度是否控制在60℃以下。

⑦用纯化水冲洗滤芯10~15min。

（2）操作

①打开超滤罐送液阀。

②超滤进液阀微开，出液回流阀全开，渗透液回流阀全开，其余阀门均关闭。

③确认泵体内有水之后启动泵。

④慢慢开大进液阀，慢慢关小回流阀，使泵压不低于0.3MPa，超滤进口压力在0.2~0.5MPa范围内，超滤出口压力在0.1~0.3MPa范围。压差不大于0.25MPa。

⑤打开渗透液排放阀或取样阀取样检验，如符合要求则超滤情况良好，打开渗透液排放阀，关闭渗透液回流阀，超滤可正常运转。如不合格，应打开渗透液回流阀，关闭渗透液排放阀循环超滤回至超滤罐内，直至NaOH含量检验符合规定。

⑥当超滤进行到超滤罐内料液液位低限时，会造成超滤泵吸空，随之超滤压力波动，料液产生较多泡沫，此时可关小或关闭出液回流阀，开内循环回流阀进行内循环回流超滤，通过内循环回流阀来调节超滤压力。

⑦停止超滤时，关超滤进液阀，停泵即可。打开系统排放阀，将料液移至贮料罐内。

⑧注意事项：每次启动泵前，应确认泵内有液体，应避免泵内无水空转，否则泵易损坏；用于超滤料液应不含颗粒物和其他杂质，以免造成对滤芯的损伤及堵塞；超滤膜不能接触氯仿、丙酮等有机溶剂，并避免直接与强酸、强碱接触；避免渗透液输出管道堵塞，导致膜的背压增高。

3. 维护与保养

（1）日常维护

①每天设备在运行过程中，操作工应检查设备有无异常情况，如有故障，应立即排除。

②按本设备操作规程进行正确操作。

③机器使用完毕，按本设备清洁规程进行清洁操作。

（2）定期检修

①定期检查 O 型圈、阀门的密封性。不合格进行更换。

②至少半年要对电动机进行维护和保养，轴承加注润滑油（脂）。

③注意事项：滤芯是本设备的关键元件，也是易损元件。对其进行妥善的贮存和保养，极为重要；每次过滤操作结束后及过滤过程中滤芯堵塞时，须及时按清洁规程清洗滤芯；不能干放，以免滤膜材质变形受损；滤芯半月以上不使用时，要浸泡在防菌的保护液中，避免长菌而造成滤芯堵塞。常用的保护液为 pH2～2.5的磷酸溶液、pH10～12 的 NaOH 溶液、1% 甲醛溶液等。贮存时间若很长，保护液每月至少更换一次；滤芯贮存温度为 5～45℃。

4. 清洁

（1）外部清洁　每次使用后用毛巾或毛刷蘸 0.05%～0.1% 洗洁精溶液反复擦拭设备外壁，之后用清水冲洗，用毛巾擦净。保持表面光洁。

（2）内部清洁

①每次使用后或滤芯堵塞时，用纯化水冲净系统及管道内的残存料液，将水排掉。然后再循环清洗 15～20min 至水质澄清。

②连续使用 7d 或停止超滤时间超过 24h，用 pH11～12 的 NaOH 溶液在系统中超滤循环 10～15min 后停泵并关闭进、出液阀，让碱液浸泡膜芯。

注：pH11～12 的 NaOH 溶液的配制：5g NaOH 颗粒加纯化水至 10L。

③再次使用前用大量纯化水冲净。

（3）清洁工具存放　清洁工具按清洁程序清洗后，存放在洁具存放间自然晾干备用。

（4）清洁效果检查　外表面光洁，无污物、无油迹、无残渣；滤芯清洗液无可见颗粒，水质澄清。

（5）岗位操作工做好清洁记录。

（6）注意事项　清洁过程中注意先切断电源且电器元件不得沾水。

六、实训作业

1. 超滤器在超滤时所要达到的目的是什么？
2. 超滤的工作原理是什么？

七、生产实训内容记录

填写超滤批生产记录。

实训五　高速离心喷雾干燥机标准操作及维护规程

一、实训目的

1. 了解喷雾干燥机的结构。
2. 了解喷雾干燥设备的种类。
3. 掌握喷雾干燥的工作原理。

二、实训范围

本标准操作规程适用于 LPG－100 型高速离心喷雾干燥机的操作。

三、实训职责

操作者、维修工。

四、实训产品

羟乙基淀粉。

五、实训内容

（一）程序

同项目四实训一的程序。

（二）操作与保养

1. 准备工作

（1）检查电源是否正常。

（2）检查蒸汽、饮用水、纯化水管路及阀门是否正常。

（3）检查温度显示、加热器、风机、喷雾头、蠕动泵、振荡器、空压机等运行是否正常。

（4）检查各紧固件是否拧紧，罐口等是否能密封严。

2. 操作

（1）接通总电源。

（2）首先开启离心风机，然后开启加热器，并检查有否漏电，如正常即可进行筒身预热。预热时，干燥室顶部放喷雾头处，干燥室底部和旋风分离器下料口处必须堵住。当进口温度达到 200℃ 以上，出口温度 110℃ 以上时，拿掉干燥筒上口封盖，把离心喷雾头小心地吊起安装在上面，先开启喷雾头油泵，再开启喷雾头。

（3）喷雾头运转正常达到最高转速时，开启进料泵，加入料液，调节流量应由小到大，否则将产生粘壁现象，直至使进口温度保持在（200 ± 5）℃，出口温度保持在（110 ± 15）℃。

（4）开空压机、振动器，再开启湿法除尘器的水门。

（5）干燥后成品被收集在旋风分离器下端收料桶中，在尚未充满前就应提前更换，每隔半小时更换喷雾干燥机下部收料桶。

（6）当料液即将喷完需要停车时，关闭旋风分离器下端的蝶阀，卸下收料桶，更换一只空的收料桶。

（7）在料液罐内加入纯化水通入喷雾头内，初步对雾化盘和进料管道清洗，这时水流量应调小，保持出口温度不变，运行10min左右。

（8）关闭空压机、振动器及湿法除尘器的水门。

（9）关闭加热器，慢慢停止供水，先停喷雾头，再停油泵。

（10）取出喷雾头，打开干燥门，清扫干燥室壁上部和底部积粉。

（11）离心风机的蝶阀打开到最大，使风机一直运转，直至干燥筒进口温度降到150℃以下时，关闭风机，停止运转。

（12）注意事项　清洗喷雾头的雾化盘时，不允许碰撞和敲打。若设备在运行时发生意外，必须立即停车，应首先停止供料，然后关掉加热器、喷雾头，最后关离心风机。如停电，应迅速关闭供料阀门和水阀，取出喷雾头，关闭电源开关。打开各进气和排气阀门，打开干燥筒门，保持空气流通。恢复供电时先接通各电源，开启离心风机，按设备启动顺序进行。进出口温度要控制好，否则影响成粉颜色。

3. 清洁

（1）清洁方法

①清洁前检查电源是否关闭。

②外部清洁：用毛巾或毛刷蘸0.05% ~0.1%洗洁精反复擦拭或刷洗机体外壁，之后用纯化水冲洗，用毛巾擦净。保持表面光洁。

③外部消毒：用毛巾或毛刷蘸0.2%新洁尔灭溶液或2%来苏尔溶液反复擦拭或刷洗机体外壁，之后用纯化水冲洗，用毛巾擦净。保持表面光洁。

④内部清洁：用加热的饮用水冲洗罐内壁20min后，再用纯化水冲洗10min。

⑤内部消毒：每批生产前高温灭菌。

⑥喷雾头的清洁：每天生产结束后，剔除雾化盘及其周边的料粉残渣，用毛刷反复刷洗，用大量的纯化水冲洗，用毛巾擦净。保持表面光洁。更换品种、同一品种连续生产7d及停产超过48h开产前用75%乙醇溶液擦拭消毒。

（2）清洁频次

①随时拭去机体外表面污物。

②每班前班后进行外部清洁。

③每 7d 进行外部消毒。

④每批生产结束后进行内部清洁。

⑤每批生产前进行内部消毒。

⑥维修或其他特殊情况随时进行清洁消毒。

（3）清洁工具存放　使用完的清洁工具按清洁程序清洗后，存放在洁具存放间自然干燥备用。

（4）清洁效果检查　内外表面光洁，无污物、无油迹、无残渣，周围干净。

（5）岗位操作工做好清洁记录并填好操作人、操作日期。

（6）注意事项：清洁过程中注意先切断电源且电器元件不得沾水。

六、实训作业

1. 喷雾干燥的工作原理是什么？
2. 药液水分含量和黏度大小对干燥效果有什么影响？
3. 喷雾干燥机在启动时有哪些注意事项？

七、生产实训内容记录

填写喷雾干燥批生产记录。

项目八　生物制药生产操作

实训一　酵母的扩大培养

一、实训目的

1. 描述酵母的扩培步骤以及避免扩培过程中微生物污染。

2. 繁殖应有高生存能力、无污染、有良好的重复发酵能力的酵母，制造足够的酵母量。

二、实训范围

适用于酵母的扩大培养操作。

三、实训职责

1. 酵母生产车间操作人员遵守本规程。

2. 酵母生产车间管理人员、QA 检查员负责监督本规程的实施。

四、实训内容

（一）菌种室培养基制备

取过滤 80～100L 后头道麦汁，建议：培养基用原麦汁 FAN≥200mg/L（折算成 18°Bé）。

糖度配制：根据麦汁糖度，计算出配制成 15～17°Bé 麦汁需要的加水量，加酿造水稀释。

加水稀释后，如 pH 与大生产麦汁 pH 相差较大时，建议用乳酸调整麦汁 pH。

（二）菌种室无菌操作

无菌室、缓冲间内物品摆放尽可能少，避免存在死角。

无菌衣帽、拖鞋、空调网每月至少清洗一次。

接种期间无菌室、缓冲间每天接种前后空间紫外杀菌 30min。接种前超净台已开启 20min 以上。

接种前在缓冲间换上无菌衣帽，用酒精棉擦拭双手并对进入无菌室的器皿用酒精棉擦拭后，尽可能一次拿入，避免接种过程开关拉门。

接种时的用具，如接种针、移液管以及瓶口采用火焰灭菌，冷却后转接。接种针要在火焰上充分灼烧，灼烧时从把与针的连接处烧起，使接种环上的菌体逐步焦化，防止直接灼烧接种环时，湿的菌体爆散污染环境，灼烧2min准备接种。

大三角瓶接入卡氏罐，无法在超净台面上进行操作时，室内当天进行一次彻底的杀菌工作而不只是单纯的紫外杀菌。

超净台的使用参照各自的使用说明并尽可能减少台面物品摆放，以免破坏空气层流。

各级接种培养物移入培养箱前培养箱内已进行了清理工作。

（三）菌种室接种培养

先确定要使用的菌种，并记录注明使用时间、数量，签上使用人及确认人姓名。

1. 菌种室Ⅰ级扩培接种

斜面菌种接入10mL液体培养基时将火焰灼烧过的接种环伸入菌种试管内，让接种环在接触菌种前先在试管壁或未长菌落的培养表面上接触一下，使接种环完全冷却，以免菌种高温失活，抽出接种环时勿与管壁接触相碰，接入10mL管内时，接种环在管壁轻轻摩擦晃动，以使菌体分散至麦汁中，抽出接种针，给试管塞上棉塞。重复上面操作，接需完成接种数量（一般为每次接2～4支）。整个接种过程在火焰区域内进行。

2. 菌种室Ⅰ级扩培控制

酵母接种后，分别对试管里的10mL培养液轻轻摇动，使菌种均匀分散到麦汁中。

培养箱温度设定至第一级扩培温度。将10mL培养液放入培养箱。至少每天两次检查培养箱温度，轻轻摇动培养液，使试管内CO_2排出，沉降酵母扩散到麦汁中，动作一定要轻，不可使气泡上升接触到棉塞，避免染菌。做好每次检查记录。直到菌种室第一级扩培规定时间到达。

3. 菌种室Ⅱ级及以上扩培控制

准备工作：将准备物品尽量一次性带入无菌室，避免多次开门，点燃酒精灯，用酒精棉球擦拭双手。

首先轻轻摇动要转出的培养液容器，使酵母均匀分散到麦汁中，注意不能让泡沫沾到棉塞，然后拔出棉塞，将玻璃容器口在酒精灯火焰上烧一下，之后把扩培液倒入下一级容器中，倒入时留少许培养液，以便取样分析。

残留的培养液送化验室做微生物分析。

将培养液放入培养箱，温度设定为该级别实验室扩培工艺规定温度。

至少每天两次检查培养箱温度，轻轻摇动三角瓶，使培养液内CO_2排出，沉降酵母扩散到麦汁中，动作一定要轻，不可使泡沫接触到瓶塞，以免染菌。

做好每次检查记录。直到该级别菌种室扩培规定时间到达。

（四）车间生产扩培前准备

1. 车间生产扩培设备运行前准备

检查压缩空气、蒸汽气源压力、冷媒进出口压力差是否符合罐体及运行要求。注意各级空气过滤器对温度的耐受性，根据使用说明来决定其杀菌温度。

2. 车间生产培养罐清洗、灭菌

所有扩培罐及相应管路、阀门、充氧管、备压管、排压管在使用前依据各自的 CIP 清洗程序进行清洗完毕，必须是干净的，扩培罐空罐后应立即 CIP。如果使用前，CIP 时间超过 24h，需要重新 CIP/ 或热水杀菌后使用。

扩培液进入扩培罐、锥罐前 24h 内，两罐已经 CIP 清洗和灭菌处理完毕。

CIP 刷洗不到的部件，必须在使用前进行 COP 刷洗后才能使用。

扩培罐、酵母经过所有管路，在使用时不能超过扩培规定温度。避免酵母被烫伤。

3. 风滤芯清洗、更换

扩培使用的风必须是经过标准的多级空气过滤系统（包含 0. 2μm 以下无菌过滤）过滤之后才能使用。

滤芯的更换以实际微生物检验情况为准并参照使用说明。

4. 麦汁选择和处理

现场扩培使用麦汁根据生产安排品种进行选择。

直接接冷麦汁或接热麦汁之后在扩培罐进行冷却麦汁。

（五）车间生产接种培养

1. 菌种室的扩培液转入车间生产Ⅰ级扩培罐

从菌种室无菌室取实验室最后一级扩培液。菌种室取扩培液在转到车间过程中把瓶口或卡氏罐的口都用酒精棉做好保护。

接种前罐内接种麦汁已准备结束并通风搅拌确认温度符合接种温度。

转接前必须对Ⅰ级扩培罐连接处采用酒精擦拭、火焰灭菌处理。

扩培液转入Ⅰ级扩培罐前，必须摇匀，并把全部培养液转入Ⅰ级扩培罐。

转接结束后对接口用 75% 酒精或杀菌剂冲刷接口阀门后密封，同时罐内通风搅拌均匀后进入培养状态。

2. 车间生产Ⅰ级扩培罐的控制

依据工艺参数标准设定温度、通风量、通风时间，确认蒸汽阀门已关闭。

扩培过程中每班要从视镜检查液面情况，观察通风效果以及泡沫情况，一定要控制泡沫不能溢出。

罐内充氧时压力要大于罐内培养压力，排气阀处于开启状态并注意其他阀门的关闭，避免酵母液因罐压而逆流。

达到扩培工艺标准要求时转入下一级扩培罐中。

3. 车间生产培养罐间的转接

接入上一级扩培液前预先接取适量的麦汁。

每次转接前取上一级无菌扩培液和要接入扩培罐的无菌麦汁的样品到 QA 分析。

扩培液转接管路必须是清洗完毕，干净无菌的。

扩培液转接过程严格按照无菌操作要求进行。

转接完毕，检查转接过程使用管路及阀门，检查有无渗漏。

车间生产扩培罐的控制：依据工艺参数标准设定温度、通风量、通风时间，确认蒸汽阀门已关闭。

培养时罐子排气阀应处于打开状态，有利于 CO_2 的排出，建议出口用灭过菌的八层纱布包扎或其他无菌措施。

罐内充氧时压力要大于罐内培养压力，排气阀处于开启状态并注意其他阀门的关闭，避免酵母液因罐压而逆流。

每班至少各检查一次培养罐的温度，并做好记录，超出范围及时通知维修人员（注：麦汁工每班记录两次培养罐温度，发生异常及时告知酵母培养人员）。

达到扩培工艺要求标准时，需要取样测微生物，并准备进入下一级。

实训二　酵 母 生 产

一、实训目的

1. 掌握酵母标准操作方法。
2. 掌握酵母生产设备维护方法。

二、实训范围

适用于酵母的生产操作。

三、实训职责

1. 酵母生产车间操作人员遵守本规程。
2. 酵母生产车间管理人员、QA 检查员负责监督本规程的实施。

四、实训内容

（一）车间生产酵母扩培设备运行前准备

1. 检查无菌风压力表压力

观看罐后侧无菌风管路入口表压力在 0.25 ~ 0.35MPa，且风管线阀一直打开。

2. 检查各罐风背压

各罐旋钮一直开着且灯亮，各扩培罐充氧风流量计浮子在30～40，且1#、2#和3#扩培罐风管线进气阀1#、2#和3#开，罐顶背压表压力0.03～0.05MPa，同时各罐顶自动进气阀1#、2#和3#开，排气阀1#、2#和3#开。

3. 检查蒸汽表压力

手动打开5#罐后侧无菌风管线总过滤器排气阀1#、风管线阀1#、蒸汽管线进口手动阀1#，观看5#罐后侧蒸汽管线蒸汽表压力0.2～0.25MPa，关闭总过滤器排气阀5#、风管线风阀5#、蒸汽手动阀5#。

4. 检查冷媒压力表压力

冷媒进口管路冷阀一直打开，观看5#罐后侧冷媒进口管路上压力表压力≥0.2MPa。

5. 检查控制盘上的按钮指示灯

按钮7测试所有灯都亮。

注意：各扩培罐时时用无菌风背压0.03～0.05MPa，因此每天检查各罐风背压。

6. 结束条件

符合设备运行。

（二）车间生产培养罐清洗、灭菌

1. CIP罐2%～3%碱液加热

顺时针旋转蒸汽管线手动阀1#至蒸汽表压力在0.2～0.25MPa。触摸配电柜显示屏的“CIP”，再触摸“11”，且设定90℃，然后触摸使其显示绿色，CIP罐右侧自动阀1#开，开始加热。

2. 碱涮洗1#罐

在FP2管板上，用换流管连接1、2、3、4，再打开1、2、3、4管口阀。

3. 清洗

分别触摸控制面板“1”“2”“3”显示，输入水清洗3min，碱液循环清洗30min，水清洗5min。

4. 运行清洗程序

看控制面板上“10”的位置，当碱液温度升至80～85℃时，旋转1#罐控制盘旋钮“3”至“6”，逆时针旋转旋钮“8”至“1”，再按开关“1”且灯亮，罐底气动阀AV1120开，清洗程序自动运行。

5. 清洗结束

开关“1”灯灭，清洗结束，气动阀AV1120关，关闭HV0704、HV0703管口阀。关闭蒸汽手动阀HV0409。

6. 2#罐碱洗

参照1#罐碱洗，用换流管连接HV0704与HV0702、HV0711与HV0712，使

用2#罐控制盘按钮。

7. 3#罐碱洗

参照1#罐碱洗，用换流管连接 HV0704 与 HV0701、HV0711 与 HV0707，使用3#罐控制盘按钮。

8. 1、2、3#罐酸洗

CIP 罐内2% ~2.5%酸常温清洗，管路连接、程序同碱清洗。

9. 1#罐蒸汽杀菌

管路连接与碱洗相同。旋转1#罐控制盘旋钮“3”至“7”，旋钮“5”开，再按开关“1”且灯亮，罐底自动阀 AV1120 开，杀菌程序自动运行。

10. 蒸汽杀菌结束

排污下水口处排水管无水排出时，顺时针开5#罐后侧蒸汽管线手动阀 HV0410 至蒸汽表压力在0.2 ~0.25MPa。触摸“Y1”，进入看“12”温度达到110℃，自动保温 30min，杀菌结束开关“1”灯灭。关闭蒸汽管线手动阀 HV0410。蒸汽杀菌结束通知微生物化验室检测罐残水。

11. 注意事项

各罐程序运行前后及运行期间都保压0.03 ~0.05MPa。酸碱配制参照“发酵卫生和 CIP 操作 SOP”开始走水时检查管路是否有滴漏；罐使用当天蒸汽杀菌；碱洗、酸洗、蒸汽杀菌结束用 pH 试纸检测残水呈中性；各级罐倒空后做 CIP、蒸汽杀菌。

12. 结束条件

pH 试纸检测残水呈中性。

（三）车间生产培养管路清洗、灭菌

1. 碱刷洗1#管路

在 FP2 管板上，用换流管连接 HV0708 与 HV0711、HV0709 与 HV0706，且打开管口阀。

2. 清洗

分别触摸控制面板“4”“5”“6”显示，输入水清洗3min，碱液循环清洗10min，水清洗5min。

3. 清洗程序运行

旋转6上管线 CIP 控制盘旋钮“3”至“1”，逆时针旋转旋钮“8”至“1”，再按开关“1”且灯亮，清洗程序自动运行。

4. 清洗结束

开关“1”灯灭，清洗结束，关闭 HV0708、HV0706 、HV0711、HV0709、管口阀。关闭蒸汽手动阀 HV0409。

5. 2#管路碱洗

用换流管连接 HV0708 与 HV0705、HV0711 与 HV0712，程序同1#管路

碱洗。

6. 3#管路碱洗

用换流管连接 HV0708 与 HV0710、HV0711 与 HV0707，程序同 1#管路碱洗。

7. 1#至 2#罐管路碱洗

在 FP2 管板上，用换流管连接 HV0705 与 HV0706、HV0711 与 HV0712、HV0708 与 HV0709，程序同 1#管路碱洗。

8. 3#至 2#罐管路碱洗

在 FP2 管板上，用换流管连接 HV0705 与 HV0710、HV0711 与 HV0712、HV0708 与 HV0709，程序同 1#管路碱洗。

9. 1#罐进麦汁管路碱洗

在 FP2 管板上，用换流管连接 HV0708 与 HV0706、HV0709 与 HV0711；在 FP1 管板上连接 HV0801 与 HV0802、HV0803 与 HV0804；在 FP3 管板上连接 HV0901 与 HV0904，在 FP4 管板上连接 HV0906 与 HV908。程序同 1#管路碱洗。

10. 2#罐进麦汁管路碱洗

在 FP2 管板上，用换流管连接 HV0708 与 HV0706、HV0712 与 HV0711；在 FP1 管板上连接 HV0801 与 HV0802、HV0803 与 HV0804；在 FP3 管板上连接 HV0901 与 HV0904；在 FP4 管板上连接 HV0906 与 HV908。程序同 1#管路碱洗。

11. 3#罐进麦汁管路碱洗

在 FP2 管板上，用换流管连接 HV0708 与 HV0706、HV0707 与 HV0711；在 FP1 管板上连接 HV0801 与 HV0802、HV0803 与 HV0804；在 FP3 管板上连接 HV0901 与 HV0904；在 FP4 管板上连接 HV0906 与 HV908。程序同 1#管路碱洗。

12. 三级扩培菌液管路碱洗

在 FP2 管板上，用换流管连接 HV0708 与 HV0710、HV0707 与 HV0711；在 FP1 管板上连接 HV0803 与 HV0801；在 FP3 管板上连接 HV0904 与 HV901；在 FP4 管板上连接 HV0906 与 HV908。程序同 1#管路碱洗。

13. 管路酸洗

CIP 罐内 2% ~2. 5% 酸常温清洗，管路连接、程序同碱清洗。

14. 1#管路蒸汽杀菌

管路连接与碱洗相同。旋转管线 CIP 控制盘旋钮“3”至“2”，逆时针旋转旋钮“8”至“1”，再按开关“1”且灯亮，杀菌程序自动运行。

15. 蒸汽杀菌结束

排污下水口处排水管无水排出时，顺时针开 5#罐后侧蒸汽管线手动阀 HV0410 至蒸汽表压力在 0. 2 ~0. 25MPa。开关“1”且灯灭，杀菌结束，关闭蒸汽手动阀 HV0410。2#、3#、1#至 2#管路、3#至 2#管路、进麦汁管路、管路蒸汽杀菌管路连接同碱洗，程序同 1#管路蒸汽杀菌。

蒸汽杀菌结束通知微生物化验室检测管路残水。

16. 结束条件

pH 试纸检测残水呈中性。

（四）车间生产接种培养

1. 车间生产一级扩培罐操作

（1）一级扩培罐接种　参照“菌种室Ⅱ级及以上扩培控制”浸泡并吹干两根硅胶管，再连接。

（2）第一根吹干的酒精管一头连接在卡氏罐接菌口上，同时另一端连接在一级扩培罐（1#罐）接菌口；第二根吹干的酒精管一头连接在卡氏罐风包口上，另一端连接在无菌风充氧口上。

（3）把卡氏罐专用扳手插在卡氏罐接菌口上的开启阀，握住扳手向上旋转 90 度，打开开启阀，同时也这样打开种子罐接菌口，开始接种。

（4）20～30min，当接菌液的硅胶管始端出现泡沫时，同时关闭种子接菌口、卡氏罐接菌口开启阀，再顺时针旋转关闭风阀 HV0111。

（5）取下充氧硅胶管两头连接，再依次取下 1#罐接菌口连接，卡氏罐接菌口连接。把接菌硅胶管口对着自来水管口冲洗掉管内残留菌液，再用无菌风吹出管内的水，控干备用。

（6）卡氏罐放入无菌间，带入 10mL 吸管灭菌桶、取样瓶，参照“无菌室灭菌”，无菌室空间紫外灯计时杀菌 30min。关闭 30min 后，进入无菌室拧下紧固螺栓，取下卡氏罐盖，一手拿吸耳球，一手拿 10mL 吸管，在酒精灯火焰区内接入取样瓶 30mL 卡氏罐菌液，检测微生物不得检出。

（7）检测卡氏罐残液细胞数、出芽率、死亡率，记录在实验室酵母扩培操作记录上。

（8）卡氏罐 COP　卡氏罐每次使用后，拆下罐盖、盖上开启阀，用洗洁精水洗刷掉罐、罐盖、罐盖上的接菌管、开启阀内的污渍，再用自来水把洗洁精沫子冲掉，然后再冲刷 3～5 遍，pH 试纸检测残水呈中性，控干备用。

（9）一级扩培罐的控制　接种完毕，进入操作页面，在位置“16”设定充氧时间 5min，在位置“17”设定充氧停止时间 10min。

（10）在 1#控制盘上旋钮“2”右旋至“con”，罐顶气动阀 AV1107 开，程序自动运行间隔充氧。

（11）充氧 2min 后，在 1#罐取样口取接菌后的菌液，检测细胞数、出芽率和死亡率，填写酵母扩培跟踪检测记录。

（12）培养期间，每日早 8：30、16：00 镜检一次，并检查罐保压压力在 0.03～0.05MPa。

（13）温度在（15±0.5）℃，充氧流量计浮子在 30～40。

（14）一级扩培液转入二级扩培罐　培养约 45h，蒸汽杀菌 1#至 2#管路，

HV0705、HV0706、HV0708、HV0709 管口阀保持开，关闭 HV0711 与 HV0712 管口阀，自然冷却 1h 后使用。

（15）二级扩培罐（2#罐）麦汁杀菌且已冷却至（14 ±0.5）℃时，通知微生物化验室取 2#罐冷麦汁和 1#扩培液检验微生物，微生物不得检出。

（16）检测 1#扩培液酵母细胞数，达到 75 ~85mm/mL 且死亡率 <1% 时，全量捣入 2#罐 10hL。

（17）1#罐保种　如果在 1#罐保种，那么捣入 2#罐后，1#罐做碱洗和蒸汽杀菌，再做 1#至 2#管路走水 3min，蒸汽杀菌 30min。自然冷却 1h 后，从 2#罐捣回 1#罐 10hL。使用 2#罐控制盘，操作方法同 1#罐捣入 2#罐。

（18）按一级扩培控制培养 48h，且细胞数达到 75 ~85mm/mL，死亡率 < 1%，在“15”处设定温度 3℃，急降温保种。旋转 1#罐控制盘“2#旋钮”指向正上方，停止充氧。

（19）20 天内复温，复温档温度设定 10℃，二级扩培罐（2#罐）麦汁杀菌且已冷却至（15.0 ±0.5）℃时，按一级扩培液捣入二级扩培罐操作。

（20）以实验室的扩培批次记，每批次可以在 1#罐保种 3 次。

（21）CIP　捣菌完毕，刷洗 1#至 2#管路，走水 3min，蒸汽杀菌 30min；1#罐捣空后，做 1#罐和管路 CIP、蒸汽杀菌。

（22）结束条件　空 1#罐和管路、1#至 2#管路蒸汽杀菌 30min。

2. 车间生产二级扩培罐的操作

（1）二级扩培罐接种　调节 1#罐流量计旋转阀 AV1101，使流量计的浮子在 100，1#罐压力 0.05 ~0.1MPa。

（2）旋转 1#罐控制盘旋钮“3”至“4”，按开关“1”且灯亮，罐底自动阀 AV1120、AV1220 开，1#罐菌液开始捣入 2#罐。

（3）通过 1#罐试镜观察，扩培液全量捣入 2#罐，按开关“1”且灯灭。调节 1#罐流量计旋转阀 AV1101，使流量计的浮子在 30 ~40。

（4）二级扩培罐控制　进入页面，在位置“16”设定充氧时间 5min，在位置“17”设定充氧停止时间 10min。

（5）在 2#控制盘上旋钮“2”右旋至“con”，罐顶气动阀 AV1107 开，程序自动运行间隔充氧。

（6）充氧 2min 后，在 2#罐取样口取接菌后的菌液，检测细胞数、出芽率和死亡率，填写酵母扩培跟踪检测记录。培养期间，每日早 8：30、16：00 镜检一次。

（7）培养期间，每日早 8：30、16：00 镜检一次，并检查保压压力在 0.03 ~0.05MPa，温度在（14 ±0.5）℃。

（8）二级扩培液转入三级扩培罐　培养约 45h，蒸汽杀菌 2#至 3#管路，保持管口阀 HV0705、HV0710、HV0708、HV0709 开，关闭 HV0711、HV0712 管口阀，自然冷却 1h 后使用。

（9）通知微生物化验室取 2#罐扩培液检验微生物，微生物不得检出。

（10）检测 2#罐扩培液酵母细胞数，达到 75mm/mL 且死亡率 <1% 时，全量捣入 3#罐 70 或 80hL。

（11）CIP　2#至 3#管路走水 3min，蒸汽杀菌 30min；2#罐和管路 CIP、蒸汽杀菌。

（12）结束条件　2#至 3#管路、空 2#罐和管路蒸汽杀菌 30min。

3. 车间生产三级扩培罐的操作

（1）三级扩培罐接种　调节 2#罐流量计旋转阀 AV1201，使流量计的浮子在 100，2#罐压力 0.05～0.1MPa。

（2）旋转 2#罐控制盘旋钮“3”至“4”，按开关“1”且灯亮，罐底自动阀 AV1220、AV1320 开，开始捣料。

（3）通过 2#罐试镜观察，扩培液全量捣入 3#罐，按开关“1”且灯灭。调节 2#罐流量计旋转阀 AV1201，使流量计的浮子在 30～40。在操作页面“15”设定温度 11℃。

（4）蒸汽杀菌 3#进冷麦汁管路，自然冷却 1h 后，与冷却工联系，启动 3#进冷麦汁程序，接入 11℃充氧量 6.0mg/L 冷麦汁。

（5）在扩培室 FP1 管板后侧流量计观看，根据转入的二级扩培菌液量接进 280 或 290hL 冷麦汁，计算接入后使得三级扩培罐总菌液量为 360hL 时，通知冷却工同时关闭进麦汁程序。

（6）三级扩培罐控制　在 3#罐取样口取接菌后的菌液，检测细胞数、出芽率和死亡率，填写酵母扩培跟踪检测记录。

（7）培养期间，每日早 8：30、16：00 镜检一次，并检查保压压力在0.03～0.05MPa，温度在（11±0.5）℃。

（8）三级扩培液转入发酵罐　培养约 40h，管路蒸汽杀菌，自然冷却 1h 后，FP1 和 FP2 管板上连接不变，只把 FP3 管板上 HV0901 与 HV0904 的连接变为 HV0901 与 HV0903 连接，且打开每一个连接管口阀。

（9）如果留取三级扩培液 70hL，捣入发酵罐 290hL，如果不留，全量捣入发酵罐。捣之前通知微生物化验室取 3#扩培液检验微生物且不得检出。

（10）当细胞量达到 35～45mg/mL 且死亡率 <1% 时，与发酵工联系开始捣菌液。调节 3#罐流量计旋转阀 AV1301，使流量计的浮子在 100，3#罐压力0.05～0.1MPa。

（11）旋转 3#罐控制盘旋钮“3”至“4”，按开关“1”且灯亮，罐底自动阀 AV1320 开，三级扩培液捣入发酵罐。

（12）流量计观察，扩培液捣走 290 或 360hL 时，按开关“1”且灯灭。调节3#罐流量计旋转阀 AV1301，使流量计的浮子在 30～40。

（13）如果留取三级扩培液 70hL，蒸汽杀菌 3#进冷麦汁管路，再接入冷麦汁 290hL。依然按三级扩培控制。以一级扩培批次计，3#罐最多可以连续留取三级扩培液 70hL 5 次。

（14）CIP　空 3#罐和管路、捣菌管路做 CIP 和蒸汽杀菌；如果使用 3#进冷麦汁管路，使用后走水 3min，蒸汽杀菌 30min。

（15）结束条件　捣菌管路、空 3#罐管路或 3#进冷麦汁管路蒸汽杀菌 30min。

实训三　酵母分离机

一、实训目的

1. 掌握酵母分离机标准操作方法。
2. 掌握酵母分离机维护方法。

二、实训范围

适用于酵母分离机的操作。

三、实训职责

1. 酵母分离机操作人员遵守本规程。
2. 酵母生产车间的管理人员、QA 检查员负责监督本规程的实施。

四、实训内容

（一）分离前的准备工作

（1）现将洗涤桶、平衡桶、送料管洗净。

（2）关闭好各容器的废水阀门。

（3）检查送料泵是否运转良好，检查三足分离机是否牢稳，螺丝是否松动，各机件安装是否良好，喷嘴是否堵塞，油位是否充足。

（4）打开油泵冷却水，检查制动器方向，手柄应朝下方启动，在启动时电流大，声音不正常，则表示机器未安装好。即停车，拆下重新检查安装，然后再启动，电流表上下二次固定了，电流小于 50A。

（5）到运转正常，转速达到 6000r/min，电流应在 18～20A，加料后按 $15m^3/h$ 计电流应在 25A 左右，运转过程始终是平稳的，声音正常。

（6）可以先放进清水试车，正常后再打开进料阀，进行正常分离操作。操作过程中应控制流量 8～15t/h。

（7）下收集器流出的酵母浓度不要过浓，12～15°Bé，浓度高了容易堵塞喷嘴，上收集器跑废水更容易跑酵母。

（8）废水应透明，如废水不透明，应适当减少进料流量（如下收集器不断出水或出料少，则表示喷嘴堵塞）。

（二）分离时的加水量

（1）发酵液分离完毕，应补加乳液 2/3 的水到洗涤桶洗涤。

（2）通风 15 ~20min。

（3）若二次分离完毕，再加乳液 1/3 的水到洗涤桶。

（4）通风 10min 洗涤。

（5）分离浓缩出酵母乳。

（三）停车

（1）分离完毕后，先切断电源，关闭进料阀。

（2）打开清水阀门将水通入转鼓中冲洗，待转速慢时（即 100r/min），可使用制动器（高速运转时，千万不准用制动器）。

（四）清洗工作

（1）停机后按次序将机器拆下放在胶板上逐件进行清洗。

（2）特别要将喷嘴洗净，孔眼畅通。

（3）叶片中粘着的酵母泥要在沸水中煮掉。

（4）操作间和容器要进行全面清洗。

实训四　酵母菌的体积测定与血球计数板直接计数

一、实训目的

掌握酵母测定标准操作方法。

二、实训范围

适用于酵母测定标准的操作。

三、实训职责

1. 酵母菌生产车间化验员遵守本规程。
2. 酵母菌生产车间的质量管理人员负责监督本规程的实施。

四、实训原理

（一）酵母菌细胞的个体形态、繁殖方式及菌落特征

酵母菌个体直径比细菌大几倍到十几倍，在平板培养基上大多形成较大而厚、湿润的菌落。酵母菌无性繁殖主要是芽殖，仅裂殖酵母属为裂殖；有性繁殖主要通过接合形成子囊及子囊孢子的形式进行。常用亚甲基蓝染色制成水浸片来观察生活的酵母形态和出芽生殖方式。

(二) 利用测微技术测量微生物细胞大小的原理

微生物的细胞大小可使用测微尺测量。测微尺分为目镜测微尺和镜台测微尺两部分。目镜测微尺是一块可放入目境内的圆形小玻片，镜台测微尺是中央部分有可精确等分线的载玻片。镜台测微尺并不直接用来测量细胞的大小，而是用于校正目镜测微尺每格的相对长度。目镜测微尺每小格大小是随显微镜的不同放大倍数而改变的，在测定时先用镜台测微尺标定，求出在某一放大倍数时目镜测微尺每小格代表的长度，然后用标定好的目镜测微尺测量菌体大小。

(三) 血球计数板计数原理

血球计数板是一块特制的载玻片，有四条竖槽和一条横槽。横槽两边的平台上各有一个有九个大方格的方格网，中间大方格为计数室：边长为1mm，深为0.1mm，容积为0.1mm^3 (10^{-4}mL)。计数室有两种规格：一个是分为16个中方格，每个中方格中有25个小方格；另一种是分为25个中方格，每个中方格有16个小方格。两种都有400个小方格。

五、实训材料

(一) 菌种

酵母菌种48h液体培养物。

(二) 染色液

0.1%亚甲基蓝染色液。

(三) 器具

血球计数板、目镜测微尺和镜台测微尺，普通光学显微镜、载玻片、盖玻片、接种环、酒精灯、吸水纸、擦镜纸、胶头滴管等。

六、实训内容

(一) 酵母菌形态结构观察

酵母细胞较大，观察时可不染色，可用水浸片法观察，即在清洁载玻片中央滴加一小滴无菌水或滴加0.1%亚甲基蓝液，用接种环挑取少许酿酒酵母，并注意酵母菌与培养基结合是否紧实，置于无菌水或美兰液中，使菌体与其混合均匀。将盖片斜置轻轻盖在液滴上。制片先用低倍镜，再换高倍镜观察酵母细胞的性状及出芽方式。

(二) 利用测微尺测量酵母细胞的大小

1. 装目镜测微尺

取出目镜，把目镜上的透镜旋下，将目镜测微尺刻度向下放在目镜镜筒内的隔板上，然后旋紧目镜透镜，再将目镜插入镜筒内。

2. 观察镜台测微尺

用低倍镜观察镜台测微尺的刻度。

3. 校正目镜测微尺

换用高倍镜测量，先用镜台测微尺标定。计算出目镜测微尺每格的长度。移动镜台测微尺和转动目镜测微尺，使两者的刻度平行，并使两尺的第一条线重合。向右寻找另外相重的直线，记录两重合刻度间目镜测微尺和镜台测微尺的格数，由下列公式算出目镜测微尺每格长度。由于镜台测微尺每格长度为 10μm，从镜台测微尺格数，求目镜测微尺每格长度。

$$\text{目镜测微尺每格长度（μm）}=\frac{\text{两重合刻度间镜台测微尺格数}\times 10}{\text{两重合刻度间目镜测微尺格数}}$$

例如，目镜测微尺的 5 格等于镜台测微尺 2 格（即 20μm），则目镜测微尺：

$$1\text{格}=2\times 10\mu m\div 5=4\mu m$$

4. 酵母细胞直径（宽度）的测定

取下镜台测微尺，换上酿酒酵母制片，在高倍镜下测量 10 ~ 20 个酵母细胞的直径。

（三）血球计数板直接计数法测定酵母菌的数量

（1）取清洁的血球计数板，将洁净的专用盖片置两条嵴上。

（2）将酵母菌液进行稀释，以每小格有 3 ~ 5 个酵母菌为宜。

（3）摇匀稀释的酵母菌液，用无菌滴管吸取少许菌液，从盖片的边缘滴一小滴（不宜过多），使菌液自行渗入平台的计数室。加菌液时注意不得使计数室内有气泡，两个平台上都滴加菌液后，静置约 5min。在低倍镜下找到方格网后，转换高倍镜进行观察和计数。

（4）计数　计数方法：不同规格的计数板的计数方法略有差异。16 × 25 规格的计数板，需要按对角线方位，计算左上、左下、右上和右下 4 个大格（共 100 小格）的酵母菌数。若是 25 × 16 规格的计数板，除统计上述 4 个大格外，还需统计中央一大格（共 80 小格）的酵母菌数。酵母菌的芽体达到母体细胞大小的一半者，即可作为两个菌体计数。位于两个大格间线上的酵母菌，只统计此格的上侧和右侧线上的菌体数。

每个样品重复计数 2 ~ 3 次（每次数值不应相差过大，否则重新操作），取其平均值。

按下列公式计算出每毫升菌液所含的酵母菌细胞数：

①16 × 25 规格的计数板

$$\text{酵母菌细胞数/mL}=\frac{\text{100 个小格内酵母菌细胞数}}{100}\times 400\times 10000\times\text{菌液稀释倍数}$$

②25 × 16 规格的计数板

$$\text{酵母菌细胞数/mL}=\frac{\text{80 个小格内酵母菌细胞数}}{80}\times 400\times 10000\times\text{菌液稀释倍数}$$

七、实训结果

1. 酵母菌的个体比细菌大，高倍镜下即可看清楚。酵母菌呈圆形、卵圆形或腊肠形，有时可见芽殖情况。

2. 计算每毫升菌液中含有的酵母菌细胞数目。

实训五　菌种的保存及复苏

一、实训目的

掌握菌种保存及复苏标准操作方法。

二、实训范围

适用于菌种的保存及复苏的操作。

三、实训职责

1. 菌种生产车间操作人员遵守本规程。
2. 菌种生产车间的管理人员、QA 检查员负责监督本规程的实施。

四、实训原理

菌种衰退的基本原因是变异，变异是不可避免的，而减缓变异速度是可能的。变异速度与菌种所处的环境有密切的关系，不良环境能促进变异，频繁或过多传代也是造成变异的重要原因。为菌种创造良好条件，减缓菌种衰退，这就是菌种保藏与复苏工作，它是一项重要的微生物学基础工作。

菌种保藏的方法很多，但原理大同小异。首先要挑选优良纯种，利用微生物的孢子、芽孢及营养体；其次，根据其生理、生化性，人为创造低温、干燥或缺氧等条件，抑制微生物的代谢作用，使其生命活动降低到极低的程度或处于休眠状态，从而延长菌种生命以及使菌种保持原有的性状，防治变异。不管采用哪种保藏方法，在菌种保存过程中要求不死亡、不污染杂菌和不退化。

五、实训材料

（一）菌种

待保藏菌种。

（二）培养基斜面

牛肉膏蛋白胨培养基斜面和液体培养基，虎红培养基斜面和液体培养基。

（三）试剂

10%稀盐酸、0.05%的亚甲基蓝水溶液。

（四）器材

高压蒸汽灭菌锅、冰箱、真空干燥器、真空泵、接种环、酒精灯、40 目筛、100 目筛、液体石蜡和甘油、沙土、安瓿瓶、液氮、试管。

六、实训内容

（一）菌种保存

1. 常规转接斜面低温保藏法

将需要保藏的菌种接种在适宜的斜面培养基上，适温培养，当菌丝健壮地长满斜面时取出，放在 3 ~ 5℃低温干燥处或 4℃冰箱、冰柜中保藏，每隔 4 ~ 6 个月时间移植转管一次，具体应根据菌种特性决定。

2. 液体石蜡保藏法

液体石蜡法适用于不产孢子的菌种。但可以分解利用烃类的菌种，不适宜用此法保藏。

（1）取化学纯液体石蜡（要求不含水分、不霉变）装于锥形瓶中加棉塞并包装，在 0.1MPa 压力下灭菌 1h，再放入 40℃恒温箱中数天，以蒸发其中水分，至液体石蜡完全透明为止。

（2）将处理好的液体石蜡移接在空白斜面上，28 ~ 30℃下培养 2 ~ 3d，证明无杂菌生长方可使用。

（3）用无菌操作的方法把液体石蜡注入待保藏的斜面试管中。注入量以高出培养基斜面 1 ~ 1.5cm 为宜，塞上橡皮塞，用固体石蜡封口，直立于低温干燥处保藏。

3. 甘油管保存法

将 80% 的甘油在高压蒸汽下灭菌待用，将培养好的斜面菌种用 1mL 无菌水制成高浓度的菌悬液。吸取 300μL 菌悬液入 EP 管中，再取适量体积的 80% 的无菌甘油与之充分混匀，使甘油终浓度为 15% ~ 40%。将甘油管封好置 -20℃冻存。

4. 沙土管保藏法

本法适合于保藏形成孢子的霉菌与放线菌及产生芽孢的细菌，营养细胞用此法效果不好。

（1）取河沙加入 10% 稀盐酸，加热煮沸 30min，以去除其中的有机质。

（2）倒去盐酸，用清水冲洗至中性。烘干，用 40 目筛过筛，以去掉粗颗粒，备用。

（3）另取非耕作层的不含腐殖质的瘦黄土或红土，加自来水浸泡洗涤数次，直至中性。烘干，碾碎，通过 100 目筛子过筛，以去除粗颗粒。

（4）把烘干的沙土按 3∶2 或 1∶1 混合，装入 10mm × 100mm 的小试管或安瓿管中，每管装 1kg 左右，塞上棉塞，121℃灭菌 1h，也可用 170℃干热灭菌 2h，蒸汽灭菌后需烘干。

（5）抽样进行无菌检查，每 10 支沙土管抽一支，将沙土倒入肉汤培养基中，37℃培养 48h，若仍有杂菌，则需全部重新灭菌，再进行无菌试验，直至证明无菌，方可备用。

（6）选择培养成熟的（一般指孢子层生长丰满的）优良菌种，以无菌水洗下，制成浓孢子悬液（$\geqslant 10^6$/mL）。用灭菌吸管于每支沙土管中加入约 0.5mL（一般以刚刚使沙土润湿为宜）孢子悬液，以接种针拌匀。也可将真菌分生孢子用接种环从斜面直接挑取放入沙土中。放入真空干燥器内，用真空泵抽干水分。

（7）每 10 支抽取一支，用接种环取出少数沙粒，接种于斜面培养基上，进行培养，观察生长情况和有无杂菌生长，如出现杂菌或菌落数很少或根本不长，则说明制作的沙土管有问题，尚须进一步抽样检查。若经检查没有问题，用火焰熔封管口，放干燥器或室内干燥处保存。每半年检查一次活力和杂菌情况。

5. 液氮超低温保存法

大多数微生物都可用此法长期保存，工业微生物的高产菌种也逐步采用此法保存。

（1）使用带螺旋盖的 2mL 塑料安瓿瓶。检查安瓿瓶是否渗漏：用 0.05% 的亚甲基蓝水溶液在 4℃浸泡 30～45min，冲洗干净，弃去含有蓝色染料的安瓿瓶，其余的安瓿瓶备用。

（2）先用蒸馏水漂洗干净安瓿瓶，再用蒸馏水在灭菌锅中 121℃浸泡灭菌 15min，干燥并将激光打印好的标签放入安瓿瓶中，略拧紧螺旋盖，再 121℃灭菌 30min。

（3）选择菌龄处于最大生长量阶段或对数生长期后期的作为保藏菌，在无菌条件下，将细胞悬液分装于安瓿瓶中，并注入甘油或二甲基亚砜作保护剂，拧紧螺旋盖。

（4）将封好后的安瓿管放入大慢速冻结器上，以每分钟下降 1℃的速度冷却，当安瓿管温度下降至 -40℃时，即可把安瓿管移入液氮内长期保藏。

（二）菌种复苏

将保藏菌种转接至新鲜斜面或液体培养基上，适温培养，使其充分生长即可。若为冷冻保藏的菌种，将菌种取出，迅速放入 37℃水浴中解冻。一般需 2～2.5min，等完全解冻后，再及时转接到合适的培养基中培养。某些菌种经过冷冻干燥保存后，延迟期较长，需连续两次继代培养才能正常生长。

项目九　药 品 检 测

实训一　质量控制室文件要求

一、实训目的

1. 熟悉质量控制室文件的内容要求。
2. 掌握质量控制室的文件分类。

二、实训范围

质量控制室文件。

三、实训职责

检验员及检验室主任。

四、实训内容

1. 质量控制室文件的分类

（1）质量标准及检验操作规程。

（2）取样标准操作规程及相关记录。

（3）实验室样品管理规程。

（4）检验记录、原始数据、检验报告单。

（5）检验结果调查。

（6）环境监测操作规程及相关记录。

（7）生产工艺用水的监测操作规程及相关记录。

（8）检验方法验证方案及报告。

（9）实验室分析仪器的使用、校验、维护的操作规程及相关记录。

（10）实验室分析仪器的确认方案及报告。

（11）实验室实际的管理及配制、使用记录。

（12）标准品的管理规程及标准液的标定、使用记录。

（13）毒菌种的管理规程及相关记录。

（14）实验室剧毒、易制毒品的管理规程及相关记录。

2. 质量控制室文件的要求

(1) 质量标准及检验操作规程应和注册标准一致或高于注册标准。

(2) 取样 应有原辅料、包材、中间体、成品的取样操作规程；规程应包括经授权的取样人、取样方法、所用器具、取样量、取样后剩余部分及样品的处置和标示，以及对取样过程中风险的预防措施等。

取样应做好取样记录，记录应包含样品名称、批号（编号）、取样日期等。

样品应该有管理规程，规程应对样品的接收、传递、贮存、使用、销毁有明确规定。

(3) 记录及原始数据 检验记录的内容必须与质量标准及检验操作规程相一致；检验记录应包含检验全过程的所有信息，检验记录的使用发放应受到控制。

全部的原始数据和计算应受控管理；与批记录相对应的检验记录至少保存至产品有效期后一年。

(4) 实验室的偏差和异常结果、超标结果应进行相应的调查。调查记录、报告应保存完好。

(5) 检验报告单应包含所检验产品的名称、批号、规格、报告日期等项目，同时包含药典等质量标准所规定的可接受限度要求及检测结果；检验报告单应由检验人员签名。

(6) 对于洁净厂房的环境监测规程，应包含取样方式、取样频率、取样位置（取样点）、警戒限、行动限、异常结果的调查及处理，应对监测结果做定期的趋势分析。

(7) 工艺用水的监测规程，应包含工艺用水的种类、取样点、取样方法、取样频率、检验项目、检验标准、异常结果的调查及处理，应对关键项目进行定期的趋势分析。

(8) 分析方法的验证方案和报告应包含验证目的、范围、职责、验证项目及标准、验证方法、验证结论。

(9) 应有实验室仪器的使用、校验、维护记录；仪器使用规程应包括仪器的开关机、操作步骤、注意事项等；仪器的维护规程应包含维护项目、维护周期；仪器校验规程应包含校验周期、校准内容等。

(10) 实验室仪器的验证应包含设计确认、安装确认、运行确认、性能确认等内容。

(11) 实验室应有试剂管理规程，包含试剂的领用、登记、贮存、使用的规定；实验室试液的配制应有记录，记录应包含试液配制过程、试液的编号、配制的试液的有效期等。

(12) 实验室应有标准品、毒菌种的管理规程；并有相应的领用、登记、贮存及销毁的记录。

（13）实验室的易制毒品、剧毒品应有相应的管理规程，并严格按照易制毒品、剧毒品的管理规定执行，并建立相应的试剂配制使用、销毁记录等。

实训二　留样管理规程

一、实训目的

1. 熟练留样的日常管理。
2. 掌握留样的保存要求。

二、实训范围

适用于原辅料、包装材料、半成品、成品。

三、实训职责

留样管理员、QA 检查员、QC 检查员对本规程实施负责。

四、实训内容

1. 留样管理员

留样管理员由质保部授权人担任，负责留样样品的管理工作，留样管理员应具有一定的专业知识，了解样品的性质和贮存方法。

2. 留样分类

留样分为原辅材料、与药品直接接触的包装材料、半成品、成品留样。

3. 留样数量

（1）每批原料、辅料检验合格后，留样量至少为全检量的 2 倍。

（2）成品一般留样最少应为一次全检量的 2 倍，每批均需留样。

（3）与药品直接接触的包装材料一般留样最少为一次全检量的 2 倍，每批均需留样。

4. 留样库

留样库应是独立的、有锁的房间且应有专人负责管理。

（1）留样室温湿度应与药品贮存条件一致，温度为常温区（0～30℃）、阴凉区（20℃以下），湿度要求按品种要求而定。用温湿度仪监测留样库内的温湿度，并有记录。

（2）留样库的留样柜应有库位标示、货位卡，留样样品应建立相应的台账，账、物、卡应一致。

5. 样品的接收

（1）装样品的容器应贴有取样标签，标明品名、规格、批号（编号）、数量、供应商名称、日期等。

（2）核对样品数量，做好记录。

6. 样品的使用

（1）原辅料、包装材料、半成品留样用于成品质量出现问题时查找原因。

（2）成品一般留样用于产品日常外观监测以及在用户投诉或其他特殊情况下使用。

①产品的日常外观检查应根据品种不同制定检查周期，一般至少每年对留样进行一次目检观察，做好留样观察记录。

②在用户投诉或其他特殊情况下动用一般留样检测，需填写申请经质量管理部门负责人批准后，方可发放，做好记录，此申请应归入质量档案。

7. 留样样品的保存

（1）留样室管理员应每天检查温湿度、样品外包装情况，并记录。

（2）留样不得外借或转送他人。

（3）样品在留样期间发现异常情况应及时报告主管负责人和有关人员研究解决，并如实做好记录。

（4）所有样品均应制定保存期限

成品——有效期后 1 年。

半成品——成品检验合格后 3 个月。

原料、辅料、与药品直接接触的包装材料——使用该物料最后一批成品的药品有效期后一年。

8. 样品的销毁

（1）超过留样期限的样品应定期销毁。

（2）填写销毁申请单报质量管理部门负责人批准后执行。

（3）按相关的物料或产品销毁程序进行，有 2 人以上现场监控，做好记录。

实训三　取样管理规程

一、实训目的

1. 熟悉取样流程，并能正确使用取样工具。

2. 掌握取样量及取样的操作要求。

二、实训范围

所有待检测品的取样。

三、实训职责

取样员及负责人。

四、实训内容

1. 取样人员的要求

（1）有良好的视力和对颜色的分辨识别能力。

（2）对观察的现象能做出可靠的质量判断和评估。

（3）有传染性疾病和身体暴露部位有伤口的人员不应进行取样操作。

（4）应对物料的安全知识、职业卫生知识有一定的了解。

（5）应接受培训，熟悉取样方案和取样流程，能掌握取样技术，正确使用取样工具。

（6）应能意识到，在取样过程中样品有被污染的风险，并能采取相应的安全预防措施。

（7）取样人员，应在专业知识及个人技能方面得到持续的培训教育。

2. 取样器具的类型

（1）铲子　固体物料的取样，可根据取样量选择合适大小的铲子。

（2）液位探测管　是一种由惰性材料制成的取样工具，常用作液体和局部产品的取样。

（3）称重式容器　容器可显示所取样品达到的深度，常用于从大罐或储罐中取样。

（4）分层式取样器　用于很深容器中固体样品的取样，优点是可以根据需要一次从同一个包装袋的不同位置取出样品。

（5）取样袋及取样棒　是最常用的取样工具，使用简单、便捷。

3. 取样器具的清洁消毒

（1）清洁消毒器具　毛刷、烘干设备。

（2）清洁、消毒用品　饮用水、纯化水、75%乙醇溶液、洗涤剂。

（3）清洁消毒操作

①将取样工具用饮用水冲洗数次。

②用干净的毛刷蘸洗涤剂反复刷洗。

③再用饮用水冲洗至无泡沫，最后用纯化水冲洗三次，烘干。

④取样工具在使用前，用75%乙醇溶液擦拭消毒。

⑤用于微生物检查或无菌产品取样的工具　除按上述清洁规程外，使用前需要进行灭菌（湿热或干热灭菌法），灭菌后应在规定有效期内使用。超出规定的有效期，应重新洗涤、消毒、灭菌。

⑥清洗、消毒后的取样工具应定置摆放。

4. 样品的容器

盛装样品的容器应满足以下要求

（1）方便装入及倒出样品。

（2）容器表面不易吸附样品。

（3）重量轻、便于携带；方便密封。

5. 取样间

（1）取样间的要求

①应设计单独的人员更衣及物料缓冲区，人流、物料通道分开，避免交叉污染。

②取样区域的洁净级别至少和生产区域的洁净级别保持一致。

③取样区各功能房间之间的压差要求与生产区域保持一致。

④取样区域风向设计应为层流，防止开启的容器、物料和取样员之间的污染。

（2）在取样过程中，应保护取出的样品和取样人员

①入取样间前，启动空调机组运行一段时间，至取样区域内的温湿度达到要求后，方可进入取样间，取样。

②样品直接接触的取样器具的清洁和消毒、灭菌均应符合要求。

③同一工作日，取不同物料之间，对取样间应进行适当的清洁，更换取样工具，防止污染和交叉污染。

（3）人员进出取样间　参照人员进出洁净区管理规程。

（4）物料进出取样间　参照物料进出洁净区管理规程。

（5）取样间的清洁消毒　参照洁净区清洁消毒管理规程。

6. 取样量及取样件数

（1）取样量　以下是某企业制定的原料、内包材、外包材的取样量参考如下：

原料药、辅料取样量一般为一次全检量的3倍。

铝箔、PVC硬片、药用复合膜去掉最外面三层后，剪取2m。

外包材，封口签、说明书、小盒、中盒、大箱：随机抽取总数量的10%，检验合格后，合格品除大箱外均留样三份，余者皆计数退库。

（2）取样件数（设样品总件数为N）

①1件$\leqslant N \leqslant$3件，逐件取样。

②3件$< N \leqslant$300件，取样量为：$\sqrt{N}+1$。

③$N >$ 300件，取样量为：$\sqrt{N}/2+1$。

7. 取样流程

（1）物料取样流程

①进厂物料初检合格后，仓库保管员填写“请验单”一式两份，一份与物料出厂的“检验报告单”一并交仓库QA检查员，一份分别按自左向右的顺序贴于“初验收记录”备查。

②仓库QA检查员接到物料“请验单”后，通知取样员，准备取样器具，按

照相关的取样操作规程，到规定的地点取样，贴上“取样证”。

③取样完毕后，填写“取样记录”与“样品标识”，将物料“请验单”与贴有样品标识的样品一起交检验负责人，并做好相关的记录。

（2）中间体、待包装品、成品取样

①由车间工艺员或生产工序班组长填写中间体、成品“请验单”一式两份，一份交车间 QA 检查员，另一份贴于该批的批生产记录“请验单、检验报告单粘贴处”备查。

②QA 检查员接到“半成品、成品请验单”后，通知取样员，准备取样工具，按相关的取样标准操作规程进行取样。

③取样完毕后，填写“取样记录”与“样品标识”，将“请验单”与样品一起交检验负责人，并做好相关记录。

8. 取样操作

不同的物料其取样操作略有不同，取样时，应注意以下几点：

（1）不允许同时打开两个物料包装进行取样，防止物料交叉污染。

（2）取不同种类的物料、从不同物料包装中取样时，必须更换相应手套、套袖等。对于仅接触外包装的人员不做此项要求。

（3）若在同一天，在同一取样间进行不同种类物料的取样，建议按照内包装材料、辅料、原料的顺序取样，不同物料之间取样还需根据规程要求，对取样间进行清洁消毒。

9. 取样标识、取样记录及取样的异常处理

（1）取样后的样品包装容器上，必须有明确的标识，标签上应包含样品名称、样品批号、取样日期、样品来源、储存条件、取样人等。

（2）取样记录　应在取样记录中详细记录取样的信息，取样记录应包含取样计划的内容（如样品名称、批号、取样日期、取样量、样品来源等）。

（3）取样的异常处理　在取样过程中，取样员需对物料外观、外包装、物料标签等核对，若发现不符合现象，取样人应立即停止取样，将观察到的不符合现象记载于取样记录内，并通知质量管理部门进行调查处理，待确认处理合格后，方可进行取样。

实训四　标准品及对照品的管理

一、实训目的

1. 熟悉标准品、对照品入库验收、领用的基本要求。
2. 掌握标准品、对照品的定义概念。

二、实训范围

检验分析用标准品、对照品的管理。

三、实训职责

QC 室标准品管理人员、QC 主任对本规程实施负责。

四、实训内容

1. 标准品、对照品

标准品、对照品是指国家药品标准中用于鉴别、检查、含量测定的标准物质。标准品是指用于生物检定、抗生素或生化药品中含量或效价测定的标准物质，按效价单位计，以国际标准品进行标化。对照品除另有规定外，均按干燥品（或无水物）计算后使用。

2. QC 室的管理

QC 室须设专人负责标准品的管理，该人员应由具有一定药学或分析专业知识，熟悉标准品、对照品的性质和贮存条件，经过专门的培训合格者担任。

3. 标准品和对照品的年度计划

标准品管理员每年四季度根据企业生产品种综合计划（下年度）做出品种检验计划和文字说明。内容包括：标准品、对照品名称、规格、数量、价格、库存量，检验品种名称。由于标准品价格较贵，所以计划量要合理，做到既不浪费，又保证正常的检验工作。

4. 购买

（1）国内购买一般到所在省级食品药品检定所或“中国食品药品检定研究院”直接购买或邮购。

（2）必要时由申请部门注明分子式、分子质量及结构式，以免发生误购。

5. 接收

（1）标准品、对照品买来后，检查外包装完好、洁净、封口严密，标签完好、清楚。

（2）复核与购买单的一致性，准确无误。

（3）对所买标准品、对照品编号。此编号要独一无二，便于管理。

（4）填写标准品入库记录内容　名称、规格、数量、购进日期、（批）编号、来源、贮存期限、贮存条件、购买者签名等。填好标签，注明编号是在瓶外或盒外。

6. 贮存

（1）不同的标准品、对照品应根据其理化性质、贮存要求的不同，选择适宜的贮存环境和条件。

（2）干标准品、对照品应置于加锁的柜中，依次排列整齐。

（3）配制后的对照品（标准品）溶液放入冷藏室，温度一般保持在10℃以下保存（特殊的按要求温度保存）。

（4）管理员定期盘点检查标准品、对照品的贮存状况及使用情况。

7. 发放

（1）管理人员负责发放标准品、对照品，做好收发记录。

（2）领用人员填写领用记录。内容：品名、规格、数量、领用日期、用途、领用者签名。

（3）管理人员检查即将发放的标准品、对照品与领用记录登记品种的一致性。无误后签字发放。

8. 标准品、对照品的剩余退库和销毁

（1）用多少取多少，已取出的标准品、对照品严禁倒回原瓶中。

（2）剩余的标准品、对照品应用蜡封好口退回库中。管理员将其放在专用密封干燥容器中保存，并优先发放这些标准品、对照品。

（3）退库验收　管理员应检查外瓶完好，封口严密，标签完好、清楚、有编号。以上检查无误后准许退库。退回的分装标准品、对照品的贮存期为一个月。

（4）退库的标准品、对照品应做记录，双方签字。

（5）退库验收不合格或超过贮存期的标准品、对照品应销毁。

（6）销毁申请　由管理员填写申请单。内容：品名、规格、数量、销毁原因、申请人、日期等。报QC主任批准。

（7）QC主任根据销毁原因做出必要的调查和鉴定试验，做出拒绝或批准决定并签字。

（8）批准销毁的，对环境、水质无污染的，直接冲入下水；腐蚀性强的，经过大量水稀释之后，冲入下水；毒性强的按毒品销毁办法执行，执行销毁应由指定的第二人在场监督执行。

（9）销毁应填写“销毁记录”，内容：同销毁申请单，填写销毁日期，销毁人、监督执行人分别签名。

9. 贮存期

（1）按标准品、对照品的规定贮存期限执行。

（2）没有期限　化学提纯物对照品（标准品）原则上为3年，生物试剂和不稳定的试剂原则上6~12个月为宜。

（3）对照品溶液稳定性考察方案　以首次配制的对照品溶液及再次配制的对照品溶液按相应品种项下色谱条件分别进样，两次配制的对照品溶液与相应的供试品溶液计算含量，含量测定的结果相对平均偏差小于2.0%；如果相对平均偏差符合规定，按最后一次对照品配制液的有效期推算对照品配制液贮存期限。

（4）对照品首次领用的第一次使用日期为首次开启日期。

实训五 试剂及试液的管理

一、实训目的

1. 熟悉试剂、试液入库验收、领用、配制的基本要求。
2. 掌握试剂与试液的定义。

二、实训范围

适用于试剂、试液的管理。

三、实训职责

试剂、试液管理员、实验室主任。

四、实训内容

1. 试剂定义

试剂又称化学试剂或试药，是用于实现化学反应、分析检验、化学配方等使用的纯净化学品。试剂、实验用水、实验耗材是实验室对物料、产品进行质量控制的重要组成部分。

2. 试剂的分类及应用范围

（1）按试剂的用途，分为通用试剂、高纯试剂、分析试剂、仪器分析试剂、临床诊断试剂、生化试剂、无机离子显色试剂等。

（2）一般常用的试剂分为

基准试剂（JZ，绿色标签）：作为基准物质，标定滴定液。

优级纯（GR，绿色标签，一级品）：纯度很高，用于精确分析，有的优级纯可作基准物质。

分析纯（AR，红色标签，二级品）：纯度较高，适用于工业分析及化学实验。

化学纯（CP，蓝标签，三级品）：纯度较高，适用于化学实验及合成制备。

3. 化学试剂的购入、接收

（1）按每月实验室需求，做试剂的采购计划，统一购买。

（2）试剂应从经过资质机构认可的厂家或供应商进行采购。

（3）剧毒试剂及易制毒试剂的采购

①需获得公安机关颁发的毒品采购许可证。

②应在采购之前向相关部门提出申请。

③采购和管理应符合国家相关法规的要求。

(4) 试剂的接收

①试剂接收时，应检查试剂标识完整（应包含品名、来源、批号、生产日期、有效期等相关信息）。

②试剂接收时，应做好试剂接收使用台账。

③对于接收的试剂应按相应的规程，指定唯一的编号，记录在试剂台账上。

4. 化学试剂的贮存

(1) 化学试剂的贮存由专人负责管理，该QC检查员应由具备一定的专业知识，经过专业培训且经考核合格，具有高度责任心的专业技术人员担任，保证化学试剂按规定的要求贮存。

(2) 化学试剂的贮存环境

①实验室化学试剂应单独贮存于专用的化学试剂贮存室内，该室应避光，防止因阳光照射造成的试剂变质失效。

②化学试剂贮存室严禁明火，消防灭火设施器材完备。

③化学试剂贮存室应有恒温、除湿装置，保证随时开启，有良好的耐腐蚀、防暴性能，通风良好。室温一般以15～25℃，相对湿度以50%～75%为宜。

④放化学试剂的贮存柜需用耐火、耐腐蚀的材质制成，防尘、避光，取用方便。

⑤化学性质或防护、灭火方法相抵触的化学危险物品，不得在同一柜或同一贮存室内存放。危险品应贮存于专室或专柜中，除符合上述要求外，还应门窗坚固且朝外开，易燃液体贮藏温度一般不允许超过28℃，照明设施采用隔离、封闭、防爆型。

⑥检验中使用的化学试剂种类繁多，需严格按其性质（剧毒、麻醉、易燃、易爆、易挥发、强腐蚀等）和贮存要求分类存放。

Ⅰ、按液体、固体分类。每一类又按有机、无机、盐基、酸碱、危险品、低温贮存品等再次归类，按序排列，分别码放整齐，造册登记（一般液体试剂码放在下层）。

Ⅱ、易潮解吸湿、易失水风化、易挥发、易吸收二氧化碳、易氧化、易吸水变质的化学试剂，需密塞或蜡封保存。

Ⅲ、见光易变色、分解、氧化的化学试剂需避光保存。

Ⅳ、低沸点试剂用毕应盖好内塞及外盖，放置冰箱贮存。溴、氨水等应放在普通冰箱内。贮于冰箱的试剂用毕立即放回，防止因温度升高而使试剂变质。

Ⅴ、易燃、易爆、腐蚀品的试剂应单独存放，储存于专用铁柜中（壁厚1mm以上)，易燃、易爆试剂不要放在冰箱内。

Ⅵ、相互混合或接触后可以发生剧烈反应、燃烧、爆炸、放出有毒气体的两种或两种以上的化合物称为不相容化合物，不能混放。这种化合物多系强氧化性物质与还原性物质。某些高活性试剂应低温干燥贮存。

Ⅶ、腐蚀性试剂宜放在塑料或沙盘中，以防因瓶子破裂造成事故。

⑦试剂应按定置管理规定依次码放整齐，不要乱放，防止因紊乱而造成不应有的差错。

⑧各种试剂均应包装完好，封口严密，标签完整，内容清晰，贮存条件明确。

⑨发现试剂瓶上标签掉落或将要掉落模糊时，应立即重新贴好标签。试剂的首次开启者，应将试剂的开启日期同时标注于试剂标签上并签名。

⑩试剂应建立台账，记录数量、规格、生产厂家等项目，每月整理一次，盘点结存数和购进数量。新增加试剂时也应及时记录，记录应与实际的品种数量保持一致。每年检查一次各种试剂的结存情况。

⑪化学试剂保管员必须每周检查一次贮存室的温湿度。保持室内的清洁、通风、温湿度适宜，保证所贮试剂的实际贮存条件符合规定要求。若超出规定范围应及时调整。

⑫每月检查一次消防灭火器材的完好状况，保证可随时开启使用。

⑬剧毒品、易制毒化学品应分别锁在专门的毒品柜中，划区或单室存放，按相关规程双人双锁管理应单独建账，专人管理，并有购进、领用及使用记录。实行物料数量平衡管理，确保剧毒或易制毒试剂被用于预定的用途，使用完及时放回存储区域。化验室操作区的橱柜中和操作台上只允许存放少量的试剂，不允许超量存放。

5. 试剂的发放、使用

（1）QC 检查员领取化学试剂时由 QC 主任批准后方可到化学试剂保管员处领取使用。

（2）不了解试剂性质者不得领用。

（3）使用前首先辨明试剂名称、浓度、纯度，是否超过使用期。无瓶签或瓶签字迹不清、超过使用期限的试剂不得使用。

（4）用前观察试剂性状、颜色、透明度，有无沉淀、是否有菌落等。变质试剂不得使用。

（5）移取化学试剂

①一律不得用手直接接触，要用洁净干燥的移器，不能同时移取两种药品。

②倾倒时，标签一侧应朝手心方向，避免腐蚀标签。

③注意勿使其撒落实验台上，如撒落及时清理。

④化学试剂应按规定量取用，取出的药品，不得倒回原瓶，以免带入杂质而引起药品变质。

⑤移取化学试剂后，应立即盖上盖子，以免和其他瓶上的塞子混淆，并放回原处，以避免带入杂质而引起药品变质。

（6）使用时要注意保护瓶签，避免试剂洒在瓶签上。

（7）需冷冻贮藏的试剂使用时勿反复冻溶，否则会加速试剂变质。应按日用量分装冷冻，用多少取多少。

（8）使用试剂应根据先进先出的原则，优先使用效期较近的试剂。

（9）试剂的发放、领取、使用做好相关的记录。

6. 试剂的有效期管理

（1）实验室用的所有试剂、试药，都应有合理的有效期。

（2）采购的试剂、试药，应该遵守厂家规定的有效期。

（3）对于生产厂家未规定有效期的试剂、试药，一般来说，对于化学性质稳定的试药自开启之日起最长有效期不应超过5年。

7. 试剂的报废

按废弃试剂、试液管理规程处理。

8. 配制试液的管理

（1）试液配制应严格按《中国药典》（2015版）要求操作。

（2）试液配制试剂的选用原则（仅作参考）

标定滴定液：选用基准试剂。

制备滴定液：选用分析纯或化学纯试剂（不经标定的，应选用基准试剂）。

制备杂质限度检查用的标准溶液：选用优级纯或分析纯试剂。

制备试液、缓冲液等：选用分析纯或化学纯。

（3）试剂的配制

①配制人员在配制前首先检查所领试剂、试药与该试剂配制规程的一致性，瓶签完好，试剂外观符合要求，在规定的使用期内，方可进行配制。

②试剂的恒重：固体化学试剂在贮存中易吸潮而增加重量，故配制时需恒重，按恒重要求进行操作。

③称重：称重是决定所配试剂准确性的关键步骤，必须准确无误。

④所用操作器具必须洁净、无污渍，最好选用一等容量瓶、一等吸管配制和稀释。

⑤配制试液、指示剂、缓冲液、贮备液等必须用检测合格的纯化水。

⑥配制时，要合理选择试剂的级别，严格按配制方法操作，实验操作应符合规定要求。

⑦按一定使用周期配制试剂，不要多配。原则上配用量以3个月用完为宜。

⑧即时填写配制记录：试剂名称、批号、厂家、称取量、配制量、配制日期、称配人、复核人、有效期、配制试液的编号。

⑨配好后的试剂放在具塞、洁净的适宜容器中。贴好瓶签，注明名称、浓度、配制日期、使用期限、配制者、复核人。

⑩用过的容器、工具按各自的清洁规程清洗，必要时消毒、干燥，贮存

备用。

⑪常规试剂用完后，应及时配制，以备下次使用。

⑫试剂配制量应根据大概需要量配制，以免造成不必要的浪费。

（4）除另有规定外，试液、指示剂、缓冲液、贮备液等有效期均在三个月。

（5）配制试剂的贮存

①配制试剂一般在实验操作室内保存，保存条件略低于化学试剂贮存室，因而其管理尤为重要，除执行化学试剂贮存要求外，应特别注意外观的变化。

②由使用人保管，如出现异常情况不得使用，须重新配制。

③见光易分解的试剂要装于棕色瓶中。

④挥发性试剂其瓶塞要严密，见空气易变质的试剂应用蜡封口。

⑤易侵蚀或腐蚀玻璃的溶液，不能贮存在玻璃瓶内，应用聚乙烯瓶贮存。

⑥易挥发、易分解的溶液必须放在深棕色瓶中置于暗处阴凉的地方保存。

⑦注意室内通风和避免阳光直射。

⑧密封保存，瓶口或瓶盖损坏应及时更换。

⑨有特殊存放要求的试液参见说明。

（6）配制试剂的编号：依据试液配制编号管理规程执行。

（7）使用

①不了解试剂性质者不得使用。

②使用前首先应检查瓶签，查明试剂名称、浓度是否与使用的名称、浓度相符，无瓶签或瓶签字迹不清、超过使用期限的试剂不得使用。试剂外观无异常时，方可使用。

③临用现配的试剂，其使用期限不得超过24h，用完后按有关规定处理，不得保存。

④用前观察试剂性状、颜色、透明度、有无沉淀、长菌等，变质试剂不得使用。

⑤用多少取多少，用剩的试剂不准再倒回原试剂瓶中。

⑥避免污染，液体取出后，应立即盖上盖子。使用完毕后，放回原存放地点。

⑦使用时要保护瓶签，倾倒液体时，有标签的一侧应朝向手心方向，避免腐蚀标签。

⑧超过有效期后不得使用，应重新配制。

⑨防止污染试剂的几点注意事项：吸管：不要插错吸管；勿接触别的试剂；勿触及样品；瓶塞塞心勿与其他物品接触。

（8）注意 不能盖错瓶塞，以免造成污染。瓶口不要开得太久，取液后应立即盖上瓶盖（包括内塞）或塞子，以免灰尘及脏物落入。

试液的报废：按废弃试剂、试液管理规程处理。

实训六　薄层色谱扫描法

一、实训目的

1. 了解并熟悉薄层色谱扫描计的使用操作。
2. 掌握薄层色谱扫描法样品测定方法。
3. 掌握薄层色谱扫描法样品测定中注意事项。

二、实训范围

本规程适用于薄层色谱扫描法的检验。

三、实训职责

化验员、实验室主任。

四、实训内容

制定依据：《中国药品检验标准操作规范》（2015 版）和《中国药典》（2015 版）二部附录。

1. 仪器及性能要求

（1）仪器及部件　由光源、单色器、薄层板台、检测器、工作站组成。

（2）光源　常用钨灯、氘灯，此外还有汞灯、氙灯。

（3）单色器　用来提供一定波长的单色光，采用光栅为其色散原件。

（4）薄层板台　用于固定薄层板，在扫描时，可横纵向移动，以完成对整块薄层板的扫描。

（5）检测器　多采用光电倍增管。

（6）工作站　设定参数，接收、存储扫描结果，进行积分和计数。

2. 仪器检定

（1）波长准确度　选取汞灯，在 200 ~ 700nm 波长范围内，以荧光方式对空白硅胶 G 薄层板扫描吸收图谱，图谱中峰位波长与汞灯谱线中相应波长的差即为波长准确度。

日常工作中波长准确度检定：在硅胶 G 板上点样 10μL 浓度约为 10mg/mL 的磷酸氯喹水溶液，在 220 ~ 360nm 处用氘灯反射方式对样品扫描，图谱在（257 ± 10）nm 和（343 ± 10）nm 处应有最大吸收。

（2）重复性测定　对薄层板上同一斑点重复多次扫描，计算结果的标准偏差，锯齿扫描应≤1.5%，线性扫描应≤2.0%。

取脱水穿心莲内酯对照品适量，加无水乙醇制成每 1mL 含 1mg 的溶液，在

硅胶 GF_{254} 上点样 1μL，三氯甲烷 - 乙酸乙酯 - 甲醇（4∶3∶0.4）为展开剂，展开，取出晾干。在波长 263nm、370nm 按双波长色谱扫描法，连续扫描 10 次，以峰面积积分值计算相对标准偏差。

3. 样品测定操作

（1）按各品种项下的规定，制备供试品液和对照品液，取样不少于 2 份，平行操作。

（2）薄层色谱操作（薄层板的制作）　按薄层色谱法标准操作规范操作。

（3）样品的测定　按各品种项下具体规定，依不同仪器特点及使用说明，选择正确的仪器参数进行扫描。

（4）系统使用性试验

检测灵敏度：用于限量检测，被测成分被检出的最低量。采用对照品液及稀释若干倍的对照品液，在规定的色谱条件下，在同一薄层板上点样、展开、检视，后者能显清晰斑点的点样量。

分离度：用于鉴别时，对照品液与供试品液色谱中主斑点，均应显示两个清晰分离的斑点。

用于限量或含量检查时，定量峰与相邻峰之间有良好的分离度（应大于 1.0）。

重复性：指同一薄层板上，同一供试品液相同浓度的数个斑点，扫描结果的偏差。

同一薄层板上平行点样的待测成分斑点（不少于 4 个点）的峰面积：测量值的相对标准偏差不大于 3.0%；若显色扫描，其测量值的相对标准偏差不大于 5.0%。

（5）薄层色谱扫描含量测定　供试品液与对照品液应交叉点于同一薄层板上，每份供试品液点样不得少于 2 个，对照品液每一浓度不少于 2 个。其计算结果的相对平均标准偏差不大于 5%。

4. 注意事项

（1）薄层色谱扫描法含量测定应使用市售薄层板。

（2）在实验过程中，应注意点样、展开等操作的规范性。

（3）扫描时，应沿展开方向自下而上进行扫描，不得横向扫描。

（4）在实验中，为便于测定，可调整供试品液及对照品液的点样量。

（5）采用外标一点测定法时，供试品斑点与对照品斑点的峰面积值最好相近；采用外标两点法测定时，供试品斑点的峰面积最好在两对照品斑点的峰面积之间。

（6）薄层色谱扫描法测定记录中，应包含薄层色谱扫描图、峰面积积分值、工作曲线相关系数及测定结果计算等。

实训七　气相色谱法

一、实训目的

1. 了解并熟悉气相色谱仪的使用操作。
2. 掌握气相色谱法样品测定方法。
3. 掌握气相色谱法样品测定注意事项。

二、实训范围

本规程适用于气相色谱法的检验。

三、实训职责

化验员、实验室主任。

四、实训内容

制定依据：《中国药品检验标准操作规范》（2015 版）和《中国药典》（2015 版）二部附录。

1. 仪器及性能

（1）仪器及部件　由载气源、进样系统、色谱柱、柱温箱、检测器和数据处理系统组成。

（2）载气源　气相色谱法的流动相为气体，称为载气。氦、氮和氢可用作载气，可由高压钢瓶或高纯度气体发生器提供，经过适当的减压装置，以一定的流速经过进样器和色谱柱；根据供试品的性质和检测器种类选择载气，除另有规定外，常用载气为氮气。

（3）进样系统　包括样品引入装置和气化室。

①进样口、进样方式及进样技术

Ⅰ、进样口

填充柱进样口：是最常用的、最简单、最容易操作的进样口，该进样口作用就是提供一个样品气化室，所有气化的样品均被载气带入色谱柱进行分离。

分流/不分流进样口：是常用的毛细管柱进样口。分流进样的适用范围宽，为毛细管气相色谱的首选进样方式。

Ⅱ、进样方式

冷柱上进样：将样品直接注入处于室温或更低温度下的色谱柱内，再逐步升高温度，使样品组分依次汽化通过色谱柱进行分离。此方式适用于分析热不稳定化合物。

程序升温汽化（PTV）进样：将液体或气体样品注射入处于低温的进样口衬管内，然后按设定程序升高进样口温度。

溶液直接进样：采用微量注射器、微量进样阀或有分流装置的气化室进样；采用溶液直接进样或自动进样时，进样口温度应高于柱温30～50℃；进样量一般不超过数微升；柱径越细，进样量应越少，采用毛细管柱时，一般应分流以免过载。

Ⅲ、进样技术

顶空进样：适用于固体和液体供试品中挥发性组分的分离和测定。顶空进样常采用自动进样方式进行。根据取样和进样的方式不同又分为静态顶空和动态顶空。

静态顶空：将固态或液态的供试品制成供试品液后，密封在一个容器中（平衡瓶），在恒温控制的加热室中加热使供试品中挥发性组分在液态和气态达至平衡后，由进样器自动吸取一定体积的气相部分注入色谱柱中。药物中残留有机溶剂分析常采用此种方法。

动态顶空：利用流动气体，将样品中的挥发性成分“吹扫出来”，再用一个捕集器将吹扫出来的物质吸附下来，经热解吸附将样品送入气相色谱进行分析。此法在环境分析中应用较多。

②热裂解技术：将待测样品置于裂解装置内，在一定条件下，加热使之迅速裂解成可挥发的小分子产物，然后将裂解产物转移到色谱柱进行直接分离分析。

③气化室：基本要求是，衬管容积至少等于样品中溶剂气化后的体积。

④进样密封硅橡胶垫、密封圈：应先加热老化，并注意经常更换。

⑤色谱柱：色谱柱为填充柱或毛细管柱。新填充柱和毛细管柱在使用前需老化以除去残留溶剂及低分子质量的聚合物，色谱柱如长期未用，使用前应老化处理，使基线稳定。

（4）柱温箱　柱温箱温度的波动会影响色谱分析结果的重现性，因此柱温箱控温精度应在±1℃，且温度波动小于每小时0.1℃。温度控制系统分为恒温和程序升温两种。

（5）检测器　气相色谱法的检测器有火焰离子化检测器（FID）、热导检测器（TCD）、氮磷检测器（NPD）、火焰光度检测器（FPD）、电子捕获检测器（ECD）、质谱检测器（MS）等。

火焰离子化检测器对碳氢化合物响应良好，适合检测大多数的药物。

氮磷检测器对含氮、磷元素的化合物灵敏度高。

火焰光度检测器对含磷、硫元素的化合物灵敏度高。

电子捕获检测器适于含卤素的化合物。

质谱检测器还能给出供试品某个成分相应的结构信息，可用于结构确证。

除另有规定外，一般用火焰离子化检测器，用氢气作为燃气，空气作为助燃气。在使用火焰离子化检测器时，检测器温度一般应高于柱温，并不得低于150℃，以免水汽凝结，通常为250~350℃。

(6) 数据处理系统　可分为记录仪、积分仪以及计算机工作站等。

各品种项下规定的色谱条件，除检测器种类、固定液品种及特殊指定的色谱柱材料不得改变外，其余如色谱柱内径、长度、载体牌号、粒度、固定液涂布浓度、载气流速、柱温、进样量、检测器的灵敏度等，均可适当改变，以适应具体品种并符合系统适用性试验的要求。一般色谱图约于30min内记录完毕。

2. 样品的测定

(1) 仪器系统适用性试验　应符合各品种质量标准项下的要求，具体操作可以参照“高效液相色谱法”相关项下的操作。

(2) 供试品及对照品溶液的配制　精密称取供试品和对照品各2份，按各品种项下的规定方法，准确配制供试品溶液和对照品溶液，按规定用内标法或外标法进行测定。

(3) 预试验　初次测定该品种时，可先进行预试验以确定仪器参数，根据预试验情况，可适当调节柱温、载气流速、进样量、进样口和检测器温度等，使色谱峰的保留时间、分离度、峰面积或峰高的测量能符合要求。

(4) 正式测定　正式测定时，每份校正因子测定溶液（或对照品溶液）各进样2次，2份共4个校正因子响应值的平均标准偏差不得大于2.0%。多份供试品测定时，每隔5批应再进对照品2次，核对一下仪器有无改变。

(5) 样品测定法　内标法、外标法、面积归一化法，其操作同高效液相色谱法操作。

标准溶液加入法：精密称（量）取某个杂质或待测成分对照品适量，配制成适当浓度的对照品溶液，取一定量，精密加入到供试品溶液中，根据外标法或内标法测定杂质或主成分含量，再扣除加入的对照品溶液含量，即得供试品溶液中某个杂质和主成分含量。

3. 注意事项

(1) 由于气相色谱法的进样量一般仅数微升，为减小进样误差，当采用手工进样时，由于留针时间和室温等对进样量也有影响，故以采用内标法定量为宜。

(2) 当采用自动进样器时，由于进样重复性的提高，在保证分析误差的前提下，可采用外标法定量。

(3) 当采用顶空进样时，由于供试品和对照品处于不完全相同的基质中，故可采用标准溶液加入法以消除基质效应的影响；当标准溶液加入法与其他定量方法结果不一致时，应以标准加入法结果为准。

(4) 新填充柱和毛细管柱在使用前需老化以除去残留溶剂及低分子质量的

聚合物，色谱柱如长期未用，使用前应老化处理，使基线稳定。

4. 定量重复性检定

（1）色谱条件及系统适用性实验 色谱柱：填充柱5% OV－101为80～100目白色硅烷化载体（或其他能分离的固定液和载体），长1m；载气：N_2；载气流速：50mL/min；燃气：H_2；助燃气：空气；柱箱温度：160℃左右；气化室温度：230℃左右；检测室温度：230℃左右。

（2）测定法 使仪器处于最佳运行状态，待基线稳定后，用微量注射器注入1～2μL，浓度为100ng/μL或1000ng/μL的正十六烷－异辛烷溶液，连续进样6次，记录十六烷基峰面积。

（3）结果计算 定量重复性以溶质峰面积测量的相对标准偏差RSD表示，依下式计算：

$$\mathrm{RSD}=\sqrt{\frac{\sum_{i=1}^{n}(x_i-\bar{x})^2}{n-1}}\times\frac{1}{\bar{x}}\times 100\%$$

式中 RSD——相对标准偏差，%

n——测量次数

x_i——第 i 次测量的峰面积

$\bar{x}$——n 次进样的峰面积算术平均值

i——进样序号

5. 仪器基本操作法

（1）检查仪器的电源开关，均应处在“关”的位置。

（2）选取合适的色谱柱，将色谱柱两端的盲堵取下，套好石墨密封圈及固定螺母，拧紧螺母以不漏气为合适。换下的色谱柱，堵上盲堵保存。

（3）开启载气瓶的总阀门，调节减压阀至规定压力。用检漏液检查色谱柱连接处是否漏气，如有漏气，应检查色谱柱两端的石墨密封圈或再略加紧固定螺母。

（4）打开各部分仪器的电源开关，打开色谱工作站，设定进样口（气化室）、柱温箱、检测器温度和载气流量等色谱参数，开始加热。

（5）各项色谱参数恒定后，开启氢气钢瓶总阀、空气压缩机总阀，操作同载气操作。

（6）按下点火按钮，应有“噗”的点火声，用玻璃片置FID检测器气体出口处，检视玻璃片上应有水雾，表示已点着火，同时工作站应有相应信号（有些仪器，在检测器温度达到一定温度后，自动点火，但也要用玻璃片进行点火测试，以确定点火成功）。

（7）调节仪器放大器等走基线，待基线稳定达到可接受范围内，准备进样。

（8）进样 选用合适的注射器：常用10μL微量注射器，若进样量在1μL以下，应采用5μL或1μL微量注射器。同时注意，避免针尖内有气泡。

注射样品：所用时间及注射器在气化室停留时间要短，每次注射样品的过程要保持一致。

避免样品之间的干扰：在进不同样品时，注意洗针至少3次，消除不同样品之间的干扰。

（9）进样完毕后，待各组分流出后，先关闭氢气和空气，再进行降温操作，将进样口、柱温箱、检测器及顶空进样器的温度均设为40℃或以下。待各组件温度下降到40℃以下时，依次关闭载气、工作站、色谱仪，如要取下色谱柱，则取下色谱柱后，应将柱两端用盲堵堵上，放在盒内，妥善保存。

（10）填写仪器使用记录、检验记录。

实训八　高效液相色谱法

一、实训目的

1. 了解并熟悉高效液相色谱仪的使用操作。
2. 掌握高效液相色谱法样品测定方法。
3. 掌握高效液相色谱法样品测定中注意事项。

二、实训范围

本规程适用于高效液相色谱法的检验。

三、实训职责

化验员、实验室主任。

四、实训内容

制定依据：《中国药品检验标准操作规范》（2015版）和《中国药典》（2015版）二部附录。

1. 工作原理

高效液相色谱法系采用高压输液泵将规定的流动相泵入装有填充剂的色谱柱，对供试品进行分离测定的色谱方法。注入的供试品，由流动相带入柱内，各组分在柱内被分离，并依次进入检测器，由积分仪或数据处理系统记录和处理色谱信号。

2. 仪器部件

输液泵、检测器、色谱柱、进样器、高压双泵液相色谱仪还另有高压混合装置、色谱数据处理系统。

3. 对仪器的一般要求

仪器应定期检定并符合有关规定。

（1）色谱柱　常用的色谱柱填充剂为化学键合硅胶，以十八烷基硅烷键合硅胶最为常用，辛基硅烷键合硅胶和其他类型的硅烷键合硅胶也有使用。正相色谱系统使用极性填充剂，常用的填充剂有硅胶等。

填充剂的性能以及色谱柱的填充，直接影响供试品的保留行为和分离效果。

分析相对分子质量小于2000的化合物应选择孔径在15nm以下的填料。

分析相对分子质量大于2000的化合物则应选择孔径在30nm以上的填料。

除另有规定外，普通分析柱的填充柱粒径一般在3～10μm。

粒径更小（约2μm）的填充柱常用于填装微径柱（内径约2mm）。

以硅胶为载体的键合固定相的使用温度通常不超过40℃，为改善分离效果可适当提高色谱柱的使用温度，但不可超过60℃。

（2）检测器　最常用的检测器为紫外检测器，包括二极管阵列检测器，其他常见的检测器有荧光检测器、蒸发光散射检测器、示差折光检测器、电化学检测器和质谱检测器等。

紫外、荧光、电化学检测器为选择性检测器，其响应值不仅与供试品溶液的浓度有关，还与化合物的结构有关。

蒸发光散射检测器和示差折光检测器为通用型检测器，对所有的化合物均有响应；蒸发光散射检测器对结构类似的化合物，其响应值几乎仅与供试品的质量有关；

二极管阵列检测器可以同时记录供试品的吸收光谱，故可用于供试品的光谱鉴定和色谱峰的纯度检查。

（3）流动相　反相色谱系统的流动相，首选甲醇－水系统（采用紫外末端波长检测时，首选乙腈－水系统），如经试用不适合时，再选用其他溶剂系统。

应少用含缓冲液的流动相，必须用时，尽可能选含较低浓度缓冲液的流动相。

十八烷基硅烷键合硅胶为固定相的反相色谱系统，有机溶剂在流动相中应不低于5%。

调整流动相组分比例时：以组分比例较低者（小于或等于50%）相对于自身的改变量不超过±30%且相对于总量的改变量不超过±10%为限，如30%相对改变量的数值超过总量的10%时，则改变量以总量的±10%为限。

流动相的pH应控制在2～8。当pH大于8时，应选用耐碱的填充剂；使用pH小于2的流动相时，应选用耐酸的填充剂。

各品种项下规定的条件除固定相种类、流动相组分、检测器类型不得改变外，其余如色谱柱内径、长度、载体粒度、流动相流速、混合流动相各组成比例、柱温、进样量、检测器的灵敏度等，均可适当改变，以适应供试品并达到系统适用性试验的要求。

4. 操作前的准备

(1) 流动相的制备　用高纯度的试剂配制流动相，必要时照紫外分光光度法进行溶剂检查，应符合要求。

水应为新鲜制备的高纯水，可用超级纯水器制得或用重蒸馏水。

凡规定 pH 的流动相，应使用精密 pH 计进行调节。配制好的流动相应通过适宜的 0.45μm 滤膜滤过。

流动相使用前应脱气，应配制足量的流动相备用。

(2) 供试品液、对照品液的配制　按各品种项下的规定，精密称定供试品、对照品，配制成供试品液、对照品液。

定量测定时，对照品液和供试品液均应分别配制 2 份。

对照品液和供试品液，在注入色谱仪前，一般应经适宜的 0.45μm 滤膜滤过。必要时，在配制供试品液前，样品需经预净化，以免对色谱系统产生污染或影响色谱分离。

(3) 检查　检查上次使用记录和仪器状态，检查色谱柱是否适用于本次实验。

色谱柱进出口位置是否与流动相的流向一致。

原保存溶剂与现用流动相能否互溶，流动相的 pH 与该色谱柱是否相适用。

仪器是否完好，仪器的各开关位置是否处于关断的位置。

5. 系统适用性试验

通常包括理论板数、分离度、重复性和拖尾因子等四个参数。以分离度和重复性尤为重要。

按各品种项下的要求对色谱系统进行适用性试验，即用规定的对照品溶液或系统适用性试验溶液在规定的色谱系统进行试验，必要时，可对色谱系统进行适当的调整，应符合要求。

(1) 色谱柱的理论板数 (n) 用于评价色谱柱的效能。由于不同物质在同一色谱柱上的色谱行为不同，采用理论板数作为衡量柱效能的指标时，应指明测定物质，一般为待测组分或内标物质的理论板数。

在规定的色谱条件下，注入供试品溶液或各品种项下规定的内标物质溶液，记录色谱图。

量出供试品主成分峰或内标物质峰的保留时间 t_R 和峰宽 (W) 或半高峰宽 ($W_{h/2}$)。

按 $n=16\ (t_R/W)^2$ 或 $n=5.54\ (t_R/W_{h/2})^2$ 计算色谱柱的理论板数。

(2) 分离度 (R)　用于评价待测组分与相邻共存物或难分离物质之间的分离程度，是衡量色谱系统效能的关键指标。

可将供试品或对照品用适当的方法降解，通过测定待测组分与某一降解产物的分离度，对色谱系统进行评价与控制。

无论是定性鉴别还是定量分析，均要求待测峰与其他峰、待测峰与内标峰或特定的杂质对照峰之间有较好的分离度。

除另有规定外，待测组分与相邻共存物之间的分离度应大于1.5。

分离度的计算公式为：

$$R = \frac{2(t_{R_2} - t_{R_1})}{W_1 + W_2} \text{ 或 } R = \frac{2(t_{R_2} - t_{R_1})}{1.70(W_{1,h/2} + W_{2,h/2})}$$

式中　t_{R_2}——相邻两峰中后一峰的保留时间

t_{R_1}——相邻两峰中前一峰的保留时间

W_1、W_2及$W_{1,h/2}$、$W_{2,h/2}$——分别为此相邻两峰的峰宽及半高峰宽

当对测定结果有异议时，色谱柱的理论板数和分离度均以峰宽（W）的计算结果为准。

（3）重复性　用于评价连续进样中，色谱系统响应值的重复性能。

外标法，通常取各品种项下的对照品溶液，连续进样5次，除另有规定外，其峰面积测量值的相对标准偏差应不大于2.0%。

内标法，通常配制相当于80%、100%和120%的对照品溶液，加入规定量的内标溶液，配成3种不同浓度的溶液，分别至少进样2次，计算平均校正因子。其相对标准偏差应不大于2.0%。

（4）拖尾因子（T）　用于评价色谱峰的对称性。

为保证分离效果和测量精度，应检查待测峰的拖尾因子是否符合各品种项下的规定。拖尾因子计算公式为：

$$T = W_{0.05h}/2d_1$$

式中　$W_{0.05h}$——5%峰高处的峰宽

d_1——5%峰高出峰顶点至峰前沿之间的距离

除另有规定外，峰高法定量时T应在0.95~1.05。

峰面积法测定时，若拖尾严重，将影响峰面积的准确测量。必要时，应在各品种项下对拖尾因子做出规定。

6. 样品测定法

（1）内标法　按各品种项下的规定，精密称（量）取对照品和内标物质，分别配成溶液，精密量取各适量、混合配成校正因子测定用的对照品溶液。

取一定量注入仪器，记录色谱图，测量对照品和内标物质的峰面积或峰高，按下式计算校正因子：

$$\text{校正因子}(f) = (A_S/C_S)/(A_R/C_R)$$

式中　A_S——内标物质的峰面积或峰高

A_R——对照品的峰面积或峰高

C_S——内标物质溶液的浓度

C_R——对照品溶液的浓度

再取各品种项下含有内标物质的供试品溶液，注入仪器，记录色谱图，测量供试品中待测成分和内标物质的峰面积或峰高。按下式计算含量：

$$含量（C_X） = f \times A_X /（A'_S / C_S）$$

式中　A_X——供试品的峰面积或峰高

C_X——供试品的浓度

A'_S——内标物质的峰面积或峰高

C_S——内标物质溶液的浓度

f——校正因子

采用内标法，可避免因样品前处理及进样体积误差对测定结果的影响。

（2）外标法　按各品种项下的规定，精密称（量）取对照品和供试品，配制成溶液。

分别精密取一定量对照品液及供试品液，注入仪器，记录色谱图，测量对照品溶液和供试品溶液中待测成分的峰面积（或峰高），按下式计算含量：

$$含量（C_X） = C_R \times A_X / A_R$$

式中　A_X——供试品的峰面积或峰高

C_X——供试品的浓度

A_R——对照品的峰面积或峰高

C_R——对照品液的浓度

（3）加校正因子的主成分自身对照法

测定杂质校正因子：按各品种项下的规定精密称（量）取杂质对照品和待测成分对照品各适量，配制测定杂质校正因子的溶液，进样，记录色谱图，按上述6（1）计算杂质的校正因子。

测定杂质含量：按各品种项下规定的杂质限度，将供试品溶液稀释成与杂质限度相当的溶液作为对照品溶液，进样。

调节检测灵敏度（以噪声水平可接受为限）或进样量（以柱子不过载为限），使对照品溶液的主成分色谱峰的峰高约达满量程的10%～25%或其峰面积能准确积分。

取供试品溶液和对照品溶液适量，分别进样，供试品溶液的记录时间，除另有规定外应为主成分色谱峰保留时间的2倍。

测量供试品溶液色谱图上各杂质的峰面积，分别乘以相应的校正因子后与对照品溶液主成分的峰面积比较，依法计算各杂质含量。

注：通常含量低于0.5%的杂质，峰面积的相对标准偏差（RSD）应小于10%。含量在0.5%～2%的杂质，峰面积的RSD应小于5%。含量大于2%的杂质，峰面积的RSD应小于2%。

（4）不加校正因子的主成分自身对照法　同上述方法配制对照品溶液并调

节检测灵敏度后，取供试品溶液和对照品溶液适量，分别进样，前者的记录时间，除另有规定外，应为主成分色谱峰保留时间的2倍，测量供试品溶液色谱图上各杂质的峰面积并与对照品溶液主成分的峰面积比较，计算杂质含量。

若供试品所含的部分杂质未与溶剂峰完全分离，则按规定先记录供试品溶液的色谱图I，再记录等体积纯溶剂的色谱图II。色谱图I上杂质峰的总面积（包括溶剂峰），减去色谱图II上的溶剂峰面积，即为总杂质峰的校正面积，然后依法计算。

实训九 原子吸收分光光度法

一、实训目的

1. 了解并熟悉原子吸收分光光度计的使用操作。
2. 掌握原子吸收分光光度法样品测定方法。
3. 掌握原子吸收分光光度法样品测定注意事项。

二、实训范围

本规程适用于原子吸收分光光度法的检验。

三、实训职责

化验员、实验室主任。

四、实训内容

制定依据：《中国药品检验标准操作规范》（2015版）和《中国药典》（2015版）二部附录。

原子吸收分光光度法的测量对象是呈原子状态的金属元素和部分非金属元素，系由待测元素灯发出的特征谱线通过供试品经原子化产生的原子蒸气时，被蒸气中待测元素的基态原子所吸收，通过测定辐射光强度减弱的程度，求出供试品中待测元素的含量。原子吸收分光光度法遵循分光光度法的吸收规律，一般通过比较对照品溶液和供试品溶液的吸光度，求得供试品中待测元素的含量。

1. 对仪器的一般要求

所用仪器为原子吸收分光光度计，由光源、原子化器、单色器和检测系统等组成，另有背景校正系统 、自动进样系统等。

（1）光源　常用待测元素作为阴极的空心阴极灯。

（2）原子化器　主要有四种类型：火焰型原子化器、石墨炉原子化器、氢化物发生原子化器及冷蒸气发生原子化器。

①火焰型原子化器：由雾化器及燃烧灯头等主要部件组成。其功能是将供试品溶液雾化成气溶胶后，再与燃气混合，进入燃烧灯头产生的火焰中，以干燥、蒸发、离解供试品，使待测元素形成基态原子。燃烧火焰由不同种类的气体混合物产生，常用乙炔－空气火焰。改变燃气和助燃气的种类及比例可以控制火焰的温度，以获得较好的火焰稳定性和测定灵敏度。

②石墨炉原子化器：由电热石墨炉和电源等部件组成。其功能是将供试品溶液干燥、灰化，再经高温原子化使待测元素形成基态原子。一般以石墨作为发热体，炉中通入保护气，以防氧化并能输送试样蒸气。

③氢化物发生原子化器：由氢化物发生器和原子吸收池组成，可用于砷、锗、铅、镉、硒、锡、锑等元素的测定。其功能是将待测元素在酸性介质中还原成低沸点、易受热分解的氢化物，再由载气导入由石英管、加热器等组成的原子吸收池，在吸收池中氢化物被加热分解，并形成基态原子。

④冷蒸气发生原子化器：由汞蒸气发生器和原子吸收池组成，专门用于汞的测定。其功能是将供试品溶液中的汞离子还原成游离汞，再由载气将汞蒸气导入石英原子吸收池，进行测定。

（3）单色器　其功能是从光源发射的电磁辐射中分离出所需要的电磁辐射，仪器光路应能保证有良好的光谱分辨率和在相当窄的光谱带（0.2nm）下正常工作的能力，波长范围一般为190.0～900.0nm。

（4）检测系统　由检测器、信号处理器和指示记录器组成，应具有较高的灵敏度和较好的稳定性，并能及时跟踪吸收信号的急速变化。

（5）背景校正系统　背景干扰是原子吸收测定中的常见现象。背景吸收通常来源于样品中的共存组分及其在原子化过程中形成的次生分子或原子的热发射、光吸收和光散射等。这些干扰在仪器设计时应设法予以克服。常用的背景校正法有连续光源（在紫外区通常用氘灯）、塞曼效应、自吸效应等。

在原子吸收分光光度分析中，必须注意背景以及其他原因引起的对测定的干扰。仪器某些工作条件（如波长、狭缝、原子化条件等）的变化可影响灵敏度、稳定程度和干扰情况。在火焰法原子吸收测定中可采用选择适宜的测定谱线和狭缝、改变火焰温度、加入络合剂或释放剂、采用标准加入法等方法消除干扰；在石墨炉原子吸收测定中可采用选择适宜的背景校正系统、加入适宜的基体改进剂等方法消除干扰。具体方法应按各品种项下的规定选用。

2. 原子吸收分光光度法测定操作注意事项

（1）标准溶液及供试品液

供试品液：取样应有代表性。标准样品组成应与被测样品接近。样品应按其标准规定进行处理，一般都要处理成溶液后进行分析。供试品溶液浓度过大，可适当降低仪器灵敏度或改用该元素的次要谱线。

标准品液：

浓度大于1000μg/mL，可作为贮备液，存于耐腐蚀的塑料瓶中。

浓度低于10μg/mL的标准液，注意稀释过程中，勿受到污染。

浓度低于1μg/mL的标准液，应临用现配，不宜贮存。

（2）实验室　室内应保持空气洁净、少灰尘，仪器燃烧器上方应有符合要求的排气罩。水源充足、压力恒定，电压稳定，具备各种安全防护措施。

（3）常见的污染对实验耗材的要求

水：使用去离子水或超纯水。贮存水的容器一般用聚乙烯塑料材料制成。

试剂：采用高纯试剂。

容量器皿如烧杯、容量瓶、移液管、进样器等尽量使用塑料制品。器皿的清洗不易使用含铬离子的清洗液，多以硝酸或硝酸－盐酸的混合液清洗后再用去离子水清洗。

（4）仪器　测定时，根据标准要求及实验情况，对仪器的参数进行调节。以降低仪器设定参数对灵敏度、检出限、分析精度的影响。

3. 样品测定法

（1）第一法（标准曲线法）

①标准溶液、供试品液的制备

标准贮备液：用该元素的基准化合物或纯金属按规定方法配制标准贮备液，或直接采购。

标准工作液：将标准贮备液用空白溶液稀释成标准工作液。

系列标准溶液：按测定方法的操作程序，配制一组合适的系列标准溶液。

含待测元素的标准溶液：在仪器推荐的浓度范围内，制备浓度依次递增，至少3份含待测元素的标准溶液，并分别加入各品种项下制备供试品溶液的相应试剂。

供试品溶液：按各品种项下规定，制备供试品溶液。注意使待测供试品液的估计浓度在标准曲线浓度范围内。

②标准曲线制备：将仪器启动，将空白对照品溶液喷入火焰，调读数为零。

将最浓标准溶液喷入火焰，调节仪器至近满量程的读数，依次喷入每一标准溶液，读数。每喷完1份溶液后，均用空白溶液喷入火焰充分冲洗灯头并调零。

以每一浓度3次吸光度读数的平均值为纵坐标、相应浓度为横坐标，绘制标准曲线。

③供试品溶液的测定：按标准曲线制备操作，将供试品溶液喷入火焰，取3次读数的平均值。

从标准曲线上查得相应浓度，计算元素的含量。

（2）第二法（标准加入法）　取同体积，按各品种项下规定制备的供试品溶液4份，分别置4个同体积的量瓶中。

除1号量瓶外，其他三份量瓶分别精密加入不同浓度的待测元素对照品溶液，分别用去离子水稀释至刻度，制成从零开始递增的一系列溶液。

按上述标准曲线法操作，测定吸光度，记录读数；将吸光度读数与相应的待测元素加入量作图，延长此直线至与含量轴的延长线相交，此交点与原点间的距离即相当于供试品溶液取用量中待测元素的含量。再以此计算供试品溶液中待测元素的含量。此法仅适用于第一法标准曲线呈线性并通过原点的情况。

实训十　红外分光光度法

一、实训目的

1. 了解并熟悉红外分光光度计的使用操作。
2. 掌握红外分光光度法样品测定方法。
3. 掌握红外分光光度法样品测定中注意事项。

二、实训范围

本通则规程适用于红外分光光度法操作。

三、实训职责

化验员、实验室主任。

四、实训内容

1. 仪器的检定

按仪器使用说明书要求设定参数，以常用速度扫描，记录用聚苯乙烯薄膜（厚度约为50μm）红外光谱。

（1）波数准确度　傅立叶变换红外光谱仪在3000cm^{-1}附近的波数误差应不大于±5cm^{-1}，在1000cm^{-1}附近的波数误差应不大于±1cm^{-1}。将上述扫描测得光谱与《药品红外光谱集》所附聚苯乙烯图谱比较，计算波数的准确度（聚苯乙烯常用吸收谱带的波数值3027.1cm^{-1}、2850.7cm^{-1}、1944.0cm^{-1}、1801.6 cm^{-1}、1601.4cm^{-1}，1583.1cm^{-1}、1154.3cm^{-1}、1028.0cm^{-1}、906.7cm^{-1}）。

（2）波数重现性　用波数准确度检定所用的同一张聚苯乙烯薄膜进行反复重叠扫描（一般3~5次），从扫描得到的光谱测定波数的重现性，其测得各吸收峰的重现性应符合国家技术监督局要求。

（3）分辨率　用聚苯乙烯薄膜校正，傅立叶变换红外光谱仪设置2cm^{-1}分辨率和适宜扫描次数，记录光谱图。在3110~2850cm^{-1}范围内应能清晰地分辨出7个峰，峰2851cm^{-1}与谷2870cm^{-1}之间的分辨深度不小于18%透光率，峰

$1583cm^{-1}$与谷$1589cm^{-1}$之间的分辨深度不小于12%透光率。

2. 测定要求及注意事项

（1）环境　红外实验室应控制温度在15～30℃，相对湿度小于65%，适当通风，避免积累过量的二氧化碳及有机溶剂。供电电压应符合仪器说明书的要求。常见的外界干扰因素：大气吸收；二氧化碳$2350cm^{-1}$、$667cm^{-1}$；水汽$3900\sim3300cm^{-1}$、$1800\sim1500cm^{-1}$。

（2）仪器

背景补偿或空白校正：记录供试品光谱时，双光束仪器参比光路中，置相应空白对照物；单光束仪器，先进行空白背景扫描，扫描供试品后，扣除背景吸收，即得供试品光谱。

扫描速度：测定供试品时，扫描速度应与波长校正条件一致。

压片模具及液体吸收池等仪器附件，使用后应及时清洁干净，保存在干燥器中。

（3）压片法　溴化钾，应预先研细，过200目筛，120℃干燥4 h后分装、置干燥器中保存备用。若溴化钾结块，则须重新干燥。压片的厚度，一般在0.5mm以下。

（4）供试品　供试品粒度，研磨适度，以2～5μm为宜。供试品纯度，提取处理后待测成品的纯度在90%～95%范围，即能基本满足制剂红外鉴别要求。

（5）光谱图

建立自己的光谱图库：不同仪器峰的强弱及间峰波数会有微小的差别。

波数的偏差：低于$1000cm^{-1}$波数的偏差不超过0.5%，其他波数偏差不超过$\pm10cm^{-1}$。

整体性：从整体上比较谱带最大吸收的位置、强度、形状与标准图谱的一致性。

3. 红外光谱测定制样操作方法

（1）压片法　取供试品1～1.5mg，置玛瑙研钵中，加入干燥溴化钾（与供试品比约200∶1），充分研磨混匀，置直径为13mm的压片模具内，铺展均匀，抽真空约2min加压（800～1000MPa），保持压力2min，去掉压力，放气后取出制成的供试品片，目检，供试品片应呈透明状，样品分布均匀，无明显的颗粒状。

（2）糊法　取供试品约5mg，置玛瑙研钵中研细，滴加少量液体石蜡或其他糊剂，研成均匀糊状物，取适量糊状物夹于两个窗片之间作为供试品片；或取适量糊状物夹于空白溴化钾片（每片约150mg）之间，作为供试品片，另取溴化钾300mg制成空白片作为补偿。

（3）膜法　按糊法的方法，将可成薄膜的液体供试品铺展于适宜的盐片中，使供试品形成薄膜后测定。

(4) 溶液法　取适宜溶液将供试品制成1% ~10% 浓度的溶液，灌入适宜厚度的液体池中测定。

(5) 气体吸收池法　常将气体吸收池抽空，以6.65kPa 压力的供试品测定，或用注射器向气体池内注入适量供试品，待供试品完全气化后测定。

4. 供试品的制备及测定

除另有规定外，应按照国家药典委员会编订的《药品红外光谱集》各卷收载的各光谱图所规定的方法制备样品。具体操作技术参见《药品红外光谱集》的说明。

(1) 原料药鉴别　采用固体制样技术时，因固体供试品的晶型不同，其红外光谱往往也会产生差异。

当供试品的实测光谱与《药品红外光谱集》所收载的标准光谱不一致时，在排除各种可能影响光谱的外在或人为因素后，应按该药品光谱图中备注的方法或各品种项下规定的方法进行预处理，再绘制光谱比对。

如未规定该品种供药用的晶型或预处理方法，则可使用对照品，并采用适当的溶剂对供试品与对照品在相同的条件下同时进行重结晶，然后依法绘制光谱比对。

如已规定特定的药用晶型，则应采用相应晶型的对照品依法比对。

当采用固体制样技术不能满足鉴别需要时，可改用溶液法绘制光谱后比对。

(2) 制剂鉴别

不加辅料的制剂：可直接取内容物制成供试品片测定，绘制光谱图进行鉴别。

单方制剂：依制剂的不同剂型特点，选择不同的分离提取方法，取干燥后的供试品提取物绘制光谱图进行鉴别。

复方制剂：处理比较复杂，一般要先经前处理、提取、重结晶纯化方法后，取干燥后的供试品提取物绘制光谱图进行鉴别。

5. 图谱对比

(1) 辅料无干扰、供试品成分的晶型无变化，可直接与对照图谱进行比对。

(2) 辅料无干扰、供试品成分的晶型有变化，用对照品与供试品相同处理法后所绘制的图谱进行比对。

(3) 供试品成分晶型无变化，辅料有一定干扰，可参照原料药对照图谱，在特征区内选择3 ~5 个不受辅料干扰的供试品成分的特征谱带作为鉴别的依据。注意鉴别时，实测特征谱带波数的误差应小于规定值的0.5%。

(4) 多组分原料药的鉴别　在供试品中选择主要成分的若干特征谱带，用于组成相对稳定的多组分原料药的鉴别。

(5) 晶型、异构体限度检查或含量测定　供试品制备和测定均按各品种项下有关规定操作。

6. 结果判定

（1）若供试品光谱图与对照品光谱图一致，可判定供试品与对照品属同一物质。

（2）若供试品光谱图与对照品光谱图不一致，判定供试品与对照品非同一物质。做出此判断时，要考虑实测光谱图受到的影响因素。

实训十一 紫外-可见分光光度法

一、实训目的

1. 了解并熟悉紫外-可见分光光度计的使用操作。
2. 掌握紫外-可见分光光度法样品测定方法及结果计算。
3. 掌握紫外-可见分光光度法样品测定注意事项。

二、实训范围

本规程适用于紫外-可见分光光度法操作。

三、实训职责

化验员、实验室主任。

四、实训内容

（一）仪器的检定

1. 波长准确度的检定

波长准确度的允许误差为：紫外光区 ±1nm，500nm 附近 ±2nm。

2. 波长准确度检定方法

（1）低压汞灯检定法

①用于紫外-可见分光光度计波长准确度检定的汞灯谱线波长：237.83nm、253.65nm、275.28nm、296.73nm、313.16nm、334.15nm、365.02nm、404.66nm（紫色）、435.83nm（蓝色）、546.07nm（绿色）与 576.96nm（黄色）及 579.07nm。

②检定方法：关闭仪器光源，将汞灯直接对准进光狭缝，采用波长扫描方式，在 200～800nm 范围内单方向重复扫描 3 次，记录每条谱线与仪器波长读数的误差。

③注意：如为双光束仪器，采用单光束能量测定方式。扫描速度要“慢”（15nm/min），响应“快”。若仪器无“峰检测”功能，可对指定的波长进行“单峰”扫描。检定过程中，采用笔式汞灯较为方便。

（2）高氯酸钬溶液检定法　用于无单光束测定功能的双光束仪器波长准确度的检定。

①高氯酸钬溶液的配制：取10%高氯酸溶液，加入氧化钬（Ho_2O_3），配成4%溶液，即得。

②高氯酸钬溶液较强吸收峰波长：241.13nm、278.10nm、287.18nm、333.44nm、345.47nm、361.31nm、416.28nm、451.30nm、485.29nm、536.64nm和640.52nm。

③检定方法：用波长扫描方式，在200～800nm范围内单方向重复扫描3次，记录每条谱线与仪器波长读数的误差。

④注意：若仪器直接将信号描计于记录纸上（不是数据贮存型），应用定点检定，而不是扫描方式检定。

（3）用仪器固有氘灯检定　主要用于日常工作中仪器波长的核对。

①氘灯谱线波长：486.02nm与656.10nm。

②检定方法：取单光束能量测定方式，测试条件同低压汞灯的方法，对486.02nm与656.10nm二单峰进行单方向重复扫描3次。

③吸光度的准确度：可用重铬酸钾的硫酸溶液检定。

取在120℃干燥至恒重的基准重铬酸钾约60mg，精密称定，用0.005mol/L硫酸溶液溶解并稀释至1000mL，在规定的波长处测定并计算其吸收系数，并与规定的吸收系数比较，应符合规定。

④杂散光的检查：按下表所列的试剂和浓度，配制成水溶液，置1cm石英吸收池中，在规定的波长处测定透光率，应符合规定。

杂散光的检查及限度

试剂	浓度/（%，g/mL）	测定用波长/nm	透光率/%
碘化钠	1.00	220	<0.8
亚硝酸钠	5.00	340	<0.8

（二）测定要求及测定时注意事项

（1）试验用量具　所用的量瓶、移液管均应校验，洁净。

（2）石英吸收池　石英吸收池必须洁净。使用后，用溶剂及水冲洗干净，晾干，防尘保存。如污染不易洗净，可用硫酸发烟硝酸（3∶1体积比）混合液稍浸泡，洗净备用。

吸收池中装入同一溶剂，在规定波长测定各吸收池透光率，若透光率相差在0.3%以下，可以配对使用，否则必须加以校正。

取吸收池时，用手拿毛玻璃面的两侧；吸收池装供试品液至池体积的4/5。

吸收池放入样品室时，每次放入的方向应相同；透光面用擦镜纸由上至下擦拭干净。

吸收池内含挥发性溶液时，应加盖。

（3）溶剂

含杂原子的有机溶剂：常具有很强的末端吸收。用此类有机溶剂时，其使用范围均不能小于截止使用波长。如甲醇、乙醇的截止使用波长为205nm。

溶剂不纯时：在测定供试品前，应先检查所用的溶剂在供试品所用的波长附近是否符合要求，即将溶剂置1cm石英吸收池中，以空气为空白（即空白光路中不置任何物质）测定其吸光度。溶剂和吸收池的吸光度，在220～240nm范围内不得超过0.40，在241～250nm范围内不得超过0.20，在251～300nm范围内不得超过0.10，在300nm以上时不得超过0.05。

（4）供试品溶液

供试品取样份数：含量测定、对照品比较法、吸收系数检查法，取2份样品，平行操作，每份结果对平均值的偏差应在±0.5%以内。鉴别检查，可取1份样品。

供试品溶液的制备：称量，应按标准及药典规定要求，精密称定。配制稀释供试品液，稀释转移次数尽可能少，转移稀释所取容积一般不少于5mL。

供试品溶液的浓度：除各品种项下已规定的浓度，供试品溶液的浓度，以供试品溶液的吸光度在0.3～0.7为宜。

供试品溶液的pH：若pH对吸收有影响，应调整供试品溶液与对照品溶液的pH一致后，再测定吸光度。

（5）仪器　仪器的狭缝波带宽度宜小于供试品吸收带的半高宽度的十分之一，否则测得的吸光度会偏低；狭缝宽度的选择，应以减小狭缝宽度时供试品的吸光度不再增大为准。

（6）测定　测定时，除另有规定外，应以配制供试品溶液的同批溶剂为空白对照，采用1cm的石英吸收池，在规定的吸收峰波长±2nm以内测试几个点的吸光度，或由仪器在规定波长附近自动扫描测定，以核对供试品的吸收峰波长位置是否正确。除另有规定外，吸收峰波长应在该品种项下规定的波长±2nm以内，并以吸光度最大的波长作为测定波长。

（7）计算　由于吸收池和溶剂本身可能有空白吸收，因此，必要时测定供试品的吸光度后应减去空白读数，或由仪器自动扣除空白读数后再计算含量。

（三）样品测定方法

（1）性状项下的吸收系数测定　按各样品质量标准规定的方法配制供试品溶液，在规定波长处测定其吸光度，计算吸收系数，应符合规定范围。

（2）鉴别及检查　按各样品质量标准的规定，测定供试品液的最大、最小吸收波长或吸收度，或最大、最小吸收波长吸收度的比值，应符合规定范围。

（3）含量测定

①对照品比较法：按各样品质量标准的规定，分别配制供试品溶液和对照品

溶液；对照品溶液中所含被测成分的量应在供试品溶液中被测成分规定量的100% ±10%之内；所用溶剂也应完全一致；在规定的波长，测定供试品溶液和对照品溶液的吸光度。依供试品溶液及对照品溶液吸光度、对照品溶液浓度，以正比法计算供试品溶液的浓度，再计算供试样品的含量。

$$C_{样品} = A_{样品} \times C_{对照} / A_{对照}$$

式中 A——吸光度

C——测试液的浓度，mg/mL

②吸收系数法：用本法测定时，吸收系数通常应大于100，并注意仪器的校正和检定。

按各样品质量标准的规定，配制供试品溶液，在规定的波长处测定其吸光度，再以该品种在规定条件下的吸收系数计算含量。

先计算出供试品溶液（被测样品）的 $E_{1cm}^{1\%}$ 值，再与规定的 $E_{1cm}^{1\%}$ 值比较，即可计算出供试样品的含量。

$$E_{1cm(样品)}^{1\%} = A/CL$$

式中 A——供试品溶液测得的吸光度值

C——供试品溶液的浓度，g/mL

L——吸收池的光路长度，cm

$$供试样品的含量\% = (E_{1cm(样品)}^{1\%} / E_{1cm(标准)}^{1\%}) \times 100\%$$

式中 $E_{1cm(样品)}^{1\%}$——前式计算出的供试品吸收系数

$E_{1cm(标准)}^{1\%}$——药典或药品标准中规定的吸收系数

③计算分光光度法：计算分光光度法有多种，使用时应按各品种项下规定的方法进行。测定时对照品和供试品的测试条件应尽可能一致。本法一般不宜用作含量测定。

④比色法：供试品本身在紫外－可见光区没有强吸收，或在紫外光区虽有吸收但为了避免干扰或提高灵敏度，可加入适当的显色剂，使反应产物的最大吸收移至可见光区，这种测定方法称为比色法。

用比色法测定时，应取供试品与对照品或标准品同时操作。

除另有规定外，比色法所用的空白系指用同体积的溶剂代替对照品或供试品溶液，然后依次加入等量的相应试剂，并用同样方法处理。

在规定的波长处测定对照品和供试品溶液的吸光度后，按对照品比较法计算供试品浓度。

当吸光度和浓度关系不呈良好线性时，应取数份梯度量的对照品溶液，用溶剂补充至同一体积，显色后测定各份溶液的吸光度，然后以吸光度与相应的浓度绘制标准曲线，再根据供试品的吸光度在标准曲线上查得其相应的浓度，并求出其含量。

实训十二　分析天平使用与称量

一、实训目的

掌握分析天平的使用操作及注意事项。

二、实训范围

分析天平使用与称量。

三、实训职责

化验员、实验室主任。

四、实训内容

制定依据：《中国药品检验标准操作规范》（2015 版）和《中国药典》（2015 版）二部附录。

1. 分析天平

分析天平的感应量：0.1mg、0.01mg、0.001mg。

分析天平的分类：以杠杆原理构成的天平为机械天平；以电磁力平衡原理，直接显示称量读数的天平为电子天平。

2. 天平室要求

（1）天平室地面不得起灰，墙壁和棚顶不得有脱落物；阳光不得直射在天平上。

（2）天平室温度、湿度应相对稳定，一般控制温度在 10～30℃，相对湿度 70% 以下。

（3）天平台应牢固防震，有适合的高度与宽度，防止气流和磁场干扰。

（4）天平室电源要求相对稳定，电压变化小。

（5）天平室不得存放与称量无关的其他物品，不得在天平室内转移具腐蚀或挥发性的物质。

3. 分析天平使用前准备

（1）按待称量物质的量，选取适宜精度的天平。要求精密称定时，根据取样量做如下选取：取样量大于 100mg，选用感量为 0.1mg 的天平；取样量在 100～10mg，选用感量为 0.01mg 的天平；取样量小于 10mg，选用感量为 0.001mg 的天平。

（2）检查天平的使用记录，了解天平前一次使用情况，是否处于正常可用状态。

（3）检查天平水准器内气泡是否位于水准器圆的中心位置，否则调节使天平处于水平状态。

（4）调好零点。若有机械加码指数盘，应全部归零；具有骑码装置的天平，应将骑码置于骑码标尺零点槽口位置。

（5）根据称量需要，选择适宜的称量器皿。

4. 机械分析天平的使用

（1）若是电光分析天平，先接通电源，关闭天平两侧门，轻轻转动开关手柄（具有锁定装置的开关，先轻轻拉出后再转动），使天平横梁落下，观察光屏上的法线或天平指针是否与标牌上的“0”处重合。

（2）若离“0”处不远，可轻轻调节零点微调钮使其重合；若离“0”处较远，关闭天平，依法线或天平指针偏离方向调节平衡砣位置，再开启天平，按前法，使法线或天平指针与“0”处重合。

（3）开启天平侧门，戴手套将预先放置使与天平室温度一致的被称量物质，置于天平载物盘的正中央。用砝码专用镊子将砝码放于砝码盘正中央，机械天平应轻轻转动砝码钮选择合适的砝码，使其加于砝码骑梁上。

（4）关闭天平两侧门，轻轻转动开关手柄，观察光屏上的法线或天平指针的摆动方向，若光屏右移，砝码重，相反则砝码轻，应立即关闭天平。依法线或天平指针的摆动方向决定加减砝码，至天平处于平衡状态为止（光屏上的法线或天平指针处于天平标示刻度范围内）。

（5）根据砝码读数和光屏上的法线或天平指针所处位置读数，读取称量数据，并记录。

（6）关闭天平，取出被称量物，从砝码盘上取下砝码放回砝码盒，机械加码天平需轻轻转动砝码钮，使天平砝码盘空载。

（7）做好天平使用记录，内容应包含：使用日期、被称量物名称、称量次数、数量、使用时间、使用前后天平的状态、使用人等。

5. 电子天平的使用

（1）接通电源，打开电源开关和天平开关，预热至少30min以上。

（2）调整零点　一般电子天平均装有自动调零钮，天平预热后，轻轻按动自动调零钮即可。

（3）天平自检　一般电子天平设有自检功能，可按电子天平使用说明书进行自检。

（4）操作示例　以MettlerMT5型电子天平为例，其使用操作规程如下：

天平感应量为0.001mg，最大称重量不超过5g。

水准器内气泡是否位于水准器圆的中心位置，调整天平处于水平状态。

按下ON/OFF键，开启天平。再按下Re－Zero键，数秒后显示天平自检信息，直至显示稳定的0.000mg，自检完毕。

自检完毕后，玻璃门打开，进行称量，按下 Print 键，显示称量数值，记录或打印。

称量后，按下 Re - Zero 键，显示 0. 000mg，按 Select Ⅰ或Ⅱ键，自动关闭玻璃门，天平回到待称量状态。按 ON/OFF 键，关闭天平，填写天平使用记录。

如需使用其他功能键，按其使用说明书进行操作。

6. 称量操作法

（1）减量法　将供试品放于称量器皿中，置于天平盘上，称量重量为 W_1，然后取出所需的供试品量，再称重剩余的供试品和称量器皿的重量为 W_2，两次称量之差 $W_1 - W_2$，为称取供试品的重量。减量法称量可连续称取若干份供试品，节省称量时间。

（2）增量法　将称量器皿放置于天平盘上，称量为 W_1，将待称量的供试品加入称量器皿中，再称量为 W_2，两次称量之差 $W_2 - W_1$，为称取供试品的重量。增量法常称取准确重量的供试品。

7. 分析天平的维护与保养

（1）应按计量规定，定期进行检定，专人负责保管及维护保养。

（2）保持天平内部清洁，可以用软毛刷或绸布擦拭或用无水乙醇擦拭。

（3）机械天平内应放置干燥剂，并定期更换（常用变色硅胶为干燥剂）。

（4）称量的重量，不得超出天平的最大载荷。

（5）机械天平应将其秤盘、蹬形架、槽梁、灯罩、变压器、开关旋钮等零件小心取下，置专用包装盒内，其他零件不得随意拆卸。

（6）电子分析天平，不同型号操作有所不同，应详细阅读说明书后，方可操作。

实训十三　药品质量标准分析方法验证

一、实训目的

1. 掌握药品质量标准分析方法验证项目专用名词。
2. 掌握药品质量标准分析方法验证内容。

二、实训范围

药品质量标准分析方法验证。

三、实训职责

化验员、化验室主任。

四、实训内容

1. 准确度

准确度指用该方法测定的结果与真实值或参考值接近的程度，一般用回收率表示。

（1）含量测定方法的准确度

原料药：用已知纯度的对照品或供试品进行测定，或用本法所得结果与已知准确度的另一个方法测定的结果进行比较。

制剂：可用含已知量被测物的各组分混合物进行测定。

（2）杂质定量测定的准确度　可向原料药或制剂中加入已知量杂质进行测定。

（3）数据要求　在规定范围内，至少用 9 个测定结果进行评价。例如，设计 3 个不同浓度，每个浓度各分别制备 3 份供试品溶液进行测定。

应报告已知加入量的回收率，或测定结果平均值与真实值之差及其相对标准偏差或可信限。

2. 精密度

精密度系指在规定的测试条件下，同一个均匀供试品，经多次取样测定所得结果之间的接近程度。精密度一般用偏差、标准偏差或相对标准偏差表示。

（1）重复性　在相同条件下，由同一个分析人员测定所得结果的精密度称为重复性。

在规定范围内，至少用 9 个测定结果进行评价。例如，设计 3 个不同浓度，每个浓度分别制备 3 份供试品溶液进行测定，或将相当于 100% 浓度水平的供试品溶液，用至少测定 6 次的结果进行评价。

（2）中间精密度　在同一个实验室，不同时间由不同分析人员用不同设备测定结果之间的精密度，称为中间精密度。

为考察随机变动因素对精密度的影响，应设计方案进行中间精密度试验。变动因素为不同日期、不同分析人员、不同设备。

（3）重现性　在不同实验室由不同分析人员测定结果之间的精密度，称为重现性。法定标准采用的方法，应进行重现性试验。

（4）数据要求　均应报告标准偏差、相对标准偏差和可信限。

3. 专属性

专属性系指在其他成分（如杂质、降解产物、辅料等）可能存在下，采用的方法能正确测定出被测物质的特性。鉴别反应、杂质检查和含量测定方法，均应考察其专属性。

（1）鉴别反应　应能与可能共存的物质或结构相似化合物区分。不含被测成分的供试品，以及结构相似或组分中的有关化合物，均应呈负反应。

（2）含量测定和杂质测定　色谱法和其他分离方法，应附代表性图谱，以说明方法的专属性，并应标明诸成分在图谱中的位置，色谱法中的分离度应符合要求。

杂质可获得的情况下，对含量测定，试样中可加入杂质或辅料，考察测定结果是否受干扰，并可与未加杂质或辅料的试样比较测定结果。

4. 检测限

检测限系指试样中被测物质能被检出的最低量。鉴别试验和杂质检查方法，均应通过测试确定方法的检测限。

（1）常用方法

非仪器分析目视法：用已知浓度的被测物，试验出能被可靠地检测出的最低浓度或量。

信噪比法：用于能显示基线噪声的分析方法，即将已知低浓度试样测出的信号与空白样品测出的信号进行比较，算出能被可靠的检测出的最低浓度或量。

（2）数据要求　应附测试图谱，说明测试过程和检测限结果。

5. 定量限

定量限系指试样中被测物能被定量测定的最低量，其测定结果应具一定准确度和精密度。杂质和降解产物用定量测定方法研究时，应确定发放的定量限。

6. 线性

线性系指在设计的范围内，测试结果与试样中被测物质浓度直接呈正比关系的程度。

数据要求：应列出回归方程、相关系数和线性图。

7. 范围

范围系指能达到一定精密度、准确度和线性，测试方法使用的高低限浓度或量的区间。

原料药和制剂含量测定：范围应为测试浓度的80%～120%；制剂含量均匀度检查：范围应为测试浓度的70%～130%；溶出度或释放度中的溶出量测定：范围应为限度的±20%。

杂质测定：范围应根据初步实测，拟定为规定限度的±20%。

8. 耐用性

耐用性系指在测定条件有小的变动时，测定结果不受影响的承受程度，为使方法可用于常规检验提供依据。

实训十四 药典应用

一、实训目的

掌握药典凡例相关知识。

二、实训范围

药典凡例。

三、实训职责

化验员。

四、实训内容

1. 项目与要求

（1）药品的近似溶解度以下列名词术语表示

极易溶解：系指溶质1g（mL）能在溶剂不到1mL中溶解；易容：系指溶质1g（mL）能在溶剂1～不到10mL中溶解；溶解：系指溶质1g（mL）能在溶剂10～不到30mL中溶解；略溶：系指溶质1g（mL）能在溶剂30～不到100mL中溶解；微溶：系指溶质1g（mL）能在溶剂100～不到1000mL中溶解；极微溶：系指溶质1g（mL）能在溶剂1000～不到10000mL中溶解；几乎不溶或不溶：系指溶质1g（mL）能在溶剂10000mL中不能完全溶解。

试验法：除另有规定外，称取研成细粉的供试品或量取液体供试品，于25℃±2℃一定量的溶剂中，每隔5min强力振摇30s；观察30min内的溶解情况。如无目视可见的溶质颗粒或液滴时，即视为完全溶解。

（2）贮藏项下的规定，系为避免污染和降解而对药品贮存与保管的基本要求，以下列名词术语表示：

遮光：系指用不透光的容器包装，例如棕色容器或黑纸包裹的无色透明、半透明容器；密闭：系指将容器密闭，以防止尘土及异物进入；密封：系指将容器密封以防止风化、吸潮、挥发或异物进入；熔封或严封：系指将容器熔封或用适宜的材料严封，以防止空气与水分的侵入并防止污染；凉暗处：系指避光并不超过20℃；冷处：系指2～10℃；常温：系指10～30℃。

除另有规定外，贮藏项下未规定贮藏温度的一般系指常温。

2. 计量

（1）有关温度描述，一般以下列名词术语表示　水浴温度：除另有规定外，均指98～100℃；热水：系指70～80℃；微温或温水：系指40～50℃；室温（常温）：系指10～30℃；冷水：系指2～10℃；冰浴：系指约0℃；放冷：系指放冷至室温。

（2）符号“%”表示百分比，系指重量的比例；但溶液的百分比，除另有规定外，系指溶液100mL中含有溶质若干；乙醇的百分比，系指在20℃时容量的比例。此外，根据需要可采用下列符号：

%（g/g）：表示溶液100g中含有溶质若干克;%（mL/mL）：表示溶液100mL中含有溶质若干毫升;%（mL/g）：表示溶液100g中含有溶质若干毫升;%（g/mL）：表示溶液100mL中含有溶质若干克。

（3）常见的缩写符号 缩写“ppm”，表示百万分比，系指重量或体积的比例。缩写“ppb”，表示十亿分比，系指重量或体积的比例。液体的滴，系在20℃时，以1.0mL水为20滴进行换算。溶液后标示的“（1→10）”等符号，系指固体溶质1.0g或液体溶质1.0mL加溶剂使成10mL的溶液；未指明用何种溶剂时，均系指水溶液；两种或两种以上液体的混合物，名称间用半字线“-”隔开，其后括号内所示的“:”符号，系指各液体混合时的体积（重量）比例。

（4）药典所用药筛，选用国家标准的R40/3系列，分等如下

筛号	筛孔内径（平均值）	目号
一号筛	2000μm±70μm	10目
二号筛	850μm±29μm	24目
三号筛	355μm±13μm	50目
四号筛	250μm±9.9μm	65目
五号筛	180μm±7.6μm	80目
六号筛	150μm±6.6μm	100目
七号筛	125μm±5.8μm	120目
八号筛	90μm±4.6μm	150目
九号筛	75μm±4.1μm	200目

（5）粉末等级如下 最粗粉：指能全部通过一号筛，但混有能通过三号筛不超过20%的粉末；粗粉：指能全部通过二号筛，但混有能通过四号筛不超过40%的粉末；中粉：指能全部通过四号筛，但混有能通过五号筛不超过60%的粉末；细粉：指能全部通过五号筛，但混有能通过六号筛不少于95%的粉末；最细粉：指能全部通过六号筛，但混有能通过七号筛不少于95%的粉末；极细粉：指能全部通过八号筛，但混有能通过九号筛不少于95%的粉末。

3. 精确度

（1）试验中供试品与试药等“称重”或“量取”的量，均以阿拉伯数字表示，其精确度可根据数值的有效位数来确定，如称取“0.1g”，系指称取重量为0.06～0.14g；称取“2g”，系指称取重量为1.5～2.5g；称取“2.0g”，系指称取重量为1.95～2.05g；称取“2.00g”，系指称取重量为1.995～2.005g；“精密

称定”：系指称取重量应准确至所取重量的千分之一；“称定”系指称取重量应准确至所取重量的百分之一；“精密量取”系指量取体积的准确度应符合国家标准中对该体积移液管的精密度要求；“量取”系指可用量筒或按照量取体积的有效位数选用量具。

取用量为“约”若干时，系指取用量不得超过规定量的 ±10%。

（2）恒重 除另有规定外，系指供试品连续两次干燥或炽灼后称重的差异在 0.3mg 以下的重量；干燥至恒重的第二次及以后各次称重均应在规定条件下继续干燥 1h 后进行；炽灼至恒重的第二次称重应在继续炽灼 30min 后进行。

（3）试验中规定“按干燥品（或无水物，或无溶剂）计算”时 除另有规定外，应取未经干燥（或未去水，或未去溶剂）的供试品进行试验，并将计算中的取用量按检查项下测得的干燥失重（或水分，或溶剂）扣除。

（4）试验中的“空白试验” 系指在不加供试品或以等量溶剂替代供试液的情况下，按同法操作所得的结果；含量测定中的“并将滴定的结果用空白试验校正”，系指按供试品所消耗滴定液的量（mL）与空白试验中所消耗滴定液的量（mL）之差进行计算。

（5）试验时的温度 未注明者，系指在室温下进行；温度高低对试验结果有显著影响者，除另有规定外，应以 25℃ ±2℃为准。

实训十五 聚酯、铝、聚乙烯药品包装用复合膜、袋包装材料的检验

一、实训目的

1. 掌握包装材料的检验方法。
2. 熟练掌握包装材料检验的操作方法。

二、实训范围

本规程适用于聚酯、铝、聚乙烯药品包装用复合膜、袋包装材料的检验操作。

三、实训职责

质检员、质量检验中心主任。

四、实训内容

1. 外观

（1）操作 取本品适量，按“药品包装用复合膜、袋通则检验操作规程”

SOP－NB－ZK－109－01 外观项下的方法检查。

（2）结果　应符合规定。

2. 溶出物试验

（1）仪器　具塞锥形瓶、恒温水浴锅。

（2）试剂　水（70℃±2℃）、65%乙醇（70℃±2℃）、正己烷（58℃±2℃）。

（3）操作　取样品适量，分别取本品内表面积 600cm^2（分割成长 3cm，宽 0.3cm 的小片）三份置具塞锥形瓶中，加水（70℃±2℃）、65%乙醇（70℃±2℃）、正己烷（58℃±2℃）200mL 浸泡 2h 后取出，放冷至室温，用同批试验用溶剂补充至原体积作为供试液，以同批水、65%乙醇、正己烷为空白液，备用。

3. 重金属

（1）仪器　锥形瓶、容量瓶、大肚吸管、分析天平、纳氏比色管、电炉子、过滤装置、胶头滴管、刻度吸管。

（2）试剂　醋酸盐缓冲液（pH3.5）、标准铅溶液、硫代乙酰胺试液、稀焦糖溶液。

（3）操作　精密量取水浸液 20mL，醋酸盐缓冲液（pH3.5）2mL，按《重金属检验操作规程》SOP－ZL－ZK－039－01（第一法）检验操作。

（4）结果　含重金属不得过百万分之一。

4. 易氧化物

（1）仪器　天平、锥形瓶、大肚吸管、滴定装置、电炉。

（2）试剂　稀硫酸、高锰酸钾滴定液（0.002mol/L）、硫代硫酸钠滴定液（0.01mol/L）、碘化钾、淀粉指示液。

（3）操作　精密量取水浸液 20mL，精密加入高锰酸钾滴定液（0.002mol/L）20mL 与稀硫酸 1mL，煮沸 3min，迅速冷却，加入碘化钾 0.1g，在暗处放置 5min，用硫代硫酸钠滴定液（0.01mol/L）滴定，滴定至近终点时，加入淀粉指示液 0.25mL，继续滴定至无色，另取水空白液同法操作，计算二者消耗滴定液之差。

（4）计算公式

$$V = V_1 - V_2$$

式中　V——空白与供试品液二者消耗硫代硫酸钠滴定液（0.01mol/L）之差，mL

V_1——空白消耗硫代硫酸钠滴定液（0.01mol/L）的容积，mL

V_2——供试品溶液消耗硫代硫酸钠滴定液（0.01mol/L）的体积，mL

结果：二者消耗滴定液之差不得过 1.5mL。

5. 不挥发物

（1）仪器　天平、干燥器、量筒、电热恒温干燥箱、蒸发皿、水浴装置、干燥器。

（2）操作　分别取水、65%乙醇、正己烷浸出液与空白液各100mL，置于已恒重的蒸发皿中，水浴蒸干，105℃干燥2h，冷却后精密称定，分别计算水不挥发物残渣与其空白残渣之差；65%乙醇不挥发物残渣与其空白残渣之差；正己烷不挥发物残渣与其空白残渣之差。

（3）计算公式

$$G = G_1 - G_2$$

式中　G——供试品溶液与空白不挥发物残渣二者之差，mg

G_1——供试品溶液不挥发物残渣，mg

G_2——空白液不挥发物残渣，mg

（4）结果　均不得过30.0mg。

6. 微生物限度

取本品用开孔面积为$20cm^2$的消过毒的金属模板压在内层面上，将无菌棉签用0.9%无菌氯化钠溶液稍沾湿，在板孔范围内擦抹5次，换1支棉签再擦抹5次，每个位置用2支棉签共擦抹10次，共擦抹5个位置$100cm^2$。每支棉签抹完后立即剪断（或烧断），投入盛有30mL 0.9%无菌氯化钠溶液的锥型瓶（或大试管）中。全部擦抹棉签投入瓶中后，将瓶迅速摇晃1min，即得供试品溶液。取提取液按“微生物限度检验操作规程”检验操作。

细菌数不得过300个/$100cm^2$，霉菌、酵母菌数不得过30个/$100cm^2$，大肠埃希菌不得检出。

实训十六　不干胶瓶签检验操作规程

一、实训目的

掌握不干胶瓶签检验的操作方法。

二、实训范围

本规程适用于不干胶瓶签的检验操作。

三、实训职责

质检员、质量检验中心主任。

四、实训内容

1. 材质

（1）操作　取本品，与标准样张进行比较。

（2）结果　应与标准样张相一致。

2. 印刷

（1）操作　取本品，在自然光线明亮处，正视目测，与经批准的标准标签内容比对。

（2）结果　标签上的图案文字印刷应清晰一致，位置统一正确、文字词句及标点应正确、规范、完整，不得有错字、漏字，图案不得有错位、遗漏。同种标签的同批次或不同批次印刷字体、图案、色调目测不得有明显差异。

3. 外观

（1）操作　取本品，在自然光线明亮处，正视目测。

（2）结果　标签上不得有皱纹、破裂、残缺等各种外观缺陷存在。不干胶标签不准有局部翘离底板纸的现象存在，底板纸无割穿现象，同一张底板纸上不准有不同品种的标签粘附。标签与标签之间或标签与残余的外框之间必须轧断，在使用时无连接现象。

4. 洁净度

（1）操作　取本品，在自然光线明亮处，正视目测。

（2）结果　标签及其贴体包扎物、不干胶底板纸上，均不得有多余的霉迹、水迹和多余的油墨污迹，无多余的裁切毛边残存，不得有明显的尘土及各种杂物粘附。

5. 尺寸规格

（1）操作　取本品，用直尺测量。

（2）结果　依各品种质量标准瓶签项下的尺寸规格要求判定。

实训十七　说明书的检验操作规程

一、实训目的

掌握药品说明书的检验操作方法。

二、实训范围

本规程适用于药品说明书的检验操作。

三、实训职责

质检员、质量检验中心主任。

四、实训内容

1. 材质

（1）操作　取本品，与标准样张进行比较。

（2）结果　应与标准样张相一致。

2. 印刷

（1）操作　取本品，在自然光线明亮处，正视目测，与经批准的标准标签内容比对。

（2）结果　说明书上的图案文字印刷应清晰一致，位置统一正确，文字词句及标点应正确、规范、完整，不得有错字、漏字，图案不得有错位、遗漏，同种说明书的同批次或不同批次印刷的字体、图案、色调目测不得有明显差异。文字内容与食品药品监督管理部门批准的内容相一致。

3. 外观

（1）操作　取本品，在自然光线明亮处，正视目测。

（2）结果　不得有皱纹、破裂、残缺等各种影响使用的外观缺陷存在。

4. 洁净度

（1）操作　取本品，在自然光线明亮处，正视目测。

（2）结果　说明书均不得有霉斑、水迹和多余的油墨污渍，无多余的裁切毛边残存，不得有明显的尘土及各种杂物粘附。

5. 尺寸规格

（1）操作　取本品，用直尺测量。

（2）结果　依各品种包材质量标准说明书项下的尺寸规格要求判定。

实训十八　纸质包装盒检验操作规程

一、实训目的

掌握纸质包装盒的检验操作方法。

二、实训范围

本规程适用于纸质包装盒的检验操作。

三、实训职责

质检员、质量检验中心主任。

四、实训内容

1. 材质

（1）操作　取本品，在自然光线明亮处，与标准样张进行比较。

（2）结果　应与样张的材质相一致。

2. 印刷质量

（1）操作　取本品，在自然光线明亮处，正视目测，同时与批准的标准样张进行比较。

（2）结果　包装盒上的装潢色块，字迹、图案应清晰，位置统一正确、规范、完整，文字内容准确，不得有错字、漏字，图案不得有错位、遗漏，并和实样标准一致。同种品种的纸盒同批次或不同批次印刷字体、图案、色调目测不得有明显差异。文字内容与食品药品监督管理部门批准的内容相一致。

3. 外观质量

（1）操作　取本品，在自然光线明亮处，正视目测。

（2）结果　包装盒的盒身、边环及盒盖、盒底的折痕压线应深浅适宜，折后无裂痕，位置统一，不得有胶液、残缺、破裂、毛边等影响使用效果的缺陷存在。

4. 洁净度

（1）操作　取本品，在自然光线明亮处，正视目测。

（2）结果　包装盒上不得有多余的油墨斑迹，不得有明显的尘土粘附、水迹圈痕及霉变等污染现象存在。

5. 结构

（1）操作　取本品，在自然光线明亮处，正视目测。

（2）结果　包装盒的盒盖、盒底轧口及边环耳上的轧口应符合盒子的封口要求，盒子封合成形后，应边角硬直，形状完好，盒盖扣合严密不开口。不得出现多余的空边或异形现象。

6. 尺寸规格

（1）操作　取本品，用直尺测量。

（2）结果　依各品种包材质量标准纸制包装盒项下的尺寸规格要求判定。

实训十九　检封、防伪签检验操作规程

一、实训目的

掌握检封、防伪签的检验操作方法。

二、实训范围

本规程适用于检封、防伪签的检验操作。

三、实训职责

质检员、质量检验中心主任。

四、实训内容

1. 材质

（1）操作　取本品，在自然光线明亮处，与标准样张进行比较。

（2）结果　应与样张的材质相一致。

2. 印刷质量

（1）操作　取本品，在自然光线明亮处，正视目测，同时与标准样张进行比较。

（2）结果　检封、防伪签上的图案文字印刷应清晰一致，位置统一正确、文字词句及标点应正确、规范、完整，不得有错字、漏字，图案不得有错位、遗漏。同种检封、防伪签的同批次或不同批次印刷字体、图案、色调目测不得有明显差异。

3. 外观质量

（1）操作　取本品，在自然光线明亮处，正视目测。

（2）结果　检封、防伪签上不得有皱纹、破裂、残缺等各种外观缺陷存在。不干胶检封、防伪签不准有局部翘离底板纸的现象存在，底板纸无割穿现象，同一张底板纸上不准有不同品种的检封、防伪签粘附。检封、防伪签与检封、防伪签之间或检封、防伪签与残余的外框之间必须轧断，在使用时无连接现象。

4. 洁净度

（1）操作　取本品，在自然光线明亮处，正视目测。

（2）结果　检封、防伪签及其贴体包扎物、不干胶底板纸上，均不得有多余的霉迹，水迹和多余的污渍。

5. 尺寸规格

（1）操作　取本品，用直尺测量。

（2）结果　依各品种包材质量标准检封、防伪签项下的尺寸规格要求判定。

实训二十　瓦楞纸箱检验操作规程

一、实训目的

掌握瓦楞纸箱的检验操作方法。

二、实训范围

本规程适用于瓦楞纸箱的检验操作。

三、实训职责

质检员、质量检验中心主任。

四、实训内容

1. 材质

（1）操作　取本品，在自然光线明亮处，与标准样张进行比较。

（2）结果　应与样张的材质相一致。

2. 外观质量

（1）操作　取本品，在自然光线明亮处，正视目测；用直尺测量。

（2）结果

①粘合瓦楞纸箱，粘合接缝的粘合剂涂布应均匀充分，以致面纸分离时接缝依然粘合不分，同时，也不应有多余的粘合剂溢出接缝。

②表面不允许有明显的损坏、破裂。无污渍、无浆块、不起泡、不分层。切断口表面裂损不超过4mm。不得有起层、松软、塌腰及潮湿现象。

③由1～2片瓦楞纸板组成，通过钉合或粘合等方法，将接缝封合制成纸箱，有顶部及底部折（俗称上、下摇盖）构成箱底和箱盖。运输贮存时可以折叠平放，使用时把箱底、箱盖封合。

④箱体方正，棱角硬直。

⑤瓦楞纸箱的压痕线宽度，单瓦楞纸箱不大于12mm，双瓦楞纸箱不大于17mm，折线居中，不得有破裂断线，箱壁不允许有多余的压痕线。

⑥“对口盖箱”为基本型式，箱体折合成型后对口处缝隙应小于2mm。

⑦钉合瓦楞纸箱，应使用带镀层的低碳钢扁丝。扁丝不应有锈斑、剥层、龟裂或其他使用上的缺陷。

⑧纸箱接头粘合或钉合，搭接舌头宽度为35～50mm，金属扁丝应沿搭接部位中线钉合。采用斜钉（与纸箱立边成对45度角）或横钉，呈单排或双排。箱钉应排列整齐均匀，钉距不大于70mm，头尾钉距离顶底压痕边不得大于20mm。接缝应钉牢、钉透。不得有叠钉、翘钉、不转角等缺陷。

⑨瓦楞纸箱摇盖经开合180度往复5～8次，其压痕线内外层不得有裂纹。

⑩根据一些产品的特殊需要，瓦楞纸箱要进行表面防潮处理，并根据供需双方事先商定，在某些特定部位留有一定面积的空白，不上防潮剂，以便使用时加盖印批号章。

3. 洁净度

（1）操作　取本品，在自然光线明亮处，正视目测。

（2）结果　瓦楞纸箱上不得有多余的油墨斑迹，不得有明显的尘土粘附、水迹圈痕及霉变等污染现象存在。

（3）操作　取本品，在自然光线明亮处，正视目测。

（4）结果　印刷内容与卫生行政部门批准的内容相一致，箱面印刷图字清晰、正确，文字内容准确，色彩深浅一致，鲜明美观，图文位置准确，印刷错位≤2mm，油墨必须干燥，无污染，并和实样标准一致。

4. 尺寸规格

（1）操作　取本品，用直尺测量。

（2）结果　依各品种包材质量标准瓦楞纸箱项下的尺寸规格要求判定。

实训二十一　书写实验记录及报告

一、实训目的

掌握实验记录及报告的书写方法。

二、实训范围

本规程适用于实验记录及报告的书写操作。

三、实训职责

化验员、质检员、质量检验中心主任。

四、实训内容

1. 性状

（1）外观性状

原料药：应根据检验中观察到的实际情况如实描述外观，不应照抄标准上的规定。

制剂：应如实描述供试品的颜色和外观；对外观异常的（如变色、花斑等）要详细描述。

（2）溶解度　应记录供试品的称量，溶剂及溶剂用量、温度，溶解情况等。

（3）相对密度　记录测试的方法（比重瓶法、韦氏比重秤法）、测定温度、测定值、称重数据、计算过程及计算结果。

（4）熔点　记录采用熔点测定的方法，测试用仪器、温度计及其校正值、除硅油的传温液名称、升温温度；供试品的烘干情况、初熔及全熔温度，熔融的现象。

（5）旋光度 记录仪器型号、测定温度；供试品称重及干燥失重或水分；供试品的配制；旋光管的长度、零点等；测定值及计算过程、结果等。

（6）折光率 记录仪器型号、测试温度、校正值；测定值及计算结果。

（7）吸收系数 记录仪器型号、供试品的称重、干燥失重或水分、稀释溶解过程及稀释用溶剂名称；测定波长与吸收度值；测定结果及计算过程。

（8）酸值（皂化值，碘值） 记录供试品称量；滴定液名称、浓度、消耗的体积数；空白消耗滴定液的体积数；计算公式及计算过程；结果。

2. 鉴别

（1）显色反应或沉淀反应 记录操作过程；供试品取用量；所加试剂名称及用量；反应的结果（如生成物的颜色、是否产生气体或沉淀、沉淀的颜色等）。

（2）色谱（薄层色谱或纸色谱） 记录薄层色谱所用吸附剂；供试品处理过程；对照品溶液的处理过程；点样、展开、显色的过程；色谱示意图及必要时计算的 R_f 值。

（3）液（气）相色谱 一般引用含量测定相下的要求所得的色谱数据。

（4）可见－紫外吸收光谱特征 记录仪器型号；供试品称量、干燥失重或水分、稀释过程（所用溶剂名称）；测定波长及测定结果（吸收度值）；计算公式及计算过程结果判定。

（5）红外光谱吸收图谱 记录仪器型号；环境的温湿度；供试品处理及试样的制备过程；供试品测试图谱及标准对照图谱。

（6）离子反应 记录供试品的取样、实验过程、观察的现象及结论。

3. 检查

（1）结晶度 记录仪器型号、仪器的使用条件、观察结果。

（2）含氟量 记录供试品、对照品的称量及溶液的制备；供试品溶液和对照品溶液的吸收度；计算及结果。

（3）pH（含检查项的酸度、碱度、酸碱度） 记录仪器型号、测试温度、校准用缓冲液名称及校准结果、供试品溶液的制备过程、测定结果。

（4）溶液澄清度与颜色 记录供试品溶液的制备、浊度标准的液号、标准比色液的色号或所用紫外分光光度计型号及测定波长、测定结果。

（5）氯化物或硫酸盐 记录溶液浓度、用量、供试品溶液的制备、测试结果。

（6）干燥失重 记录仪器型号、干燥条件、各次称量及恒重数据、计算及结果。

（7）水分

费休法：记录实验湿度、供试品称重、消耗费休试液数、计算过程及结果。

甲苯法：记录供试品称重、出水量及计算结果。

(8) 炽灼残渣（或灰分） 记录炽灼温度、供试品及坩埚恒重前后的重量、计算过程结果。

(9) 重金属（或铁盐） 记录采用方法、供试品及标准品溶液的制备、测试结果。

(10) 砷盐或（硫化物） 记录采用方法、供试品及标准品溶液的制备、测试结果。

(11) 异常毒性 记录实验动物小鼠的品系、体重、性别；供试品的配制、浓度；给药途径、剂量、给药的注射速度；实验小鼠在 48h 死亡数，结果判断。

(12) 热源 记录饲养及实验温度；家兔的体重、性别、正常体温与计算；供试品溶液的配制、浓度与给药剂量；给药后 3h 内每小时家兔体温的测定值、计算及结果判定。

(13) 降压物质 记录组胺对照液及稀释液的配制、供试品溶液的配制；实验动物的种类、性别、体重；麻醉剂名称及剂量；抗凝剂名称及用量；血压仪的名称及型号；动物基础血压及灵敏度的测定；供试品及对照品溶液的注入体积；测量值与结果判定；记录血压的图谱。

(14) 升压物质 记录标准品溶液及稀释液与供试品液的配制；雄性大鼠的品系、体重；麻醉剂名称及剂量；肝素溶液的用量；交感神经阻断药的名称及用量，血压仪名称及型号；动物基础血压及灵敏度的测定；供试品及对照品溶液的注入体积；测量值与结果判定；记录血压的图谱。

(15) 无菌 培养基名称、批号；对照菌液名称；供试品溶液配制（处理）、接种量；培养温度；培养期间逐日观察结果及结果判定。

(16) 原子吸收分光光度法 仪器名称、型号、工作条件；供试品及对照品溶液的配制；测定及计算和结果判定。

(17) 重量差异 指片剂及丸剂。记录 20 片（丸）总重量及平均重量；测定每片（丸）重量，根据限度范围要求，计算超过限度的片（丸）数量及超出范围限度，计算结果做出判断。

(18) 崩解时限 记录仪器型号、介质、温度、是否加挡板；在规定时间内崩解情况及崩解残留情况，结果判断。

(19) 含量均匀度 记录供试品及对照品溶液的制备方法；仪器名称、型号；测定条件及测定值；计算过程及结果判断。

(20) 溶出度（或释放度） 记录仪器名称、型号、采用方法、实验条件（转速、介质名称及用量、实验温度）；对照品配制及供试品溶液的配制稀释倍数；测定限度要求、测试结果及计算过程；结果判断。

(21) 澄明度（注射液） 记录检查总支数；观察到的异物的名称、数量；不合格支数，结果判断。

（22）粒度（颗粒剂）　记录供试品取样量；能通过及不能通过标准筛颗粒的总量；计算及计算结果的判断。

（23）微生物限度　记录供试品溶液的制备；供试品溶液的测菌（细菌、霉菌、酵母菌等）及空白、对照菌液培养逐日观察记录；计数结论、菌群观察现象。

4. 结果判定

（1）容量分析法　记录供试品的称重、配制操作过程；指示剂、滴定液名称及浓度；供试品及空白对照消耗滴定液的体积数；计算公式及计算过程，结果判断。

电位滴定法应记录采用的电极；非水滴定法应记录室温。

（2）重量分析法　记录供试品的称重、配制过程；干燥或炽灼温度、滤器（或坩埚）的恒重值、沉淀或残渣的恒重值；计算过程及结果判断。

（3）紫外分光光度法　记录仪器型号；供试品、对照品的配制稀释情况；吸光度值、计算过程及结果判断。

（4）气相色谱法　记录仪器型号、色谱柱情况（长、内径）、载气和流速、柱温、进样口与检测器温度；内标液、供试品溶液的称量、配制过程、进样量；测定数据、计算公式、计算过程及结果判定。

（5）高效液相色谱法　记录仪器型号、检测波长、色谱柱与柱温，流动相与流速；内标液，供试品溶液与对照品溶液的称重及配制过程；进样量，数据测定，计算公式，计算过程及结果判断。

实训二十二　检验记录的填写

一、实训目的

掌握检验记录的填写方法。

二、实训范围

本规程适用于检验记录的填写操作。

三、实训职责

化验员、质检员、质量检验中心主任。

四、实训内容

1. 填写过程

（1）记录应清洁，记录的书写不得使用铅笔、涂改液，不得撕毁和任意涂改。

（2）在检验过程中，应及时填写相应的记录、台账，不得追溯性记录或提前记录。

（3）检验记录的原始数据应保证真实、完整、准确、字迹清晰、不易擦涂。

（4）若填写内容与前项内容相同，应重复填写。不得用“...”或“同上”等形式来表示。

（5）原始记录不应留有空白区域或空白页、空白行，若确认空白区域或空白页、空白行不需要填写后，在相应的区域或位置，依据各不同企业的要求填写不同的符号或划掉，并注明日期、签名。必要时，说明没有填写的原因。

（6）采用打印设备打印的检验信息，应有检验人签名及签署检验日期。

2. 检验记录的复核

（1）原始数据需由有资质的人员进行复核，并签注姓名及复核日期。

（2）检验记录的复核应依据批准的操作规程和质量标准进行。

（3）实验日志（检验台账、仪器的养护、使用、清洁记录、色谱柱使用记录等），如有必要，可由相应的负责人定期复核。

（4）复核过程中，如发现错误，由检验人员更正，并由检验人员签字注明日期。必要时由检验人员说明更正的理由。

3. 检验记录的更改

（1）检验记录如因错误需要更改，在错误的地方画一横线并使原有信息仍清晰可辨，书写正确信息后，应在正确信息后签写更改者姓名及更改日期。

（2）检验记录如因污损需要重新撰写，需按相关的管理程序经相关负责人审批后方可进行。原有记录应作为重新撰写记录的附件保存，不得销毁。同时，还得说明撰写的理由。

4. 检验报告

（1）检验报告书的内容　通常包括产品的相关信息：如品名、规格、批号（编号）、取样日期、检验日期、报告日期、检验依据、检验项目、标准规定、检验结果、检验结论。

企业信息：如检测企业名称、送检部门、检验部门。检测人员信息：检验人、复核人、负责人。

（2）检验报告书的要求　检验依据准确、数据无误、检验结论明确、文字简洁清晰、检验报告书格式规范。

（3）检验报告书的发放　不同的企业，对检验报告书的复制、发放有不同的规定，但最为基本的要求是，检验报告书只有经过质量控制负责人或其授权人审核批准后方可发放。

实训二十三 检验的基本流程

一、实训目的

1. 熟悉检验的基本流程。
2. 掌握检验用的检品的相关基本概念。

二、实训范围

物料及产品的检验。

三、实训职责

检验员及检验室主任。

四、实训内容

1. 相关概念

（1）物料　指原料、辅料、包装材料等。

（2）原辅料　除包装材料之外，药品生产中使用的任何物料。

（3）产品　包括药品的中间产品、待包装产品、成品。

（4）中间产品　完成部分工序加工步骤的产品，仍需进一步加工才能成为待包装产品。

（5）待包装产品　未进行包装，但已经完成所有其他工序加工过程的产品，可以分成待内包装产品及待外包装产品。

（6）成品　完成所有生产操作步骤和最终包装的产品。

（7）复验期　原辅料、包装材料在贮存一定时期后，为保证原辅材料、包装材料仍适用于预定的用途，由企业自行制定的重新检验的期限。

2. 检验的基本流程、记录复核、出具检验报告单

（1）检验的基本流程

①物料所在仓库、产品所在制造部门通知 QC 部门取样，填写“请验单”。

②经授权的取样员按相应的管理规程取样，填写相应的“取样记录”等记录。

③取样员送样，化验室负责人（或指定人员）收样，做好“送样收样记录”等记录。

④化验室负责人（或指定人员）对样品进行分样，做好“分样记录”。

⑤接收样品的 QC 检查员做检验前的准备工作。

确认文件：QC 检查员核对检品，确认检验样品所用的质量标准、检验方法

及检验操作规程、领取受控的检验操作记录等文件，均为现行正在使用的经批准符合要求的文件版本。

确认仪器设备：QC 检查员根据检验方法及检验操作规程，确认检验用仪器设备是否完好、是否在校验效期内；检验用玻璃仪器已清洁并经过校验合格。

确认试剂、试液、对照品及标准品：QC 检查员根据检验方法及检验操作规程，确认检验用试剂、试液、滴定液、缓冲液对照品及标准品，检定菌、培养基等标示清楚，均在使用效期内。

确认检验环境：QC 检查员根据检验方法及检验操作规程的要求，对检验环境有特殊要求的检验操作项目，要保证检验环境达到标准要求，方可进行检验。

⑥检验：QC 检查员再次对检品进行核对，核对无误后，方可开始检验，并随时将检验数据及观察到的现象准确无误地记载到检验记录上，完成检验。

⑦完成检验及剩余检验样品：QC 检查员完成检验，对检验过程中获取的原始数据，进行自查，依据计算公式，计算检验结果，填写检验记录及相关的设备使用、养护记录，做出检验结论。同时，将剩余检验样品放回原处或在规定要求的条件下贮存，按相应的管理规程处理。

（2）记录复核　检验人员出具检验记录、检验结果及检验结论，即检验结束后，由实验室负责人或有资质的第二人进行复核，确保检验结果与记录一致，如检验结果异常，应进行相应的检验结果调查，复核人确认无误后，在检验原始记录上签字确认。

（3）出具检验报告单：当全部检验项目完成检验后，经有资质的第二人复核无误，根据检验结果出具检验报告单一式三份（请验部门一份、检验原始记录一份、质量保证室一份），报化验室负责人审核签字，下发。

实训二十四　常见控制菌大肠埃希菌、大肠菌群的检查

一、实训目的

1. 了解其他药典规定的控制菌种类。
2. 掌握常见大肠埃希菌检查操作方法。
3. 掌握大肠菌群检查操作方法。

二、实训范围

物料常见控制菌大肠埃希菌、大肠菌群的检验。

三、实训职责

检验员及检验室主任。

四、实训内容

1. 大肠埃希菌的检查

（1）仪器设备、玻璃器皿、用具及消毒液 参照细菌、霉菌和酵母菌计数。

（2）试液 0.9%无菌氯化钠溶液、无菌对氨基苯甲酸溶液、无菌聚山梨酯80氯化钠溶液、靛基质试液、甲基红试液、V-P试液、革兰染色液、中性红指示液、亚甲基蓝指示液、溴麝香草酚蓝指示液、酸性品红指示液、曙红钠指示液。

（3）培养基 营养肉汤、营养琼脂、胆盐乳糖、4-甲基伞形酮葡萄糖苷酸（MUG）蛋白胨培养基、乳糖发酵培养基、乳糖胆盐发酵培养基、5%乳糖培养基、蛋白胨水培养基、磷酸盐葡萄糖胨水培养基、枸橼酸盐培养基、曙红亚甲基蓝（EMB）琼脂、麦康凯琼脂。

（4）准备

对照用菌液：取大肠埃希菌培养物少许，接种至10mL营养肉汤培养基内，置30~35℃培养18~24h，取均匀培养物1mL，用0.9%无菌氯化钠溶液稀释成每1mL含菌10~100cfu的菌悬液，其菌数在做对照试验的同时用营养琼脂注皿或平板涂布，经培养后计数确定。

供试品的检验量：见细菌、霉菌和酵母菌计数。

供试品溶液的制备：见细菌、霉菌和酵母菌计数。

（5）检验操作

①阳性对照试验：供试品进行控制菌检查时，做阳性对照试验。阳性对照试验的加菌量为10~100cfu，供试品和增菌培养基用量及检查同供试品的控制菌检查。阳性对照试验应检出相应的控制菌。

②阴性对照试验：取稀释剂10mL，加入100mL（或200mL）于相应控制菌检查用的增菌培养基中，培养，应无菌生长。

③增菌培养：取胆盐乳糖（BL）培养基3瓶（各100mL/瓶）。2瓶分别加入规定量的供试液（相当于1g、1mL、10cm^2），其中1瓶加入对照菌10~100个作阳性对照。培养18~24h，必要时可延长培养时间至48h。

④观察：取上述增菌培养物0.2mL，接种至含5mL MUG培养基的试管内，培养5~24h，在366nm紫外光下观察，同时用未接种的MUG培养基作本底对照。

在紫外光下，若管内培养物呈现蓝白色荧光，为MUG阳性；在紫外光下，若管内培养物不呈现荧光，为MUG阴性；观察后，沿培养管的管壁加入数滴靛基质试液，液面呈玫瑰红色，为靛基质阳性；观察后，沿培养管的管壁加入数滴靛基质试液，液面呈试剂本色，为靛基质阴性；本底对照的MUG和靛基质试验应为阴性。

判定：如MUG阳性，靛基质阳性，判供试品检出大肠埃希菌；如MUG阴性，靛基质阴性，判供试品未检出大肠埃希菌。

⑤分离培养：若 MUG 阳性，靛基质阴性；MUG 阴性，靛基质阳性，应做进一步检查。

将上述供试品 BL 增菌培养液轻轻摇动，以接种环蘸取 1~2 环培养液，划线于 EMB 或麦康凯琼脂平板上，培养 18~24h。

若平板上无菌落生长或菌落生长与大肠埃希菌的形态特征不符，判供试品未检出大肠埃希菌。

当阳性对照平板呈典型菌落生长时，若 EMB 或麦康凯琼脂平板上生长的菌落与大肠埃希菌菌落形态特征相符或疑似者，应挑取可疑菌落进行分离、纯化、染色镜检、生化试验，确认是否为大肠埃希菌。

⑥纯培养：以接种针轻轻接触单个疑似菌落的表面中心，蘸取培养物，应挑 2~3 个以上疑似菌落，分别接种在营养琼脂斜面，培养 18~24h，做以下革兰染色、镜检检查。

以接种环蘸取无菌水于洁净载玻片上，取上述疑似菌落的营养琼脂斜面新鲜培养物少许，制成均匀涂片，自然或微温，再通过火焰 2~3 次干燥使固定。

滴加结晶紫染液，染色 1min，以滤纸吸干余水。

滴加 95% 乙醇，脱色 20~30s，至流出液无色，水洗。

滴加沙黄染液，复染 1min，待干后，镜检。

染色结果：革兰阳性菌呈蓝紫色；革兰阴性菌呈红色。大肠埃希菌为革兰阴性短杆菌，或球杆菌状，亦有杆菌状。

⑦生化试验

乳糖发酵试验：取上述斜面培养物，接种于乳糖发酵管，培养 24~48h，观察产酸（指示剂为酸性品红者为红色，指示剂为溴麝香草酚蓝者为黄色），产气。

靛基质试验（I）：取上述斜面培养物，接种于蛋白胨水培养基，培养 24~48h，沿管壁加入靛基质试液数滴，轻轻摇动试管，液面呈玫瑰红色为阳性，呈试剂本色为阴性。如靛基质是阴性，余下的蛋白胨水培养物再培养 24h，作靛基质试验。

甲基红试验（M）：取上述斜面培养物，接种于磷酸葡萄糖胨水培养基中，培养（48±2）h，于培养基中加入甲基红指示液 2~3 滴，轻微摇动，立即观察，呈鲜红色或橘红色为阳性，呈黄色为阴性。

乙酰甲基甲醇生产试验（V-P）：取上述斜面培养物，接种于磷酸葡萄糖胨水培养基中，培养（48±2）h，于 2mL 培养液中加入 α-萘酚乙醇试液 1mL，混匀，再加 40% KOH 试液 0.4mL，充分振摇，在 4h 内出现红色应判为阳性，无红色反应为阴性。

柠檬酸盐利用试验（C）：取上述斜面培养物，接种于枸橼酸盐培养基斜面上，培养 2~4d，培养基斜面有菌苔生长，培养基由绿色变为蓝色时为阳性，培养基颜色无改变，无菌苔生长为阴性。

（6）结果判断

Ⅰ、当阴性对照试验呈阴性，阳性对照试验 MUG 呈阳性、靛基质阳性，报告 1g 或 1mL 供试品检出大肠埃希菌。供试品 MUG 阴性、靛基质阴性，报告 1g 或 1mL 供试品未检出大肠埃希菌。

Ⅱ、供试品 MUG 阳性、靛基质阴性，生化试验为－　＋　－　－、革兰阴性杆菌，报告 1g 或 1mL 供试品检出大肠埃希菌。供试品 MUG 阴性、靛基质阳性，生化试验为＋　＋　－　－、革兰阴性杆菌，报告 1g 或 1mL 供试品检出大肠埃希菌。

Ⅲ、供试品培养物检查不符合Ⅱ项中的任何一项，报告 1g 或 1mL 供试品未检出大肠埃希菌。

Ⅳ、当阴性对照菌生长或阳性对照未生长或生长菌不是大肠埃希菌，不能做出检验报告。

2. 大肠菌群检查

（1）仪器、设备、用具　见大肠埃希菌检查法。

（2）试液、消毒剂、指示液　见大肠埃希菌检查法。

（3）培养基　乳糖发酵培养基、乳糖胆盐发酵培养基、曙红亚甲基蓝（EMB）琼脂、麦康凯琼脂。

（4）对照菌液　见大肠埃希菌检查法。

（5）检验操作

①增菌培养：取乳糖胆盐发酵管 3 支，分别加入 1∶10 稀释的供试液 1mL（含供试品 0.1g 或 0.1mL）、1∶100 稀释的供试液 1mL（含供试品 0.01g 或 0.01mL）和 1∶1000 稀释的供试液 1mL（含供试品 0.001g 或 0.001mL）。另取 1 支乳糖胆盐发酵管，加入稀释剂 1mL 作为阴性对照。菌培养 18～24h，观察结果。

供试液的乳糖胆盐发酵管若无菌生长或有菌生长但不产酸产气，则判该管未检出大肠菌群。若供试液的乳糖胆盐发酵管产酸产气，进一步分离培养。

②分离培养：将上述产酸产气的发酵管中的培养物，分别划线接种于曙红亚甲基蓝琼脂培养基或麦康凯琼脂培养基的平板上，培养 18～24h。

若平板上无菌落生长，或生长的菌落与大肠菌群菌落特征不符或为非革兰阴性无芽孢杆菌，判该管未检出大肠菌群。若平板上有疑似菌落，且为革兰阴性无芽孢杆菌，进行确证试验。

③确证试验：从上述分离平板上，挑选 4～5 个疑似菌落，分别接种于乳糖发酵管中，培养 24～48h，若产酸产气，判该乳糖胆盐发酵管检出大肠菌群，否则判未检出大肠菌群。

（6）结果判断　根据大肠菌群的检出管数，报告 1g 或 1mL 供试品中的大肠菌群数。

实训二十五　微生物限度检查法

一、实训目的

1. 熟悉微生物限度检查操作中供试液的制备。
2. 掌握微生物限度检的微生物基本计数规则。
3. 掌握微生物限度检查中平皿法的操作方法。

二、实训范围

物料微生物限度的检验。

三、实训职责

检验员及检验室主任。

四、实训内容

1. 仪器与玻璃器皿、用具

（1）仪器　恒温培养箱、生化培养箱、微波炉、匀浆仪（3000～8000r/min）、恒温水浴、电热干燥箱（100～300℃）、电冰箱、离心机、微孔滤膜及微孔滤膜过滤器、电子天平或加盘天平（感应量0.1g）、pH计。

（2）玻璃器皿　锥形瓶（200～500mL内装玻璃珠若干）、培养皿（9cm）、量筒（100～500mL）、试管（18mm×180mm）及塞、吸管（1mL分度0.01，10mL分度0.1）、注射器（20mL）、涂布棒、注射针头、载玻片、盖玻片、玻璃消毒缸（带盖）、不锈钢桶（带盖）。

（3）用具　大小橡皮乳头、无菌衣、帽、口罩、手套。接种环（白铱金或镍铬合金，环径4～5mm、长6～10cm）、乙醇灯、乙醇棉球或碘伏棉球、剪刀或手术刀、镊子、钢锥、称样纸、不锈钢药勺、试管架、火柴、记号笔、白瓷盘、洗手盆、陶瓦盖（12cm）、实验记录纸等。

以上玻璃器皿及用具均需经灭菌（消毒）后使用。

2. 消毒剂及稀释剂、试液

（1）消毒剂　75%乙醇溶液、碘酊或碘伏溶液、0.1%苯扎溴铵溶液（手及操作台面消毒）、5%石炭酸溶液（消毒带菌吸管用）。

（2）稀释剂、试液　0.9%无菌氯化钠溶液、pH7.0无菌氯化钠－蛋白胨缓冲液、无菌聚山梨酯80氯化钠－蛋白胨缓冲液、pH6.8无菌磷酸盐缓冲液、pH7.6无菌磷酸盐缓冲液、无菌聚山梨酯80氯化钠缓冲液、无菌0.1%氯化三苯四氮唑溶液（TTC）、pH7.2无菌磷酸盐缓冲液。

3. 供试品取样、保存、检验量

（1）取样　采用随机抽样法，取样量应为检验用量3~5倍（2个以上最小包装单位）。取样时，发现异常或可疑的样品，应选取有疑问的样品。包装破裂、机械损伤不取样。

从药瓶、瓶口（外盖内侧及瓶口周围）外观看出长螨、发霉、虫蛀及变质的药品，可直接判为不合格品，无需取样检验。

（2）保存　供试品在检验前，应保存在阴凉干燥处，勿冷藏或冷冻。应保持原包装状态，严禁开启，已开启包装的样品不得作为供试品检验。

（3）检验量　所有剂型的检验量均需取自2个以上包装单位（中药丸需取4丸、膜剂取4片以上）。

固体及半固体制剂的检验量为10g；液体制剂检验量为10mL。

膜剂除另有规定外，检验量为100cm^2。

特殊贵重或微量包装的药品，检验量可酌减。除另有规定外，口服固体制剂不低于3g，液体制剂采用原液者不得少于6mL，采用供试品液不得少于3mL，外用药品不少于5g。

要求检查沙门菌的供试品，其检验量应增加20g或20mL。

4. 实验准备

（1）将供试品及所有已灭菌的玻璃器皿、稀释剂等移至洁净实验室。编号后将全部外包装（牛皮纸）去掉。

（2）开启洁净实验室空气过滤装置，运行不低于30min。

（3）操作人员用肥皂或消毒液洗手，进入缓冲室，换工作鞋。再用消毒液洗手或乙醇擦手消毒，穿无菌衣，戴帽、口罩、手套。

（4）操作前先用乙醇棉球擦手，再用碘伏棉球（或酒精棉球）擦拭供试品瓶、盒、袋等的开口处周围，待干后用灭菌的手术剪将供试品启封。

5. 供试液的制备

供试液的制备若需用水浴加温时，温度不应超过45℃，时间不超过30min。除另有规定外，常用的供试品制备方法如下：

（1）液体供试品　取供试品10mL，加pH7.0无菌氯化钠－蛋白胨缓冲液至100mL，混匀，作为供试品溶液。油剂可加入适量的无菌聚山梨酯80使供试品分散均匀。

（2）固体、半固体或黏稠液供试品：取供试品10g，加pH7.0无菌氯化钠－蛋白胨缓冲液至100mL，用匀浆仪或其他适宜方法，混匀，作为供试品溶液。必要时，可加入适量的无菌聚山梨酯80，并置水浴中适当加温使供试品分散均匀。

（3）非水溶性供试品

①软膏、乳膏剂：先将烧杯中无菌助溶剂混合物溶化，（司盘－80 5g、单硬脂酸甘油酯3g、聚山梨酯－80 10g），待温度不超45℃时，取供试品5g（或

5mL）加入，用无菌玻璃棒搅拌成团后，分次加入45℃的pH7.0无菌氯化钠－蛋白胨缓冲液至100mL，边加边搅拌，使供试品充分乳化，作为1∶20的供试品溶液。

②油剂：取供试品10mL，加入无菌聚山梨酯－80 5～8mL，振摇使之乳化，再加入pH7.0无菌氯化钠－蛋白胨缓冲液至100mL，作为1∶10的供试品溶液。

③栓剂：取供试品10g，置灭菌锥形瓶中，加适量稀释剂，置45℃水浴保温10min，使溶解，加入无菌聚山梨酯－80 5～8mL，振摇使之乳化，再加入pH7.0无菌氯化钠－蛋白胨缓冲液至100mL，作为1∶10的供试品溶液。

④膏剂：取供试品10g，加至含无菌十四烷酸异丙酯和无菌玻璃珠的适宜容器中（必要时，可增加无菌十四烷酸异丙酯的用量），充分振摇，使供试品溶解，然后加45℃的pH7.0无菌氯化钠－蛋白胨缓冲液至100mL，振摇5～10min，萃取，待油水明显分层，取水层作为1∶10的供试品溶液。

（4）非水溶性膜剂供试品　取样为100㎠，置灭菌锥形瓶中，加适量pH7.0无菌氯化钠－蛋白胨缓冲液，于（45±1）℃水浴中保温，浸泡，振摇，以供试品浸液作为1∶10的供试品溶液。

（5）肠溶及结肠溶剂供试品　取供试品10g，肠溶剂加pH6.8无菌磷酸盐缓冲液至100mL，肠溶剂加pH7.6无菌磷酸盐缓冲液至100mL，均置45℃水浴中，振摇，使溶解，作为1∶10的供试品溶液。

（6）气雾剂、喷雾剂供试品　取规定量的供试品，置冰箱冰冻室（－20℃以下）内约1h。取出，迅速消毒供试品容器的开启部位周围，用无菌钢锥在容器上钻一小孔，在室温轻轻转动容器，使抛射剂缓缓全部释出。用无菌注射器吸出全部药液，加至适量的稀释剂（如含非水溶性成分，加适量无菌聚山梨酯－80）中，混匀，取出相当于10g或10mL的供试品，再稀释成1∶10的供试品。

（7）搽剂供试品　取供试品10g，置灭菌锥形瓶中，加稀释剂100mL，振摇2～3min，以灭菌纱布过滤（如为袋泡茶，可直接取2袋，以称样结果按1∶10加稀释剂，浸泡30min），以上供试品如吸水膨胀，或黏度过高，可增加稀释剂的量，制成1∶20～1∶100供试液。

（8）贴膏剂供试品　取规定量供试品，去掉贴剂的保护层，放置在无菌玻璃上，贴面朝上，用无菌纱布覆盖贴剂的黏贴面上，然后将其置于适宜体积并含有灭活剂（无菌聚山梨酯－80或卵磷脂）的稀释剂中，放置于匀浆仪匀质10min，制备成供试液。

（9）具抑菌活性供试品的处理

稀释法：取规定量的供试液，加至较大量的培养基中，使单位体积内的供试品含量减少至不具抑菌作用。

离心沉淀法：取供试液以500r/min离心3min，取上清液进行实验。此法用于细菌计数和控制菌检查。

薄膜过滤法：见细菌、霉菌计数。

中和法：含铅、汞或防腐剂的供试品，用试剂钝化、中和其抑菌活性，制成供试液。

6. 供试液的稀释

（1）取2～3只灭菌试管，分别加入9mL pH7.0无菌氯化钠－蛋白胨缓冲液灭菌稀释剂。

（2）另取1只1mL灭菌吸管，吸1∶10均匀供试液1mL，加入装有9mL pH7.0无菌氯化钠－蛋白胨缓冲液灭菌稀释剂试管中，混匀，即得1∶100供试液。以此类推，可稀释至1∶1000稀释剂。每递增1稀释级，必须另换一支吸管。

7. 平皿检查法

（1）在上述进行10倍递增稀释的同时，以该稀释级，吸取该稀释剂供试品溶液各1mL至每个直径9㎝的灭菌平皿中。

（2）阴性对照 待各级稀释液注皿完毕后，用1支吸管吸取试验用稀释剂（pH7.0无菌氯化钠－蛋白胨缓冲液）各1mL，分别注入4个平皿中。其中2个作细菌数阴性对照，另2个作霉菌、酵母菌阴性对照。

（3）倾注培养基 将预先配制好的培养基（细菌计数用营养琼脂培养基，霉菌、酵母菌计数用玫瑰红钠琼脂培养基）冷至约45℃时，倾注上述各皿约15mL，以顺时针或逆时针方向快速旋转平皿，使供试品溶液或稀释液与培养基混匀，盖上陶瓦盖，除去冷凝水，再移去陶瓦盖，盖上平皿盖，至操作平台上待凝固。

（4）培养 细菌计数平板倒置于30～35℃培养箱中培养3d。霉菌、酵母菌计数平板倒置于23～28℃培养箱中培养5d，必要时延长至7d。培养过程中，逐日观察菌落生产情况，点计菌落数。

（5）菌落计数

①一般将平板置菌落计数器或从平板的背面直接以肉眼点计，以透射光衬以暗色背景，仔细观察。勿漏计细小的琼脂层内和平皿边缘生长的菌落。

②若平板上有2个或2个以上菌落重叠，肉眼可辨别时，仍以2个或2个以上菌落计数；若平板上生长有链状或片状、云雾状菌落，菌落间无明显界限，一条线、片作为一个菌落剂，但若链、片上出现性状与链、片状菌落不同的可辨菌落时，仍应分别计数，若生长蔓延的较大的片状菌落或花斑样菌落，其外缘有若干性状相似的单个菌落，不宜作为计数用。

③菌落生长呈蔓延趋势者，细菌需在24h，霉菌需在48h做初步点计。

④在细菌培养3d，霉菌培养5d时，如菌落极小，不易辨认，细菌计数可延长培养时间至5d，霉菌及酵母菌计数可延长培养时间至7d，再点计菌落数。

⑤在特殊情况下，若营养琼脂培养基上有霉菌和酵母菌、玫瑰红钠培养基上有细菌，则应分别点计细菌、霉菌和酵母菌菌落数。然后再将营养琼脂培养基上

的霉菌和酵母菌数或玫瑰红钠培养基上的细菌数与玫瑰红钠培养基上的霉菌和酵母菌数或营养琼脂培养基上的细菌数进行比较，以菌落数多的培养基中的菌数为计数结果。

（6）菌数报告规则

①宜选取细菌平均菌落数小于300cfu，霉菌、酵母菌平均菌落数小于100cfu的平板计数作为菌数报告（取两位有效数字）的依据。

②当仅有1个稀释剂的菌落数符合上述规定，以该级的平均菌落数乘以稀释倍数报告菌落数；当有2个以上稀释剂的菌落数符合上述规定，以最高的平均菌落数乘以稀释倍数报告菌落数。

③若各稀释剂的平板均无菌落生长，或仅最低稀释级的平板有菌落生长，但平均菌落数小于1时，以小于1乘以最低稀释倍数报告菌落数。

实训二十六　培养基及生物指示剂

一、实训目的

1. 熟悉生物指示剂的实验室管理要求。
2. 掌握培养基制备使用的注意事项、贮藏的基本要求。
3. 掌握常见生物指示剂的种类及应用。

二、实训范围

培养基及生物指示剂。

三、实训职责

检验员及检验室主任。

四、实训内容

1. 培养基

（1）购入　培养基应从省级食品药品检验所或中国食品药品生物检定研究院购入。

（2）培养基管理员应具有一定的微生物学专业知识，并经过培训合格。

（3）对初次使用前或新购进的培养基都要进行验证检查，并单独登记入账。

（4）经检查验证合格的培养基方准许使用，否则不准使用。

（5）培养基贮藏

①干燥培养基贮藏：应根据培养基使用说明书上的要求进行贮藏。开启后的干燥培养基，应密封、避光，最好保存在4～8℃冰箱内。

②配制好的培养基：应保存在2～25℃，避光，密封包装，营养琼脂培养基不得冻结。配制好的培养基若保存于非密闭容器中，一般在三周内使用：一般基础营养培养基应在2周内用完；生化鉴别培养基应在1周内用完；选择性分离鉴别的培养基制成平板后当日用完。保存于密闭容器中，可在1年内使用。制备好的培养基放置时间不宜过长，以免水分散失及染菌。配制好的培养基在保存期间每天查看一次，检查盛放培养基瓶子的瓶塞子是否松动脱落；检查培养基是否有失水、染菌等现象，是否过期。

（6）培养基的制备

①培养基制备前的准备工作：培养基启用时，必须在“培养基使用记录”上登记使用日期、使用数量、使用人、用途等。

制备培养基所用的玻璃器皿，如吸管、试管、三角瓶和平皿等新的玻璃器皿（首次使用）和再次使用的玻璃器皿分别按各自批准的规程洗涤、干燥。

干燥后的器皿按规定程序进行灭菌。已灭菌的器皿按规定要求保存，并在期限内用完，超过贮存期限的器皿应重新灭菌。

②制备培养基配制及注意事项：按规定的规程进行培养基的称量、配制、过滤、分装、灭菌。记录各称量物重量和水的使用量；采用干燥培养基，按说明配制，配制后应采用验证合格的灭菌程序灭菌。对灭菌后的培养基pH进行校验。

培养基开瓶后，应注意有无结块或变色等现象。若发现上述现象，不能继续使用。

培养基分装量不得超过容器的2/3，以免灭菌时溢出，包装时，塞子必须塞紧，以免松动或脱落造成染菌；用牛皮纸将管口包扎严，灭菌备用。

填写培养基配制记录，内容包括：培养基名称、批号、配制量、配方、操作方法中重要参数如压力、温度、时间等、配制日期、配制者、复核者等。

在每个已灭菌的培养基容器外做好状态标志，注明培养基名称、批号、配制日期、使用期限、配制及复核等。

培养基配制后，应在2h内按培养基说明书要求灭菌，避免细菌繁殖。

灭菌后的培养基，细菌、杂菌培养基36℃恒温培养箱内培养48h；霉菌培养基在25～28℃恒温培养箱内培养72h；证明无菌生长后方可使用。

新购入的培养基质量均应符合培养基适用性检查要求。无菌检查用的硫乙醇酸盐流体培养基及改良马丁培养基等应符合培养基的无菌性检查及灵敏度检查的要求。本检查可在供试品的无菌检查前或与供试品的无菌检查同时进行。

配制的培养基不应有沉淀。如有沉淀，应于溶化后趁热过滤，灭菌后使用。

③配制好的培养基使用注意事项：勿用电炉直接熔化培养基，以免营养成分过度受热而破坏，应用水浴或加双层石棉网的电炉加热。

制作培养基平皿应在A级层流罩下操作。每次操作时，均应取相应溶剂和稀释剂同法操作，作为阴性对照。倾注培养基时，应擦干培养基容器外面的水分，避免水滴进入培养基造成污染。制成平板或分装的培养基容器和盖子不得破裂，装量应相同，避免产生气泡，固体培养基表面不得产生裂缝或涟漪，冷藏贮存时不得有结晶。

2. 生物指示剂

（1）生物指示剂（BI） 是一类特殊的微生物制品，对各种灭菌工艺有一定耐受性，能够定量测定灭菌效果的微生物制剂。用于灭菌验证的生物指示剂一般是细菌孢子。

（2）灭菌验证常用的生物指示剂

①嗜热脂肪芽孢杆菌孢子，适用湿热灭菌法。D 值 0.4 ~ 0.8min。

②枯草芽孢杆菌孢子，适用干热灭菌法、气体灭菌法。D 值大于 1.5min，用于干热灭菌条件。D 值大于 2.5min，用于环氧乙烷灭菌。

（3）常见生物指示剂的使用

①枯草黑色变种芽孢生物指示剂（菌片）：枯草黑色变种芽孢生物指示剂（菌片）是国际通用消毒指标菌，具有良好的抗菌代表性，保存稳定，容易培养和识别。该菌为革兰染色阳性杆菌，极易形成芽孢，其芽孢位于菌体中央，不膨大。100℃蒸汽，可耐受 4min；890mg/L 环氧乙烷可耐受 120 ~ 150min；D_{10} 值为 2.6 ~ 2.8min；1% 甲醛溶液可耐受 60 ~ 70min。用于环氧乙烷、微波、干热灭菌法，是最常用的生物指示剂。

使用方法：将枯草黑色变种芽孢生物指示剂（菌片）置于培养皿内，放在烘箱的上、中、下层的不同部位。开启烘箱进行试验，共进行三次。将三次试验的枯草黑色变种芽孢生物指示剂，按无菌操作法转移至培养液内，置 37℃ 培养箱培养 48h。

结果判断：根据颜色反应判断灭菌效果，培养后若为红色澄清液体，则需继续培养至 7d，仍不变色，则为阴性；若变为黄色浑浊液体，则为阳性。

注意事项：菌片及其制备的芽孢应保存在冰箱冷藏（适宜温度 4 ~ 6℃）。

②嗜热脂肪芽孢菌芽孢（ATCC7953）：嗜热脂肪芽孢菌芽孢所制成的生物指示剂，能正确反映压力蒸汽灭菌过程中时间、温度和灭菌效果之间的关系。适用于检查压力蒸汽灭菌锅的效能、压力蒸汽灭菌方法的正确性和压力蒸汽灭菌效果的判断。

耐热参数：121℃ 压力蒸汽灭菌死亡时间不超过 19min，存活时间不少于 3.9min，(121 ± 0.5)℃，饱和蒸汽测得 $D_{121} = 2.2$。

使用方法：将 ATCC7953 制成的生物指示剂，和被灭菌物品一起放置在灭菌锅（柜）内上、中、下三层或者排气口（冷点处）灭菌后取出，然后直接放于 (56 ~ 60)℃ 培养 24 ~ 48h，并另取一支未灭菌的生物指示剂，一起放于 56 ~ 60℃ 培养，作为阳性对照。

结果判断：根据颜色反应判断灭菌效果，培养后应全部保持紫色为灭菌合格，若由紫色变黄色判为灭菌不合格。对照管应由紫色变黄色判为该指示剂有效。

注意事项：本品应0～4℃避光贮存。本品制成的生物指示剂，若使用后由紫色变黄色时，须经高压灭菌后，才能弃去。

实训二十七　微生物检验设备设施

一、实训目的

1. 熟悉微生物检验所需要的设施、设备。
2. 掌握微生物检验区域的划分及功能要求。

二、实训范围

微生物的检验。

三、实训职责

检验员及检验室主任。

四、实训内容

1. 设施

药品微生物检验的实验室，按《中国药典》（2015 版）检验无菌检查及微生物限度检查的要求，应设立独立的洁净室（区），并配备相应的辅助室（区）。

（1）无菌及微生物限度检查实验区域

①物流净化：微生物限度检查区域和无菌检查区域的物流净化的缓冲间或传递窗（柜）。

②人流净化：微生物限度检查区域和无菌检查区域人流净化的更衣室。

（2）活菌处理实验区域

活菌处理包含内容：菌种传代、保藏、制备；环境中分离菌的鉴别；培养基促生长实验；阳性对照；微生物方法学验证；消毒剂、防腐剂的效力测定等。

①应与其他实验区域严格分开，并保持与相邻实验区域的相对负压差。

②以净化层流台作为局部 A 级环境背景，推荐使用生物安全柜，所有与活、毒菌种的实验均应在层流工作台或生物安全柜中进行。

（3）抗生素微生物检定（效价检定）室

①实验室：用于样品处理。

②半无菌室：用于制备双碟。半无菌室要求有紫外灯、温控设备、稳固的实验台、隔水式培养箱、恒温水域箱。

（4）培养室及其他辅助区域　可为一般清洁环境。

①培养室：用于放置培养细菌、真菌的培养箱。

②准备室：用于试液、培养基的配制、灭菌；实验器皿的洗涤、烘干、灭菌。

③贮藏室：实验用品及耗材的贮存。

2. 设备

（1）用于控制微生物检查实验操作环境的设备　无菌隔离器及实验室用层流台。

①无菌隔离器

用途：无菌检查。

设备的验证：安装确认、操作确认、性能确认（压力测定、DOP实验、粒子计数、完整性实验、灭菌程序、功能测试）。

定期监测：对微生物、悬浮粒子数进行监测。监测频率、可接受标准、监测点选择参照无菌室环境的监测。

②实验室用层流台

用途：微生物限度检查、抗生素效价测定、菌种传代、制备；环境中分离菌的鉴别；培养基促生长实验；阳性对照；微生物方法学验证；消毒剂、防腐剂的效力测定。

设备的验证：安装确认、操作确认、性能确认（DOP实验、粒子计数）。

定期监测：对微生物、悬浮粒子数进行监测。监测频率、可接受标准、监测点选择参照相对应洁净级别环境的监测。

（2）培养箱

用途：用于细菌、真菌的培养。

设备的验证：安装确认、运行确认、性能确认。

定期监测：定期对温度分布进行校正、定期进行内表面的清洁。

（3）蒸汽灭菌柜

用途：用于培养基灭菌、活菌灭活、实验耗材灭菌。

设备验证：安装确认、运行确认、性能确认。

定期监测：对满载热分布、热穿透实验、微生物挑战实验等定期进行再验证。

实训二十八　实验室结果调查

一、实训目的

1. 熟悉实验室结果调查的一般程序。

2. 掌握实验室结果调查的几种类型及重要性。

二、实训范围

适用于实验室结果超标、超趋势、异常数据的调查。

三、实训职责

检验员及检验室主任。

四、实训内容

1. 实验室结果调查的范围

(1) 超出质量标准的实验室结果（QQS）　实验室结果超出质量标准（超标，或低或高），包括注册标准以及企业的内控标准，若对产品有多个接受的标准，结果判定应采用严格的标准执行。

(2) 超出趋势的实验室结果（OOT）　实验室结果虽在质量标准之内，但是比较反常，与长期观察到的趋势或预期的结果不符。一般情况，OOT 的限度，由企业依据以下原则制定：

①稳定性数据。

②对以往批次的实验结果所做的回顾性总结，可以通过统计学工具计算出。

③企业对产品特性的了解。

(3) 异常数据（AD）　超出标准及超出趋势以外的异常数据，或来自异常测试过程的数据或事件，如人为的差错、仪器的停机等。

2. 实验室调查的重要性

(1) 实验室结果调查是判断产品是否放行的重要依据。

(2) 实验室结果调查是判断产品是否从市场召回的重要依据。

(3) 指导实验室发现实验过程缺陷，对缺陷整改并采取相应的预防措施。

3. 实验室结果调查的应用范围

适用于所有在检验室或中控室发生的对初始物料、中间产品及成品的检验。

4. 实验结果调查的一般原则

(1) 一旦出现超标、超趋势、异常数据的结果，必须进行实验室结果调查，以便确认结果是否有效。在调查过程中，应对发现的任何错误采取相应的预防和改正措施。

(2) 实验室结果调查，优先权高于一切其他的工作。

(3) 已上市产品的实验室结果调查（如投诉样品、稳定性试验等）

①若初步调查结论确凿，实验室结果调查应于 24h 内开始并在最短时间内完成，同时上报相关责任人，并及时跟踪调查进展和调查结果。

②若确认超标结果有效，且非实验室的原因所致，须在调查报告批准后，立

即通知相关的部门，并在更短的时间做出调查结论。

（4）如实验中出现明显错误时，在汇报相关负责人后，可停止实验，做好相关记录和调查，确定该实验为无效。重新进行实验以获得有效结果。

（5）取样过程必须保证正确，保证实验结果能代表该批产品的质量。

（6）所有的实验溶液必须保留至调查结束。

（7）所有的重复取样、复验都必须得到相关负责人的批准后进行。

（8）在开始实验前，必须进行外观检查。若外观可疑、受损或保存条件不符合标准要求时，不能进行实验。

5. 实验室结果调查的程序

（1）OOS/OOT/AD 实验结果的鉴定　检验人员对于每一个检验结果都应对照质量标准和以往的历史趋势进行评判，以确定是否未超标或超趋势、异常的检验结果。若确定为异常结果，需立即报告相关负责人，并保留所有的检验相关的仪器、溶液、对照品液等，直到实验室调查批准总结为止。后续的调查则必须确认每一个 OOS/OOT/AD 结果的原因。

（2）调研阶段Ⅰ　证明实验结果是否为分析错误引发。

①计算核查：重新进行计算，以确定是否为计算错误。

②样品调查：检查原始样品：检查样品外观、包装、标签、贮存条件，与同时检测的其他批次样品比较。取样过程调查：检查取样环境、取样方法、取样工具、取样人员的操作等。若确认为样品问题，则初始检验结果及原始样品判为无效，重新取样测定。

③实验室分析过程及相关调查：检查实验文件，确认实验过程及方法正确；确认实验在现行规定的实验方法的条件下进行，且系统适用性符合要求的规定；检查色谱、光谱等原始数据是否有异常或可疑的信息；确认所用仪器已经过校验，操作正确，包括对仪器所用的软件进行核实；确认操作参数或参数的设定正确；确认试剂、溶剂、标准品使用正确并且在使用效期内，溶液制备正确；检查玻璃容器中剩余溶液的性状和体积，检查所用容器的使用是否正确并得到校验，所用容器没有可见的污染；评估检验人员的培训历史和检验操作经验；复测包括原始溶液、进样溶液，或者是新制备溶液、进样液；评估与 OOS/OOT/AD 同时检测的所有批次；收集该产品的历史数据并评估，以确认是否有相关的趋势问题；经过以上调查，应得到明确的结论，证明 OOS/OOT/AD 是否为明显的实验室错误引起，否则，进行调研阶段Ⅱ。

（3）调研阶段Ⅱ　通过复检，做进一步的调查，证明 OOS/OOT/AD 结果是否为实验室原因或是产品缺陷。

①对部分数量的初始样品进行复检：对初始所用的样品进行复检，并重复对样品的处理过程；复检需由另一名检验员进行；不能够无限地进行重复复检，复检的次数应提前规定于测试方案中；若 OOS/OOT/AD 结果被证实，则判定这一

批次的产品为缺陷产品；若 OOS/OOT/AD 未被证实，则认为第一次的结果无效，并由新的检验数据取代。

②再取样，对本批新样品进行检测：当第一次复检结果与原始检测的差异很大，在此特殊情况下，要重复取样。其测试方案也应该同样得到批准。

③对新数据的计算：复检时每个样品的检测结果应分别评估，以便找到 OOS/OOT/AD 的可能原因。

在特定情况时，应列出对平均值的相对标准偏差。

若多次测定，结果有符合标准，也有不符合标准的情况，即使平均值符合标准，也应对 OOS/OOT/AD 结果进行调查，找出原因。

（4）结果评估与结论　实验室调查结果都必须记录和评估，为最终产品的放行或否决提供部分依据。

实验室调查后，确认 OOS/OOT/AD 结果的根本原因非实验室所致，则由质量部与生产部共同进行下一步的调查，实验室则按要求提供必要的支持性工作。

（5）纠正和预防措施　基于调查结果，采取适合的预防措施，防止更多的 OOS/OOT/AD 结果发生。

（6）趋势跟踪

①第一级趋势分析：针对产品自身缺陷、分析错误、样品问题、未知错误。

②第二级趋势分析：针对人员错误、方法错误、仪器错误等。

例如，当一个设备有产生 OOT 结果的趋势时，必须对该设备进行维修、校准。若已对该设备进行维修、校准后发生 OOT 的频率仍然增加，则更换设备可以作为最终的选择。

若 OOT/OOS 错误经查由于某一个检验人员引起的，那么这个检验人员则需要额外的更进一步的培训。

6. 实验结果调查的文件要求

实验室结果调查记录报告至少包括以下几方面内容：OOS/OOT/AD 的描述；原始数据、样品的调查；若需要复检，复检的计划及实验结果；各方面调查结果，总结可能的原因；结论，对结果有效性的说明；预防的措施；所有调查过程中的原始数据及实验记录均应作为调查报告的附件保留存档。

7. 实验结果调查职责的确定

在调查过程中检验人员、检验负责人及质量保证部负责人均应履行相应的职责。

注：相关概念如下：

初始样品复验：用相同的样品或相同数量的样品重复检验。

重新进样：为确认是否分析仪器的影响，从依然有效的试验溶液中重复进样检验。

实训二十九　原始数据的管理

一、实训目的

1. 掌握原始数据的基本概念。

2. 掌握原始数据的范围和保存要求。

二、实训范围

药品检验工作所有原始数据。

三、实训职责

检验员及检验室主任。

四、实训内容

1. 原始数据的概念

（1）原始数据　是最终数据的来源，也是最初观察和活动的结果。

（2）原始数据的类型

手写原始数据：手工记录一项活动的结果（如温度、湿度、压差等）。

电子原始数据包含：

未加工的原始数据：未由用户设定参数约束的数据（如色谱中的积分参数）。

加工过的原始数据：经过用户设定参数约束的数据（如色谱中的积分参数）。

再加工过的原始数据：由用户有意识地调整参数后得到的数据。

2. 原始数据的范围

（1）取样记录数据；检验记录、实验室工作记录簿及报告。

（2）检验仪器中打印的记录、图谱和曲线图等（如液相、气相色谱图，红外图谱等）。

（3）实验室日志，包括检验台账，仪器的使用、养护记录，标准品使用记录等。

（4）电子数据处理系统、照相技术及其他可靠方法记录的数据资料。

（5）计量器具的校准记录。

（6）验证的方案及报告。

3. 原始数据的保存

（1）所有原始数据必须保存，不得使用热敏纸，如果不可避免，可复印并在复印件上签注姓名和日期，并证明与原件相符。

（2）若原始数据未作为最终实验结果出具，它仍需要保存并应注明其结果不被提供的原因。

(3) 对于某些数据如环境监测数据、制药用水的监测数据，宜对数据进行趋势分析并保存趋势分析报告，以便掌握相关系统的整体运行状况。

(4) 原始数据在审核批准后，原件均应在专门贮存区域集中存档，由专人采用安全有序的管理方式进行管理和保存。贮存区域要限制人员的进出，环境不应有导致记录被损坏的因素（如水、火、潮湿、油烟、虫蛀）。

(5) 借阅存档的原始数据，应遵照相应的文件借阅管理规程，避免遗失。

(6) 应对不同的原始数据，建立相应的保留期限，批检验记录按规定保存至药品有效期后一年。稳定性考察、验证等其他重要文件的保存期要适当的延长。

实训三十 有效数字和数值的修约

一、实训目的

1. 熟悉有效数字运算规则。
2. 掌握有效数字的基本概念。
3. 掌握检验数据数值的修约及进舍原则。

二、实训范围

药品检验工作中除生物检定统计法以外的各种测量或计算。

三、实训职责

检验员及检验室主任。

四、实训内容

1. 有效数字的概念

(1) 有效数字 是指由可靠数字和最后一位不确定数字组成的数值。其最后一位数字的欠准程度通常与前位数只能上下差 1 单位。

(2) 有效数字的数位 是指确定欠准数字的位置。欠准数字的位置确定后，其后的数字均为无效数字。欠准数字的位置，可以是十进位的任何数位，如 10（十位数）、100（百位数）……也可以是 0.1（十分位）、0.01（百分位）……

2. 有效位数

(1) 以零结尾无小数位的数值中，有效位数是从最左一位非零数字向右数到定位用的零的个数。

例如，27000 中若有两个无效零，则为三位有效数字，应写作 270×10^2 或 2.70×10^4。

27000 中若有三个无效零，则为两位有效数字，应写作 27×10^3 或 2.7×10^4。

（2）以下几种情况，有效位数可视为无限多位，在计算中，有效位数应依其他数值的最少有效位数而定。

其他十进位数值中，有效位数是从非零数字最左一位向右数得到的位数。

例如，2. 3、0. 23、0. 033 和 0. 0033 均为两位有效位数；

0. 330 为三位有效位数，10. 10 为四位有效位数；12. 370 为五位有效位数。

非连续数字，没有欠准数字；其有效位数，记为无限多位。

例如，分子式“H_3PO_4”中的“3”和“4”是个数。

常数 π、e 和根数值可视为无限多位。

含量测定项下，“×××滴定液（0. 2mol/L）……”中的“0. 2”为名义浓度，规格项下 0. 33g，或 1∶20mg 中的“0. 33”“1”“20”为标示量，其有效位数均为无限多位。

（3）对数值及 pH 的有效位数，由其小数点后的位数决定，其整数部分只表明真数的乘方次数。如 pH = 10. 32，其有效位数只有两位。

（4）有效数字的首位数字为 8、9 时，其有效位数可多记一位。

例如，98% 与 110% 都可以看成是三位有效位数。

89. 0% 与 102. 0% 都可以看成是四位有效数字。

3. 数值修约

（1）数值修约　是指对待修约数值中超出要保留位数的数值的舍弃，根据舍弃数保留最后一位数或最后几位数。

（2）修约间隔　是确定修约保留位数的方式，修约间隔的数值一旦确定，修约值即为修约间隔数值的整数倍。

（3）确定修约位数的表述

指定位数：指定修约间隔为 10^{-n}、10^n（n 为正整数）；或指明将数值修约到个位数。

指定将数值修约成 n 位有效位数（n 为正整数）。

在相对标准偏差（RSD）的计算中，其有效位数应为其 1/3 值的首位（非零数字）。

4. 进舍原则

（1）拟舍数字的最左一位数字小于 5 时，则舍去。

例如，将 11. 1476 修约到一位小数（十分位），得 11. 1。

将 11. 1476 修约到两位有效数字（十位数），得 11。

（2）拟舍数字的最左一位数字大于 5 或是 5，其后跟有非全部为 0 的数字时，则进一。

例如，将 1169 修约到百位数，得 12×10^2。

将 1169 修约到三位有效数位数，得 117×10。

将 10.5002 修约到个位数，得 11。

（3）拟舍数字的最左一位数为 5，右面无数字或者数字皆为 0 时，若所保留末位数，为奇数则进一，为偶数则舍弃。

例如，修约间隔为 0.1（10^{-1}）：

拟修约数值	修约值
2.050	2.0
0.150	0.2

修约间隔为 1000（10^3）：

拟修约数值	修约值
5500	6×10^3
4500	4×10^3

将下列数字修约成两位有效数字：

拟修约数值	修约值
0.0125	0.012
12500	12×10^3

（4）在相对标准偏差（RSD）的计算中，采用“只进不舍”的原则。

例如，0.153%、0.52% 宜修约为 0.16%、0.6%。

（5）拟修约数字要在确定修约位数后，一次修约获得结果，不得多次连续修约。

5. 运算规则

（1）许多数字相加减时，以诸数值中欠准数字位数最大（绝对误差最大）的数值为准，确定其他数值在运算中保留的位数和计算结果的有效位数。

（2）许多数字相乘除时，以诸数值中有效位数最少（相对误差最小）的数值为准，确定其他数值在运算中保留的位数和计算结果的有效位数。

（3）在运算过程中，为减少舍入误差，诸数值的修约可以比最小有效位数暂时多保留一位，等运算到结果时，依有效位数舍去多余的数字。

例如，$12.51+0.00812+1.433=?$

本例是数值加减，在三个数值中 12.51 绝对误差最大，其最末一位数为百分位，因此将其他两个数值暂时保留至千分位进行运算，最后对计算结果进行修约。

$$12.51+0.00812+1.433=12.51+0.008+1.433=13.951=13.95$$

6. 注意事项

（1）正确记录检测所得的数值　检测值应与测量的准确度相符合，记录全部准确数字和一位欠准数字。有效位数的确定可以依据检品的取样量、量具的精度、检验方法允许误差、检验标准中的限度要求等确定。

（2）根据取样要求，选择相应的量具。

“精密称定”指称取重量应准确到所取重量的 0.1%。

“精密量取”指应选符合国家标准的移液管，必要时加校正值。

“称定（或量取）”指称取的重量（或量取的容量）应准确到所取重量（或容量）的1%。

“取约×××”时，指取用量不得超过规定量的100%±10%。

取用量精度未作特殊规定时，应根据其实质的有效位数选用与之相应的量具；如量取5mL、5.0mL、5.00mL时，应分别选用5～10mL的量筒、刻度吸管、移液管进行量取。

（3）在判定药品质量是否符合规定前，应将全部数据依数值修约规则进行运算，计算结果也要修约到标准中所规定的有效位数，然后才能进行结果的判定。

实训三十一　无菌环境生产人员的监测

一、实训目的

1. 熟悉无菌环境生产人员监测结果的偏差纠正要求及趋势分析。

2. 掌握无菌环境生产人员监测取样及监测的方法。

二、实训范围

无菌环境生产人员监测。

三、实训职责

测试人员、被测人员及无菌环境生产负责人。

四、实训内容

1. 人员监测取样

（1）人员监测取样，一般在生产活动结束（人员离开无菌区）时取样。

（2）人员监测取样位置

①日常监测时取样位置：在无菌服两个袖子的肘部和腕部之间，里侧或对下侧取样；在无菌服胸部表面拉链处取样；在两只手的手指部位进行取样。

②人员更衣资质确认时，增加的取样部位：前额、面部、颈部、后脑、腿部、拉链等。

2. 人员监测频次和限度

（1）监测频次　每个工作日或每班监测一次。

（2）监测限度

手套：≤1个微生物/手套。

无菌服：≤5个微生物/平皿。

(3) 人员监测的测试

①测试方法：同表面微生物监测法中的“接触碟法”。

②测试注意事项：

不能使用被污染的、水汽过多、过于干燥、分装不均的平皿。

接触平皿标示应清晰，通常含操作员姓名、取样日期、取样部位（表明左、右)、取样人姓名等信息。

对进入无菌区的操作人员及支持人员均应进行检查；被测试人员不得自行取样；取样前不得对手套消毒；取样后，被测人员应对手部进行彻底消毒；取样后，取样人员携带样品应立即离开无菌区。

(4) 偏差纠正　若发现人员微生物监测结果超标，应立即进行调查和评估。

①评估被测人员可能对产品产生的污染情况。

②审核灭菌数据。

③审核其他区域环境监测的数据。

④审核用于人员消毒的消毒剂（配制日期及效期等)。

⑤鉴定被测人员及环境的污染菌。

⑥评估操作人员的培训情况。

⑦同被测人员约谈，交流潜在的污染原因。

⑧对操作人员再培训，更衣资质再次确认，无法达到要求者，调离无菌区工作岗位。

⑨评估如必要，增加取样次数，加强观测。

(5) 趋势分析

①定期对人员监测的微生物监测数据进行趋势分析。

②若发现表面微生物监测数据有增加的趋势，尤其要关注表面微生物增加的趋势是否与特定的操作人员有相关性。

③根据调查结果采取相应的系统纠正措施。

实训三十二　洁净区生产环境的质量监测——悬浮粒子

一、实训目的

1. 熟悉悬浮粒子监测结果的偏差纠正要求及趋势分析。
2. 掌握不同洁净级别悬浮粒子监测的标准。
3. 掌握悬浮粒子测试及结果计算的方法。

二、实训范围

洁净区。

三、实训职责

测试人员、空调操作人员及洁净区生产负责人、工程负责人。

四、实训内容

1. GMP（2015 版）将药品生产洁净区的洁净级别划分为 A、B、C、D 四个级别。

2. GMP（2015 版）对不同制剂及制药生产工序的生产环境洁净级别要求

（1）无菌制剂产品生产工序适用洁净级别

A 级：高风险操作区，如灌装区、放置胶塞桶和与无菌制剂直接接触的敞口包装容器的区域及无菌装配或连接操作的区域，应当用单向流操作台（罩）维持该区的环境状态。B 级：指无菌配制和灌装等高风险操作 A 级洁净区所处的背景区域。C 级和 D 级：指无菌药品生产过程中重要程度较低操作步骤的洁净区。

（2）非无菌产品的生产工序适用洁净级别

D 级：适用口服液体和固体制剂、腔道用药（含直肠用药）、表皮外用药品等非无菌制剂生产的暴露工序区域；直接接触药品的包装材料最终处理的暴露工序区域。

（3）原料药生产工序适用洁净级别

A 级（B 级背景）：适用无菌原料药的粉碎、过筛、混合、分装。

D 级：适用非无菌原料药的精制、干燥、粉碎、包装等生产操作的暴露环境。

3. 洁净区悬浮粒子数监测标准及监测频次

（1）悬浮粒子检测标准

洁净度级别	悬浮粒子最大允许数/m^3			
	静态		动态	
	≥0.5μm	≥5.0μm	≥0.5μm	≥5.0μm
A 级	3520	20	3520	20
B 级	3520	29	352000	2900
C 级	352000	2900	3520000	29000
D 级	3520000	29000	不作规定	不作规定

（2）监测频次

①洁净区级别确认周期：正常运行的生产用洁净区每年检测一次以确认洁净级别（一般同空调系统验证同步进行）；更换空调系统关键部分，使用前需进行悬浮粒子检测。

②生产洁净区日常监测：在正常生产的每个生产周期生产前、生产后各进行一次检测，生产后的测试时间选择在生产人员撤离15min后开始测试。

4. 洁净区悬浮粒子数测试，采样点数目、布局及采样量

（1）采样点数目及布局确定的要求　根据空调系统初始验证的结果确定；根据被测定房间面积的大小和布局确定；房间（区域）的使用空间及用途来确定；高效过滤器与暴露产品的距离；人流、物流的方向。

（2）采样点数目及布局

①采样点布置规则：均匀采样。

②采样点数目：面积，对于单向流洁净室指的是送风面积；对非单向流洁净室，指的是房间面积。

（3）采样量（L/次）：

①洁净度级别100，10000，100000。

②≥0.5μm/次，5.66，2.83，2.83。

③≥5μm/次，8.5　　8.5　　8.5。

5. 洁净区悬浮粒子测试条件

（1）温度和湿度　洁净区的温度控制在18～26℃，相对湿度控制在45%～65%为宜。

（2）压差　洁净区与非洁净区之间、不同级别洁净区之间的压差应当不低于10Pa，必要时，相同洁净度级别的不同功能区域（操作间）之间也应当保持适当的压差梯度，并应有指示压差的装置。

（3）静态测试时，室内测试人员不得多于2人。

（4）测试报告中应标明测试时所采用的状态：

静态监测：D级区域，其他非D级区域在空调系统验证时采用。

动态监测：日常监测时进行（D级区域除外）。

（5）测试时间　对非单向流测试应在净化空调系统正常运行时间不少于30min后开始。

6. 洁净区悬浮粒子的测试采样

（1）采样点的位置　采样点一般在离地0.8m高度的水平面上均匀布置。采样点多于5点时，也可以在离地面0.8～1.5m高度的区域内分层布置，但每层不少于5点。

（2）采样点的限制　对任何小洁净区域、局部空气净化区域，采样点的数目不得少于2个，总采样次数不得少于5次，每个采样点的采样次数可以多于1次，且不同采样点的采样次数可以不同。

（3）采样注意事项　在确认洁净室（区）送风量和压差达到要求后，方可进行采样。对于单向流，计数器采样管口朝向应正对气流方向；对于非单向流，采样管口宜向上。布置采样点时，应避开回风口。采样时，测试人员应在采样口

的下风侧。

7. 洁净区悬浮粒子的测试方法

（1）常见的测试方法采用计数浓度法，即通过测定洁净环境内单位体积空气中含大于或等于某粒径的悬浮粒子数，来评定洁净区的悬浮粒子洁净度等级。

（2）仪器　尘埃粒子计数器，常用仪器一次采样能同时得到六种粒径的悬浮粒子数目，最小粒径档为0.3μm，其余为0.5、1、3、5、10μm共六档。

（3）悬浮粒子计数器使用要点　仪器开机，预热至稳定后，方可按说明书的规定对仪器进行校正。

仪器的工作位置和采样管的进气口应处于同一气压和温度下，以免影响气路系统工作和产生凝露而损坏光学系统。若必须在有气压差的情况下工作，则最大压差不超过200Pa。

仪器做各种测量时，流量计浮子均应调到刻线处（自净状态除外），否则空气采样量不准确，并将直接影响测量结果。气路管道不能堵塞和弯死。

采样管的长度应根据仪器的允许长度，除另有规定外，长度不得大于1.5m。采样管必须干净，严禁渗漏。必须按照仪器的检定周期，定期对仪器做检定，以保证测试数据的可靠性。

8. 结果计算

（1）采样点的平均粒子浓度

$$A = \frac{C_1 + C_2 + \cdots + C_N}{N}$$

式中　A——某一采样点的平均粒子浓度，个（粒）/m^3

C_N——某一采样点的粒子浓度，个（粒）/m^3

N——某一采样点上的采样次数，次

（2）平均值的均值

$$M = \frac{A_1 + A_2 + \cdots + A_L}{L}$$

式中　M——平均值的均值，即洁净室（区）的平均粒子浓度，个（粒）/m^3

A_L——某一采样点的平均粒子浓度，个（粒）/m^3

L——某一洁净室（区）内的总采样点数，个

（3）标准误差

$$\mathrm{SE} = \sqrt{\frac{(A_1 - M)^2 + (A_2 - M)^2 + \cdots (A_L - M)^2}{L(L-1)}}$$

式中　SE——平均值均值的标准误差，个（粒）/m^3

（4）置信上限

$$\mathrm{UCL} = M + t \times SE$$

式中　UCL——平均值均值的95%置信上限，个（粒）/m^3

t——95%置信上限的t分布系数

（5）结果评定　各测试点的测试值均不超过（超过）相应洁净级别规定限度时，即可判断为符合（不符合）洁净级别的要求。

如在选定的所有测试点中，各测试点的测试值出现有超过该洁净级别规定的限度时，全部采样点的粒子浓度平均值均值的95%置信上限必须低于或等于规定的级别界限，即，

UCL≤级别界限

9. 洁净区悬浮粒子数监测数据的偏差纠正及趋势分析

（1）偏差纠正　若发现监测结果超标，应立即进行调查和评估。

①调查最近一次的空气微生物、表面微生物的监测结果。

②调查检查人员的更衣程序是否正确。

③调查空调系统：运行情况、过滤器装置是否完整。

④调查是否有明显的产生悬浮粒子的因素。

⑤评估是否要对空调系统进行重新验证。

（2）趋势分析　建议年度对监测结果进行趋势分析，根据分析结果对整个系统采取相应的纠正措施。

实训三十三　洁净区生产环境的质量监测——微生物监测

一、实训目的

1. 掌握不同洁净级别微生物监测的标准。
2. 掌握洁净区气体微生物监测的方法。

二、实训范围

洁净区。

三、实训职责

测试人员、空调操作人员及洁净区生产负责人、工程负责人。

四、实训内容

洁净区生产环境微生物监测包括空气微生物监测、表面微生物监测。

1. 洁净区生产环境空气微生物的监测

（1）洁净区空气微生物监测限度要求

A级 浮游菌 cfu/m^3 <1，沉降菌（φ90mm）cfu/4h <1

B级 浮游菌 cfu/m^3 <10，沉降菌（φ90mm）cfu/4h <5

C级 浮游菌 cfu/m^3 <100，沉降菌（φ90mm）cfu/4h <50

D 级 浮游菌 $cfu/m^3 < 200$，沉降菌（φ90mm）cfu/4h < 100

（2）洁净区空气微生物监测频率

①建议参考

主动监测，所有点 1 次/班。

被动监测，所有点连续。

②在以下情况应考虑增加环境取样频率：环境监测数据显示，监测结果有上升趋势时，可增加相对应区域的监测点频率；安装新设备，改造现有设备时，可增加改造区域监测的频率；增加操作人员或增加操作的班次时，可根据操作范围和时间增加监测点和频次；改变无菌操作技术时；无菌实验和无菌分装验证失败时。

（3）洁净区空气微生物监测点

①浮游菌的测试点选择可以与洁净区悬浮粒子数监测的位点一致。

②沉降菌的测试点：应布置在有代表性的地方和气流扰动较小的地方。

（4）洁净区空气微生物测试

①洁净区空气微生物测试必须在动态下监测。

②取样：可以选择预倾注平皿，也可选择自制平皿，但不能使用被污染的、水汽过多或过干燥、分装不均的平皿。

浮游菌测试：将浮游菌采样器放在一个稳定的平台上，取样口置于取样点的合适高度（0. 8 ~ 1. 5m），采样即可。

沉降菌测试：用无菌容器，将预先培养的无菌平皿带至待测试区域，将培养皿按采样点位置放好后，打开培养皿，至培养皿表面暴露经验证的时间后，将培养皿盖上盖收集好，测试时记录平皿打开的开始时间及结束时间。

将浮游菌或沉降菌采样的所有培养皿送至实验室培养。

注意培养皿碟面上要标明监测点、日期、编号、浮游菌或沉降菌等信息。

（5）结果判定　对每个培养皿的菌落数进行计数，报告最终结果。

A、B、C 对每个培养皿的菌落数进行计数，报告最终结果；D 以每个洁净室（区）所有采样点的平均值报告最终结果。

（6）洁净区空气微生物监测偏差纠正　若发现空气微生物监测结果超标，一般采取以下调查和评估：查验最近一次的悬浮粒子数的监测结果；查验最近一次的表面微生物监测结果；检查检查人员的更衣程序是否正确；检查空调系统运行情况；检查空调系统过滤器装置的完整性；调查操作人员的行为、操作是否正确；评估空调系统是否需要重新进行验证。

（7）趋势分析　建议年度对洁净区微生物监测结果进行趋势分析，根据分析结果对整个系统采取相应的纠正措施。

2. 洁净区表面微生物监测

（1）洁净区表面微生物监测限度

接触碟（φ55mm）（$cfu/25cm^2$）< 1。

5 指手套 cfu/手套 <1。

（2）洁净区表面微生物监测频率　表面及设备监测棉签法/接触碟法所有点每批结束或每天 1 次。

（3）洁净区表面微生物监测点的选择

对于同一洁净区（室），每个相同的取样物体，应在其不同的位置采取 2 个位点。如在墙面取 2 个采样点，在地面取 2 个采样点。

（4）洁净区表面微生物测试

①洁净区表面微生物监测均在动态下进行。

②采样

接触碟法（接触平皿法）：适用于平整、有规则的表面取样；碟子直径为 50～55mm；培养基充满碟子并形成圆顶，取样面积约 $5cm^2$。

操作：取样时，打开碟盖，将无菌的培养基表面与取样面直接接触，均匀按压接触碟底板，确保全部培养基表面与取样点表面均匀充分地接触，再盖上碟盖。

取样后，应立即用消毒剂对取样表面进行擦拭消毒，除去残留的培养基。

棉签擦拭法：适用于接触平皿法不适用的设备及不规则表面的取样。

棉签的种类可以选择棉质、涤纶等。棉签头取样前先进行润湿（常用无菌生理盐水 50mL 或无菌 0.1% 的蛋白胨溶液 50mL）。

操作：握住棉签柄，以约 30^0 角与取样表面接触，缓慢并充分擦拭，取样面积 24～30 cm^2（可用无菌模板确定擦拭面积），然后折断棉签头，放入上述溶液中，充分振荡，再用平皿涂布法或铺平板法培养计数。

若棉签头材质为藻酸钙，则要用稀酸溶液为稀释剂（如 1% 柠檬酸钠溶液），溶解棉签头。

该法与接触碟法均可用于定量检测。

表面冲洗法：适用于确定设备内表面的生物载荷时，或设备表面较大时采用该法。

操作：用无菌水冲洗内表面，然后收集，膜过滤后，培养得到定量的结果。

（5）结果判定　对每个培养皿的菌落数进行计数，报告最终结果。

A、B、C 区对每个培养皿的菌落数进行计数，报告最终结果；D 区以每个洁净室（区）所有采样点的平均值报告最终结果。

（6）洁净区表面微生物监测偏差纠正　若发现洁净区表面微生物监测结果超标，一般采取以下调查和评估：查验最近一次的悬浮粒子数的监测结果；查验最近一次的空气微生物监测结果；检查检查人员的更衣程序是否正确；检查取样和样品的处理是否正确（包含取样人员的资质是否得到确认）；检查设备清洁情况；检查消毒剂情况；检查操作工的清洁培训情况。

（7）趋势分析　建议年度对洁净区微生物监测结果进行趋势分析，根据分析结果对整个系统采取相应的纠正措施。

实训三十四　制药用水和清洁蒸汽的监测

一、实训目的

1. 熟悉纯化水、注射用水、清洁蒸汽监测结果的偏差纠正要求及趋势分析。
2. 掌握纯化水、注射用水微生物监测的标准。
3. 掌握纯化水、注射用水微生物监测取样方法。

二、实训范围

制药用水和清洁蒸汽。

三、实训职责

测试人员、制水操作人员及洁净区生产负责人、工程负责人。

四、实训内容

制药用水一般包含：饮用水、纯化水、注射用水。

1. 饮用水（原水）

常来自于市政供应的自来水或深井水。

（1）饮用水标准　应符合中华人民共和国国家标准 GB 5749—2006《生活饮用水卫生标准》。

（2）饮用水测试点选择　全厂饮用水供应源头（饮用水从市政入厂点）。饮用水进入纯化水系统的原水点。

（3）饮用水监测频率　因中华人民共和国国家标准 GB 5749—2006《生活饮用水卫生标准》中规定的监测指标，一般实验室难有条件完成所有指标的监测。在此情况下，可委托当地的检验防疫部门或供水单位监测中心定期到厂采样监测并出具报告，企业实验室也应制定出企业监测的内控标准（饮用水的部分检验项目，如微生物监测等），并定期进行监测。

（4）饮用水中菌落总数测定方法

①取样：取样前对取样点用 75% 乙醇溶液擦拭消毒；取样前打开取样点的阀门，让水流出一定时间（30s ~ 2min）后，取样；取样后的样品应尽快使用，贮存时间不能超过 24h；在传递、贮存期间，样品避免过热（ >25℃），过冷（ <8℃）。

②实验方法：按《中国药典》（2015 版）要求，检测。

③结果判定：直接读取培养皿表面上的菌落数（无稀释样品），取平均值作

为最终结果报告，进行判定。

（5）饮用水微生物监测偏差纠正　若发现饮用水微生物监测结果超标（限度500cfu/mL），一般采取以下调查和评估：进行实验室结果调查；调查近期供水单位的水质检验报告；调查近期纯化水的菌落总数的监测结果；检查饮用水匀速管道的完整性和密闭性；调查产品的质量是否受到影响。

（6）饮用水质量趋势分析　建议年度对饮用水质量监测结果进行趋势分析，根据分析结果对整个系统采取相应的纠正措施。

2. 纯化水及注射用水

（1）基本概念

纯化水：饮用水经过蒸馏法、离子交换法、反渗透法或其他方法制备的制药用水。

注射用水：纯化水经蒸馏得到的水。

（2）纯化水、注射用水标准　均应符合《中国药典》（2015版）二部纯化水、注射用水项下的规定。

纯化水菌落总数限度为：不超过100个/mL；注射用水菌落总数限度为：不超过10个/100mL；过程用水菌落总数，未做规定，原则上不能低于饮用水标准。

（3）纯化水、注射用水监测频率，建议参考：

制水系统出水点菌落总数，1次/周。

制水系统回水点菌落总数、理化分析，1次/周。

各使用点菌落总数，1次/月。

（4）纯化水、注射用水中菌落总数测定方法

①取样及注意事项：同饮用水。取样前对取样点用75%乙醇溶液擦拭消毒；取样前打开取样点的阀门，让水流出一定时间（30s～2min）后，取样；取样后的样品应尽快使用，贮存时间不能超过24h；在传递、贮存期间，样品避免过热（>25℃），过冷（<8℃）。

②实验方法：按《中国药典》（2015版）要求，检测。

③结果判定：直接读取培养皿或膜表面上的菌落数（薄膜法的菌落总数应除以放大倍数）。若进行了平行实验时，取平均值作为最终结果报告，进行判定。

（5）纯化水、注射用水微生物监测偏差纠正及水质量趋势分析　同饮用水。

3. 清洁蒸汽

（1）清洁蒸汽　指无热源的高纯蒸汽，用于无菌制剂生产的高压蒸汽灭菌柜、药液配制、灌装系统的湿热灭菌。

（2）监测频次　关键点1次/月，非关键点1次/2月。

（3）取样　取清洁蒸汽的冷凝水为监测样品，取样方法及注意事项同饮用水。

（4）测试　理化项目检验，参照注射用水，微生物检验建议仅测试内毒素项目。

（5）监测偏差纠正及水质量趋势分析　同饮用水。

实训三十五　制药用气体的质量监测

一、实训目的

1. 了解制药气体微生物测试仪器的种类及使用方法。
2. 掌握不同洁净级别用气体对微生物监测的标准。

二、实训范围

制药用气体。

三、实训职责

测试人员、操作人员及洁净区生产负责人、工程负责人。

四、实训内容

1. 制药用气体微生物限度要求

同其所在洁净区相应级别要求的微生物限度一致（如D级洁净区制药用气体的微生物限度为200cfu/mL，也可参照相关国家标准根据企业验证结果，制定企业内部标准）。

2. 测试点

使用点作为其测试点、总气源点及进入生产前的总分布点。

3. 测试频率

在完成制药用气体系统的初始验证后，可以考虑对每个使用点进行监测。其监测频次企业自行制定，一般与所在级别的洁净区的监测频次一致。

4. 测试方法

使用制药气体微生物测试仪，依仪器说明书操作进行测试。

5. 微生物监测偏差纠正

若发现制药用气体微生物监测结果超标，一般采取以下调查和评估：查验取样过程是否正确；查验气体的供应系统是否有泄漏；加强对监测结果超标及受影响使用点的监测；对受影响的产品进行检查，评估其受影响的程度。

6. 趋势分析

建议定期对洁净区微生物监测结果进行趋势分析，根据分析结果对整个系统采取相应的纠正措施。

实训三十六　制药用生产环境质量监测

一、实训目的

1. 了解 GMP（2010 版）洁净区的洁净级别划分及监测标准与国外的差异。
2. 掌握制药用生产环境洁净级别的要求标准。
3. 掌握不同制剂及制药生产工序的生产环境洁净级别要求。
4. 掌握制药用生产环境洁净区域监测指标的具体监测操作。

二、实训范围

制药用生产环境。

三、实训职责

测试人员、操作人员及洁净区生产负责人、工程负责人。

四、实训内容

GMP（2010 版）将洁净区的洁净级别划分为 A、B、C、D 四个级别。监测项目有悬浮粒子限度、微生物限度、压差、温湿度等。

（一）洁净区主要监控项目的监测标准

1. 温湿度

环境的温湿度应当保证操作人员的舒适性。无特殊要求时，温度控制在18～26℃，相对湿度控制在 45%～65%。

2. 压差

洁净区与非洁净区之间、不同级别洁净区之间的压差应当不低于 10Pa。必要时，相同洁净度级别的不同功能区域（操作间）之间也应当保持适当的压差梯度。

3. 悬浮粒子

GMP（2015 版）悬浮粒子的限度标准。

4. 洁净区微生物限度监测标准

GMP（2015 版）。

（二）GMP（2015 版）不同制剂及制药生产工序的生产环境洁净级别要求

1. 无菌制剂产品生产工序适用洁净级别

A 级：高风险操作区，如灌装区、放置胶塞桶和与无菌制剂直接接触的敞口包装容器的区域及无菌装配或连接操作的区域，应当用单向流操作台（罩）维持该区的环境状态。B 级：指无菌配制和灌装等高风险操作 A 级洁净区所处的背景区域。C 级和 D 级：指无菌药品生产过程中重要程度较低操作步骤的洁净区。

2. 非无菌产品的生产工序适用洁净级别

D 级：适用口服液体和固体制剂、腔道用药（含直肠用药）、表皮外用药品等非无菌制剂生产的暴露工序区域；直接接触药品的包装材料最终处理的暴露工序区域。

3. 原料药生产工序适用洁净级别

A 级（B 级背景）：适用无菌原料药的粉碎、过筛、混合、分装。

D 级：适用非无菌原料药的精制、干燥、粉碎、包装等生产操作的暴露环境。

项目十　安全教育

实训一　消防灭火

一、实训目标

1. 熟悉各类灭火器适用范围、使用方法。
2. 掌握火警电话 119 的报警技巧。

二、实训范围

消防灭火。

三、实训职责

全体员工、安全员、安全部门主管、企业负责人。

四、实训准备

1. 准备模拟电话。
2. 准备部分灭火器。

五、实训内容

（一）报警要点

（1）拨打火警电话 119，说出火灾地点和单位。

（2）说出着火对象、类型、范围。

（3）留下姓名、单位和电话号码。

（4）在路口等候，引导消防车到达现场。

（二）火灾分类

（1）A 类火灾指固体物质火灾，这种物质往往具有有机物质，一般在燃烧时能产生灼热的灰烬。如木材、棉、毛、麻、纸张火灾等。

（2）B 类火灾指液体火灾和可熔化的固体物质火灾。如汽油，煤油、柴油、原油、甲醇、乙醇、沥青、石蜡火灾等。

（3）C 类火灾指气体火灾。如煤气、天然气、甲烷、乙烷、丙烷、氢气火灾等。

（4）D类火灾指金属火灾。如钾、钠、镁、钛、锆、锂、铝镁合金火灾等。

（三）灭火器知识

1. 灭火器的分类

灭火器的种类很多，接其移动方式可分为；手提式和推车式；按驱动灭火剂的动力来源可分为；储气瓶式、储压式、化学反应式；按所充装的灭火剂则又可分为：泡沫、干粉、卤代烷、二氧化碳、酸碱、清水等。

2. 灭火器适用范围

（1）适用于扑救A类火灾的有　ABC干粉灭火器、机械泡沫灭火器，1211灭火器。

（2）适用于扑救B类火灾的有　ABC干粉灭火器、BC干粉灭火器、二氧化碳灭火器、1211灭火器、机械泡沫灭火器。

（3）适用于扑救C类火灾的有　ABC干粉灭火器，BC干粉灭火器、二氧化碳灭火器、1211灭火器。

（4）除了机械泡沫灭火器外，其他灭火器均能扑救带电火灾。

3. 灭火器的使用

（1）空气泡沫灭火器使用时　可手提或肩扛迅速奔到火场，在距燃烧物6m左右，拔出保险销，一手握住开启压把，另一手紧握喷枪；用力捏紧开启压把，打开密封或刺穿储气瓶密封片，空气泡沫即可从喷枪口喷出。灭火方法与手提式化学泡沫灭火器相同。在使用空气泡沫灭火器时，应使灭火器始终保持直立状态，切勿颠倒或横卧使用，否则会中断喷射，同时应一直紧握开启压把，不能松手，否则也会中断喷射。

（2）酸碱灭火器使用时　应手提筒体上部提环，迅速奔到着火地点。决不能将灭火器扛在背上，也不能过分倾斜，以防两种药液混合而提前喷射。在距离燃烧物6m左右，即可将灭火器颠倒过来，并摇晃几下，使两种药液加快混合；一只手握住提环，另一只手抓住筒体下的底圈将喷出的射流对准燃烧最猛烈处喷射。同时随着喷射距离的缩减，使用人应向燃烧物推进。

（3）二氧化碳灭火器灭火时　只要将灭火器提到或扛到火场，在距燃烧物5m左右，放下灭火器拔出保险销，一手握住喇叭筒根部的手柄，另一只手紧握启闭阀的压把。对没有喷射软臂的二氧化碳灭火器，应把喇叭筒往上扳70～90度。使用时，不能直接用手抓住喇叭筒外壁或金属连线管，防止手被冻伤。灭火时，当可燃液体呈流淌状燃烧时，使用者将二氧化碳灭火器的喷流由近而远向火焰喷射。如果可燃液体在容器内燃烧时，使用者应将喇叭筒提起，从容器的一侧上部向燃烧的容器中喷射。但不能将二氧化碳射流直接冲击可燃液面，以防止可燃液体冲出容器而扩大火势，造成灭火困难。

推车式二氧化碳灭火器一般由两个人操作，使用时两个人一起将灭火器推到或拉到燃烧处，在离燃烧物10m左右停下，一人快速取下喇叭筒并展开喷射软管后，握住喇叭筒根部的手柄，另一人快速按逆时针方向旋动手轮，并开到最大位置。灭火方法与手提式的方法一样。

使用二氧化碳灭火器时，在室外使用的，应选择在上风方向喷射。在室内窄小空间使用的灭火后，操作者应迅速离开，以防窒息。

（4）手提式121灭火器使用时　应将手提灭火器的提把或肩扛灭火器带到火场。在距燃烧处5m左右，放下灭火器，先拔出保险销，一手握住开启把，另一手握在喷射软管前端的喷嘴处。如灭火器无喷射软管，可一手握住开启压把，另一手扶住灭火器底部的底圈部分。先将喷嘴对准燃烧处，用力握紧开启压把，使灭火器喷射。当被扑救可燃烧液体呈现流淌状燃烧时，使用者应对准火焰根部由近而远并左右扫射，向前快速推进，直至火焰全部扑灭。如果可燃液体在容器中燃烧，应对准火焰左右晃动扫射，当火焰被赶出容器时，喷射流跟着火焰扫射，直至把火焰全部扑灭。但应注意不能将喷流直接喷射在燃烧液面上防止灭火剂的冲力将可燃液体冲出容器而扩大火势，造成灭火困难。如果扑救可燃性固体物质的初起火灾时，则将喷流对准燃烧最猛烈处喷射，当火焰被扑灭后，应及时采取措施，不让其复燃。1211灭火器使用时不能颠倒，也不能横卧，应选择在上风方向喷射；在窄小的室内灭火时也有一定的毒性，要注意防止对人体的伤害。另外在室外使用时，灭火后操作者应迅速撤离。

（5）推车式1211灭火器灭火时　一般由二人操作，先将灭火器推到或拉到火场，在距燃烧处10m左右停下，一人快速放开喷射软管，紧握喷枪，对准燃烧处；另一人则快速打开灭火器阀门。灭火方法与手提式1211灭火器相同。

六、评分标准

1. 报警内容全面，20分。
2. 报警内容准确、语言清晰流畅，20分，
3. 回答问题准确，30分。
4. 熟练掌握各类灭火器的使用，30分。

实训二　用电安全

一、实训目标

1. 熟悉各类用电设备适用范围、使用方法。
2. 掌握用电安全。

二、实训范围

用电安全。

三、实训职责

全体员工、电工、安全员、安全部门主管。

四、实训准备

1. 准备模拟电器。
2. 准备部分制药机械电器设备。

五、实训内容

（一）电气设备基本安全要求

（1）用电设备和电气线路的周围应留有足够的安全通道和工作空间。

（2）电气装置附近不应堆放易燃、易爆和腐蚀性物品。禁止在架空线上放置或悬挂物品。

（3）移动使用的配电箱（板）应采用完整的、带保护线的多股铜芯橡皮护套软电缆或护套软线作电源线，同时应装设漏电保护器。

（4）电气设备必须符合防火、防爆、防潮、防腐的要求。

（5）电器设备的外壳，应采取保护接地措施。

（6）易燃易爆场所应设置导除静电的装置。

（二）电器线路使用中的基本安全要求

（1）使用的电器线路必须具有良好的绝缘性能、机械强度和导电能力，并应定期检查。绝缘老化或失去绝缘性能的电气线路要及时更换。易燃易爆场所的电气导线应穿镀锌铁管保护。

（2）不准将暖气管、煤气管、自来水管道作为保护线使用。

（3）插头与插座应按规定正确接线，插座的保护接地极在任何情况下都必须单独与保护线可靠连接。严禁将插头（座）内保护接地板与工作中性线连接在一起。

（4）导线和电缆芯线的电气连接都应可靠压接。

（5）根据用电设备的负荷，合理选用导线，随时检查线路负荷情况，适当减少线路中的负荷。

（6）电缆导线通过的墙孔洞应密封良好。

（三）对电气作业人员的安全要求

（1）电气作业人员应经专门的安全技术培训，考核合格，持证上岗。

（2）电气作业人员作业时，应正确穿戴、使用个人劳动防护用品和安全用具。

（3）非电工禁止从事电气作业。

（四）按要求悬挂安全警示标志牌

（1）在变配电所（室）内、送电的开关、隔离开关操作手柄上悬挂“禁止合闸，有人工作”或“有电危险”等警示牌。

（2）在用电设备的控制柜、控制线路开关的操作手柄上，据使用内容悬挂“禁止合闸，有人工作”或“有电危险”“小心有电”等标示牌。

（3）在变（配）电所门外悬挂“配电重地，闲人免进”标志牌。

（4）在带电部位的固定防护遮拦和阻挡物装置上，应悬挂明显的安全警示标志。

（5）装设的防护装置要涂上规定的颜色；装设的防护装置应注意维护，不得损坏和任意挪开。

（五）带电作业的安全要求

（1）带电作业，拆线时，先拆相线后拆零线；接线时，先接零线后接相线。带电作业断接导线时，不许带负荷操作。

（2）不得在有导电粉尘、易燃、易爆、高温、特潮湿环境下带电操作。

（3）断接导线应用绝缘布包好。

（六）长期不用的电气设备使用时的安全要求

（1）长期停用的用电设备重新使用时，应进行电气安全检查。用500V摇表进行绝缘检查，绝缘电阻小于规定值，应修理合格后，方可使用。

（2）使用前，应做空载试验，听声音是否正常，有无异常发热部位和气味，转动是否灵活，正常后再使用。

（七）携带式、移动式用电设备的安全要求

（1）携带式、移动式用电设备，使用前必须进行外观和电气绝缘检查，保证完好。

（2）用电设备应有连接接地保护的插头、插座。如单相三孔和三相四孔插头、插座，其一孔为保护接地用。禁止将电源线直接插入插座使用。

（3）应安装漏电保护器，其动作电流不超过30mA，动作时间小于0.1s。

（八）爆炸火灾危险场所照明设备安装使用要求

（1）在有爆炸和火灾危险的生产场所，应选用防爆型的照明设备。

（2）在腐蚀性气体及特别潮湿环境内，应采用密封式的照明设备，灯具应作防腐处理。

（3）照明灯具安装高度，室内距地面不能低于2m，室外2.5m，厂房内2.5m。

（4）存放易燃、可燃物品竖直上方，不能安装照明灯具。

（九）照明器具安装使用的安全要求

（1）照明器具必须设专用保护零线并接到熔断器前面的零线上，当照明线路的中性线安装熔断器时，中性线不能作保护零线使用。

（2）照明器具外壳的保护接零线应单独与中性线相连。不能将多个照明器具的外壳保护接零线串联后与中性线相连。

（3）工作台等局部照明应使用36V安全电压；在特别危险的场所，如在金属容器内或潮湿场所照明应采用12V安全电压。

（十）使触电者迅速脱离电源的方法

（1）迅速断开开关或拔掉插头，切断电源。

（2）用绝缘钳或干燥木柄斧子等切断电源线，切断电源。切断电线时要分相，一根一根地切断。

（3）用绝缘物品使触电人脱离电源。

将触电人脱离电源的注意事项：救护人不得直接用手或金属及潮湿的物件作为救护工具，防止触电人脱离电源后，发生二次伤害事故。如发生事故在夜间，应迅速解决临时照明问题，迅速将触电人脱离危险区，抬至通风干燥处立即进行抢救，并及时通知医护人员。

六、评分标准

1. 用电内容全面，20分。
2. 用电内容准确、语言清晰流畅，20分。
3. 回答问题准确，30分。
4. 熟练掌握各类电器的使用，30分。

实训三　机械设备安全操作

一、实训目标

1. 熟悉各类制药机械设备适用范围、使用方法。
2. 掌握制药机械使用。

二、实训范围

机械设备。

三、实训职责

机械设备操作员、安全员、安全部门主管。

四、实训准备

1. 准备模拟制药机械。
2. 准备部分工厂常用的机械。

五、实训内容

（一）GMP 规范对制药设备的要求

（1）制药设备不仅要符合 GMP 要求，而且也要符合清洁生产和安全生产的要求。

（2）用于制药生产、包装和测试的各种设备应大小合适、结构良好、密封生产、安装合理、安全可靠，以利于操作、清洁和维修，并应保持整洁。设备、管道的保温层表面必须平整光滑、无剥落并用金属外壳保护。

（3）生产用的设备和器具都应考虑彻底洗净，需要时还必须灭菌。设备最好可以移动，便于送保养区清洁处理。如设备固定时，安装位置应牢固安全，最好用支脚使设备离开地面。

（4）设备和管道用材应保证不使药物受到污染。

（5）制药装备的机电一体化和实现生产过程的自动检测，提高自动化水平，不仅提高生产率，保障安全生产，而且可保证药品生产质量。

（6）从制药新工艺、新剂型发展和 GMP 管理规范对质量严格要求考虑，尽量设计多功能的自动化装备。

（7）设备结构在保证可靠性、稳定性的前提下应尽量简化，使拆装方便，以利彻底清洁处理和维修保养。应做到工位紧凑、台面整齐、操作方便、控制集中。

（8）机械设计合理，运动件尽量远离开口处、操作面。机器驱动平稳，无振动和噪声。

（9）执行机构应组件化、通用化，便于更换与洁净清洗。

（10）对驱动摩擦的机件实施封闭，并与直接操作的工作室隔离。对于引入工作室的旋转轴、往复轴及管路应采取隔离保护措施，不使尘粒、油液或冷却剂污染药品。

（11）凡与药物直接接触的设备加工制造，应保证内壁平整、光滑，无死角，易清洗，耐腐蚀。设备表面及焊缝经机械抛光后最好经钝化处理。

（12）机器的造型与总体布局应考虑操作、清洗、消毒、检查的方便性。机器要有足够的稳定性，外表不能采用会脱落的涂层。

（13）固体制剂的工作室内应设置吸尘管道，通过吸尘罩清理粘在机件上的粉粒。

（二）安全生产前机械检查要求

（1）生产前要检查是否有上批清场合格证。

（2）检查设备与物料标识，并按标识核对设备是否清洁完好，电气连接是否正确，生产工艺参数是否按工艺文件正确设置；物料名称、批号、重量等是否与标识一致。

（3）生产操作人员应持证上岗。

（三）生产结束时的机械安全要求

（1）生产操作要严格按照各品种生产操作规程、设备操作规程及设备安全操作规程进行规范操作。

（2）生产过程紧急情况处理。生产过程若遇停电、空气净化系统突然故障及设备故障等应按照生产过程平常处理程序进行故障处理。

（3）生产结束后应关好水、电、气、门窗等。

六、评分标准

1. 药用机械内容全面，20 分。
2. 药用机械内容准确、语言清晰流畅，20 分。
3. 回答问题准确，30 分。
4. 熟练掌握各类药用机械的使用，30 分。

项目十一　药品经营与管理

实训一　情报收集及制订谈判预案

一、实训目的

1. 了解在商务谈判开始之前的情报收集方法。

2. 制定谈判预案的关键内容。

3. 了解谈判协议最佳替代方案、保留价格、理想成交价、可达成协议的空间等关键概念。

4. 掌握商务谈判前情报收集的基本方法并学会制定商务谈判预案。

二、实训范围

情报收集及谈判。

三、实训职责

销售人员、销售部经理。

四、实训准备

哈药集团中药有限公司是哈药集团股份有限公司的全资子公司，成立于2008年底，拥有员工2800多人，其中科技人员占30%以上，是一个集科研、生产、商贸为一体，传统中药与现代中药齐备的大型制药企业。拥有中国最大的现代化中药粉针专业生产基地和东北地区最具影响力的传统中药品牌——“世一堂”品牌。主要产品有六味地黄丸、艾附暖宫丸等，在药界素有“内有同仁，外有世一”之美誉。“世一堂”牌商标是黑龙江省唯一的国际注册商标，曾于2006年被国家商务部评定为“中华老字号”企业，成为当时黑龙江省第一批获此殊荣的企业之一。2009年4月，世一堂制药厂又被黑龙江省商务厅授予“龙江老字号”光荣称号，在全省企业中排名第一。

你是一家医药公司的销售人员，公司准备派你开发黑龙江市场，希望以哈药集团中药有限公司为突破口，争取成为该公司的原料药供货商。以往，你们之间并没有发生过业务关系，互相并不了解。

假设你公司的川芎是10元/kg，市场平均价格是15元/kg左右。你被公司任命为谈判代表与哈药集团中药有限公司进行谈判，如果谈判成功，你将被任命为黑龙江区域经理。这一次也许是你个人职业生涯的转折点，你必须做好充分的谈判准备工作，以确保谈判成功。

五、实训指导

（一）收集资料

（1）黑龙江相关经济，文化、风俗、礼仪、习惯等。

（2）地方法规、投资优惠政策、税收优惠政策等。

（3）有关哈药集团中药有限公司信息资料，如，年产量、年产值、进货渠道、组织结构等。

（4）关于川芎及其制剂的一些质量标准。

（二）方法

（1）通过互联网搜索查找国家食品药品监督管理局、黑龙江省人民政府网、黑龙江省经济贸易委员会、新浪黑龙江、搜狐黑龙江、黑龙江视窗、哈药集团、黑龙江省食品药品监督管理局等网站。

（2）查找近几年的《黑龙江省政府工作报告》及《黑龙江省统计公报》，了解黑龙江省近几年的经济发展状况，特别是与中成药生产相关的数据。

（3）查找川芎 GAP 方面的资料、《中国药典》（2015 年版一部）。

（4）收集对方的相关情报并加以分析。通过专业调查公司或咨询公司（如果经费允许，可考虑）。

（5）自己搜集

①通过“哈药集团”网站了解信息。

②通过政府出版物了解公开信息，如统计年鉴等。

③通过《黑龙江日报》《黑龙药学》等地方报纸、行业报刊、杂志和书籍等，了解哈药集团中药有限公司的新闻及行业和社会评价。

（6）“哈药集团中药有限公司”是上市公司，通过其公开的季报、半年报、年报、公告了解其经营情况、财务状况、重大事件公告等。

（7）在市场上购买各种规格的六味地黄丸，通过分析了解其品质，特别注意川芎嗪的测定，了解其品质并与自己所提供产品进行比较，了解自己产品的优劣势。

通过海王星辰等销售商了解其产品价格、产品质量等。特别是消费者对该产品的态度。

（8）通过各种关系认识该公司员工获得内部非公开信息。特别是其供应商采购决策流程，主要采购人员情况。

（三）收集潜在竞争者的情报并加以分析

主要是收集原有供应商的情报，内容包括你或你的公司为了谈判需要回答的所有问题，收集渠道及方法同上。

（四）预想取得良好的谈判结果

1. 你希望通过这次谈判获得什么成果？

通过与哈药集团中药有限公司的合作，建立黑龙江的样板用户，为进入黑龙江中药市场打下良好的基础。

2. 最好的谈判结果是怎样的？

与对方达成独家供货合同，并且价格不低于市场正常售价。

3. 什么样的结果是不能接受的？

价格低于 11 元/kg。

4. 它为什么是不能接受的结果？

最大让利幅度应该不能超过 11 元/kg。如果公司的利润空间低于 10%，即使拿下供货合同，对今后在黑龙江市场的价格定位和其他产品进入黑龙江中药市场会形成很大的负面作用，对今后的业绩及公司利润都有很大的影响。

但通过去年的股市分析报告，了解到哈药集团中药有限公司利润是正值，且呈上升趋势，可以接受“先货后款”。

（五）评估我方的需求和利益

黑龙江省正在成为中医药强省，中成药生产和销售量都很大，对各种中药材原料的需求量也巨大，特别是一些销售过亿元的产品，我们必须进入黑龙江中药市场。通过与哈药集团有限公司的合作，对各中成药生产企业造成影响，同时伺机与哈药集团其他子公司等制药企业合作。

（六）确定谈判协议最佳替代方案

将你的替代方案列出一个清单。检查这张清单，确定哪一个是最佳替代方案。就本谈判情景而言，我们的谈判协议替代方案存在以下几种：

（1）暂时不发展黑龙江市场，而是发展辽宁、吉林等市场，而这些市场对黑龙江也起到辐射作用。

（2）在必须考虑发展黑龙江市场的情况下，先与一家规模较大的企业合作，虽不如哈药集团中药有限公司的市场影响那么大，也可以起到进入黑龙江市场并建立样板用户的作用。

（3）建议熟悉的用户中实力强大也想进入黑龙江中药市场的企业，进入黑龙江中药市场设立分厂或分公司，同时可以把我们的产品带入黑龙江市场。

以上三个谈判协议替代方案中，以第二个为最佳协议替代方案。

（七）确定保留价格和理想成交价

在全额付款的前提下保留价格应该是 11 元/kg，在成功进入黑龙江市场的同时保证公司最低有 10% 的利润空间。理想成交价格应该定在 13 元/kg，比市场价格优惠 15%，公司利润 30%。

（八）评估对方的谈判协议最佳替代方案

要想评估哈药集团中药有限公司的谈判协议最佳替代方案，必须对以下情况尽可能多地加以了解。

1. 哈药集团中药有限公司的状况

如他们的商业信用等级如何？他们的年度报告说了些什么？他们每个季度的收入有多高？他们的管理层最近是否表达过对原有供应商的不满？是对供货价格的不满，还是对产品质量的不满，或者是对其他服务的不满？

2. 这项交易对于他们的价值

如果哈药集团中药有限公司改变原有供应商而与我们合作，我们每年能为他们带来多少额外利润？在产品质量上能有多大的提升，这项交易对于他们有多重要？他们需要达到更大的目标吗？我方的报价是否在别处也很容易得到，我方能否在对方的时间期限内满足其要求？他们是否得到了其他标价或已经与其他单位开始了非正式谈判？

（九）理解对方的真正利益

1. 哈药集团中药有限公司更广泛的商业目标以及为了实现这些目标，他们需要什么？

对哈药集团中药有限公司来说他们更广泛的商业目标应该是在中成药市场白热化的竞争局面下，尽可能保住甚至提高自己的市场份额，将六味地黄丸打入全国市场甚至海外市场，为了实现这个目标，他们需要在每个环节节约成本。

2. 可能使哈药集团中药有限公司业务增长受到阻碍的主要原因是什么？

仿冒产品的出现；配方泄密；某批投放市场的产品不合格等。

3. 我方能够给哈药集团中药有限公司带来哪些益处？

我方可以提供比其过去供应商更加优惠、优质的川芎或川芎提取物，能给哈药集团中药有限公司带来更大的利润空间和更稳固的产品质量保证。

（十）确认双方谈判代表的权利

1. 尽可能明确哈药集团中药有限公司将要和你进行谈判的人员的职位和授权范围。

通过了解知道，一般由该公司采购部负责人负责谈判，他们拥有相当的权利。

2. 他们是不是只有权在预先设定的范围内进行谈判？

不是，他们可以在任何范围内谈判。

3. 谈判的结果是否需要得到其他人的确认？

是的，他们的谈判结果在得到其总经理确认后，还要上报黑龙江药业总公司审计部门审计后报总公司总裁最后确认。

4. 我拥有多大的权力？

老板似乎已经给了我完全的授权。

5. 我必须要考虑方法和结果吗？

是的，我必须为自己的前途和公司的利益考虑。

6. 我是否能够让公司接受自己认为可以接受的交易，还是必须得到上级的批准？

好像不能让公司接受我认为可以接受的交易，所以在改变策略之前最好还是先得到老板的批准。

由于哈药集团中药有限公司的谈判代表不具备最终决策权，所以必须调整本次谈判的保留价格，留有余地以便应付对方上级部门提出的新要求（比如把保留价格上调5%）。

（十一）寻找与谈判对手类似的个人或单位，进行模拟谈判

（1）除了哈药集团中药有限公司外，在黑龙江的几十家中成药打造企业中寻找同样对我方的价格感兴趣的厂家，并列出清单。

（2）根据清单安排谈判。根据每家公司对川芎需求量进行排名。可以是正式的谈判，也可以是简单的拜访、电话谈判等。目的只是了解除哈药集团中药有限公司之外我们在其他公司能得到怎样的结果。

（3）这些谈判的结果能够给予我方的最好交易条件是什么？

（4）将模拟谈判结果列入谈判协议替代方案。

（5）利用模拟谈判的结果再一次调整我方的谈判策略。

（十二）制订谈判预案并评估

我方的预案必须能清楚地给出以下问题的答案：

（1）我方真正的目标是什么？

（2）我方最关心的问题或条款是什么？这些问题或条款是互相关联的吗？也就是说，对方在某一问题上的取舍会不会使我方在其他问题上有一定的灵活性。

（3）针对某一问题或条款上的需要，我方在其他方面准备付出多少交换条件？

（4）谈判对手的真正目标是什么？

（5）谈判双方的共同基础和长远发展目标是什么？

六、实训内容

老师可拟出不同的背景，如供应板蓝根、穿心莲、白芷等中药材或中药材提取物，如六味地黄丸等。也可以假设供应西药原料药如阿司匹林、青霉素等，甚至可假设供应药品包装材料等，总之，是为了让学生了解商务谈判的情报收集方法、收集内容和如何制订谈判预案，为谈判提供最翔实的资料。

可由学生根据老师提供的背景，参考以上实训指导（一）至（十二），写出收集到的情报和谈判预案。

七、评分标准

1. 资料翔实，60 分。

2. 充分考虑双方的利益，实现双赢，10 分。

3. 考虑问题周全，眼光长远，10 分。

4. 谈判预案可操作性强，20 分。

实训二　拟订商务谈判计划书

一、实训目的

1. 明确谈判前拟订计划书的意义。
2. 掌握谈判计划书的拟订方法。

二、实训范围

商务谈判计划书。

三、实训职责

销售人员、销售部经理。

四、实训准备

教师指定谈判主题，如黑龙江××制药厂提供抗病毒口服液给广州××大药房经销，双方就药品买卖进行谈判，背景资料是抗病毒口服液一件 100 盒，每件底价 550 元，但药厂叫价 700 元，××大药房出价为每件 450 元，底价是 600 元。

五、实训指导

复习商务谈判的程序等内容。指导模拟××大药房方面的同学查阅资料，从处方组成、生产工艺、药厂已发生的销售记录等方面了解抗病毒口服液的生产成本，推测对方谈判价格底线；同时，模拟药厂方面的同学查阅资料了解××大药房的近月销售情况、现有同类药品的零售价格等信息，推测其最高出价底线。如果无资料可查，教师可指导同学自编。

六、实训内容

1. 角色安排：4 个同学为一组，两个人代表药厂，另两个人代表××大药房。
2. 每组完成模拟谈判计划书两份。
3. 教师点评。

七、评分标准

1. 写出资料查阅提纲或自编资料提纲，20 分。
2. 计划书内容完整，考虑周全，20 分。

3. 计划书可操作性强，30 分。
4. 计划书内容无错误，20 分。
5. 初拟合同符合格式，10 分。

实训三　谈判中的让步

一、实训目的

1. 学会自己做出恰当的让步。
2. 学会如何获得对方的让步。

二、实训范围

商务谈判。

三、实训职责

销售人员、销售部经理。

四、实训准备

教师以自己的一次购物经历为例，向学生叙述讨价还价的经过，分析最后砍价成功或不成功的原因。

五、实训指导

复习谈判让步的基本原则、基本策略、实施步骤、让步前的选择、让步的方式等内容。谈判实质上就是双方不断地让步最终达到交换的一个过程。让步需要把握时机，需要掌握一些基本的技巧，也许一个小小的让步会涉及整个战略布局，草率让步或寸土不让都是不可取的。

（一）让步是有原则的

一些谈判者不断重复着毫无原则的让步，不清楚让步的真实目的，最终的结果往往是将自己逼入绝境，而对手却在静观其变。这些谈判者除了缺乏对谈判的了解外，也有自身性格的原因，他们不愿意为了一桩小事伤了面子、坏了情绪、影响日后的交易。这种对于谈判的理解在业界是非常普遍的，但却是极端危险的。

（二）在商言商

谈判就是谈判，在工作之外你可以和对方促膝谈心，成为莫逆之交，但在谈判桌前就要针锋相对，要清楚你代表的是企业行为而绝非个体，你的一个轻易让步可能会使企业利润降低或者亏损，减少市场的投入甚至影响到员工的收入，也许没有人认为自己的行为会有如此的后果，但如果每一名谈判者都抱着如此的心态，那么再优秀的企业也会垮台破产。要记住谈判桌前并不是交朋友的场所。

(三) 性格软弱者不适宜谈让步

因性格而改变谈判结果的例子比比皆是，性格软弱的谈判者更容易做出让步，买家很愿意和这类谈判者共事，他们总会提出一些难以接受的要求，随后不断地施加压力，迫使谈判者一次一次地接受。我认识几位谈判高手，他们在生活上都比较随意，但在谈判桌上却判若两人，办事雷厉风行，很好地完成了角色的转变。只要把握正常的心态、强化谈判的决心，即使你方处于弱势，你也不会轻易地让步。

(四) 让步是要回报的

不要以为你善意的让步会感动对方，使谈判变为更加简单而有效，这只是一厢情愿的想法，事实恰恰相反，在没有任何要求的让步下，对方会更加有恃无恐、寸土不让，并且还会暗示你做出更大的让步，想以让步来换取对方的让步是绝对不可能的。也许体会经历过这样的情景。你千辛万苦地开发了一个重要客户，对方虽然认可了你的产品，但始终不同意接受产品的价格，你当然不能让煮熟的鸭子飞了，无奈之下做出了价格让步，但有言在先，下次订货时要按标准价格执行，对方满口答应。好容易盼到他们再次要货，出乎你的预料，他们不但不认可标准价格，还威胁你如果不给予相当的折扣，他们会与其他的供应商合作，而且永远不再和你来往了，此时此刻，你的肺可能快要气炸了，但又没有什么好办法。所以，当对方要求你让步时，应该索要一些回报，否则绝对不要让步。

在每一阶段的让步都要与所让步的价值相对应，任何事物都有其独立的两面性，在一项让步中，双方需求不同、角度不同，所体现出的价值存在很大的差异性，在你做出让步后得到对方回报的过程中，双方所得到的价值是否对等是让步的关键。比如在一次交易中，期望对方缩短结账期限，你在价格上做出了让步，而对方的让步却是自行提货，那么此次让步对你而言是价值的不对等。这里建议是：当你在某方面做出让步时，要明确要求对方给予你所期望的回报，或者在你让步的条款前加上“如果”二字，假如对方不能向你提供有价值的回报，那么你的让步也不能成立。

(五) 你先让还是他先让

一些销售人员认为谈判总需要有一方做出让步，否则谈判将无法进行下去。这种理念听起来确实不错，但问题是为什么一定是你先让步呢？你的让步或许使对方会认为你在表示诚意，但老谋深算的对手决不会这么看，他们不会被你的诚意所感动，相反，他们会认为你软弱可欺，谈判的态度会越发强硬起来，会变本加厉来迫使你再次让步。

(六) 不轻言让步

即使在谈判陷入僵局的时候也不要轻言让步，不要认为只有做出让步才会使谈判得以正常的进行，你怎么知道对方一定不会让步呢？在买方提出降价的要求时，可以用其他让步方式来代替，比如在一定范围内的退换货支持、加大宣传力度、提供人力支援等，尽量避免因价格的下降给企业带来不必要的损失。从买方角度思考，只要在交易中切实获得了更多，那么无论何种方式都是可以接受的。

（七）心存大局观

随着买方市场的到来，暴利时代已经彻底结束，任何产品的利润率都在下滑，企业的利润往往保持在一个合理的范围之内。但很多企业的销售人员都比较缺乏盈利观念，脑子里除了订单就是销量，缺少基本的大局观念，加之领导的错误引导和公司制度的不健全，导致他们为了完成销售任务或者因为绩效奖金不惜在产品价格上给予优厚折扣。当所有销售员都在价格上不断地让步时，那么公司靠什么来盈利？

砍价是买家的本能，即使是可以接受的价格，他们也会表示不满，还会要求你让步，哪怕是1%的折让。不要小看一个百分点，假如对方年销售额是500万，让出一个百分点就是5万。

（八）总结让步的实战技巧

（1）谨慎让步，要让对方意识到你的每一次让步都是艰难的，使对方充满期待，每次让步的幅度不能过大。

（2）尽量迫使对方在关键问题上先行让步，而本方则在对手的强烈要求下，在次要方面或者较小的问题上让步。

（3）不做无谓的让步，每次让步都需要对方用一定的条件交换。

（4）了解对手的真实状况，在对方急需的条件上坚守阵地。

（5）事前做好让步的计划，所有的让步应该是有序的，将具有实际价值和没有实际价值的条件区别开来，在不同的阶段和条件下使用。

六、实训内容

引导学生回忆自己的两次购物或住旅店、上饭店等经历，与对方就价格、附加服务或优惠措施等进行谈判，其中一次获得对方让步，另一次没有获得对方让步，要求学生以书面形式描述和分析这两次经历成功与失败的原因。

教师总结全班同学的书面报告并进行讲解分析，最后总结谈判中让步的技巧。

七、评分标准

1. 描述情节简练、生动，10分。
2. 分析出成功的真实原因，40分。
3. 分析出失败的真实原因，40分。
4. 文笔流畅，错别字少，10分。

实训四　撰写合同

一、实训目的

1. 了解合同的写作特点。
2. 熟悉各条款的含义。
3. 掌握撰写合同的基本能力和技巧。

二、实训范围

合同。

三、实训职责

销售人员、销售部经理。

四、实训准备

（一）教师准备几份不同类型企业的合同，如生产企业、经营企业等，与学生共同解读各条款的含义，分析撰写要点和技巧。

（二）提供背景资料，学生撰写出一份合同书。

背景资料一：

甲乙双方商定，达成如下协议。

（1）甲方向乙方提供阿莫西林颗粒 5 件，规格：0 125g/袋；包装规格：18 袋/盒；200 盒/件。建议零售价：16.80 元/盒，

（2）报价为人民币 1 万元。

（3）交货方式、期限及地点：自合同签订之日起 10 日内，甲方送货至乙方仓库。

（4）质量标准，包装标准：按国家有关规定。

（5）违约责任：违约金为协议总金额的 10%。

（6）合同争议由双方协商解决或向原告所在地法院起诉。

（三）阿莫西林颗粒说明书

1. 药品名称

通用名：阿莫西林颗粒

英文名：Amoxicillin Granules

汉语拼音：Amoxilin Keli

药品主要成分为阿莫西林，其化学名为（2*S*，5*R*，6*R*）-3，3-二甲基-6-［（*R*）-（-）-2 氨基-2-（4-羟基苯基）乙酰氨基］-7 氧代-4 硫杂-

1 - 氮杂双环［3.2.0］庚烷 - 2 - 甲酸三水合物。

相对分子质量：419.46。

2. 性状

本品为白色、类白色或淡黄色的颗粒和粉末。气芳香，味甜。

3. 药理作用

阿莫西林为青霉素类抗生素，对肺炎链球菌、溶血性链球菌等链球菌属、不产青霉素酶葡萄球菌、粪肠球菌等需氧革兰阳性球菌，大肠埃希菌、奇异变形杆菌、沙门菌属、流感嗜血杆菌、淋病奈瑟菌等需氧革兰阴性菌的不产 β - 内酰胺酶菌株及幽门螺旋杆菌具有良好的抗菌活性。阿莫西林通过抑制细菌细胞壁合成而发挥杀菌作用，可使细菌迅速成为球状体而溶解、破裂。

4. 适应证

阿莫西林适用于敏感菌（不产 β - 内酰胺酶菌株）所致的下列感染：

（1）溶血链球菌、肺炎链球菌、葡萄球菌或流感嗜血杆菌所致中耳炎、鼻窦炎、咽炎、扁桃体炎等上呼吸道感染。

（2）大肠埃希菌、奇异变形杆菌或粪肠球菌所致的泌尿生殖道感染。

（3）溶血链球菌、葡萄球菌或大肠埃希菌所致的皮肤软组织感染。

（4）溶血链球菌、肺炎链球菌、葡萄球菌或流感嗜血杆菌所致急性支气管炎、肺炎等下呼吸道感染。

（5）急性单纯性淋病。

（6）本品尚可用于治疗伤寒、伤寒带菌者及钩端螺旋体病；阿莫西林亦可与克拉霉素、兰索拉唑三联用药根除胃、十二指肠幽门螺旋杆菌，降低消化道溃疡复发率。

5. 用法与用量

口服。撕开小袋，把药粉倒入适量的凉开水中，摇匀，即可服用。小儿：一日剂量按体重 20 ~ 40mg/kg，每 8 小时 1 次。新生儿和早产儿每次口服 50mg，3 个月以下婴儿一日剂量按体重 30mg/kg。

6. 不良反应

（1）恶心、呕吐、腹泻及假膜性肠炎等胃肠道反应。

（2）皮疹、药物热和哮喘等过敏反应。

（3）贫血、血小板减少、嗜酸性粒细胞增多等。

（4）血清氨基转移酶可轻度增高。

（5）偶见兴奋、焦虑、失眠、头晕以及行为异常等中枢神经系统症状。

7. 禁忌证

青霉素过敏及青霉素皮肤试验阳性患者禁用。

8. 规格

0.125g/袋。

9. 贮藏

遮光，密封，在凉暗处保存。

10. 包装

铝箔袋装，18 袋/盒。

11. 有效期

暂定 2 年。

12. 批准文号

国药准字 H4602××××。

五、实训指导

复习合同法、GSP 中关于合同的规定、药品招标采购等内容。

六、实训内容

1. 解读合同各条款意义。
2. 学生两人一组，模拟签订合同。
3. 教师点评。

七、评分标准

1. 合同书格式规范，打印清晰、公正，无涂改现象，20 分。
2. 合同条款完备、具体，30 分。
3. 合同中用语准确、清楚，30 分。
4. 模拟商谈情景，20 分。

八、药品采购合同（格式）

合同编号：

买方：________________

卖方：________________

日期：________________

合同内容

合同总金额（元）

合同附件数量

招标代理服务费（元）

备注

总金额（大写）________________（币种：人民币）

鉴于招标人为获得临床需要使用的药品而进行集中招标采购，并接受了投标人对上述药品的投标。现双方签定药品购销合同，本合同在此声明如下：本合同中的词语和术语的含义与《采购文件》通用合同条款中定义相同。

（一）下述文件是本合同不可分割的一部分，并与本合同一起阅读和解释：

投标人提交的投标函（参见《采购文件》）；药品需求一览表（参见《采购文件》）；中标（议价）品种通知书（参见《中标（议价）品种通知书》）；通用合同条款及其附表（参见《采购文件》）；某市医疗机构××年第一轮药品集中招标采购购销合同附表。

（二）本合同仅为明确买方在本次药品集中招标采购的有效采购期（______年______月______日-______年______月______日，在全省药品集中招标采购统一形成相应药品中标候选品种目录时自动中止）内的药品采购品牌、价格及服务。实际交易量以买卖双方签订的批次合同为准。

（三）买方只能采购其选择确认的成交品种，卖方无违约行为，买方不得以任何理由以其他品种替代成交品种。

（四）卖方应根据相关规定在与买方签订本合同时向招标代理服务机构缴纳招标代理服务费，卖方未按照规定缴纳招标代理服务费的，买方有权拒绝其参加以后的招标采购活动。

（五）本合同一式四份，买卖双方各一份，×××药品集中招标采购领导小组（以下简称“招标办”）一份，招标代理服务机构×××一份。

（六）本合同中涉及“参见”的内容，由招标代理机构保存备查。

（七）本合同加盖买卖双方及招标办和______________有限公司印章，方可生效。合同可从“招标办”领取，“招标办”保留对本合同的解释权。

其他条款：______________

买方（盖章）______________	卖方（盖章）______________
地址：______________	地址：______________
法定代表人：______________	法定代表人：______________
电话：______________	电话：______________
邮编：______________	邮编：______________
开户银行：______________	开户银行：______________
账户：______________	账户：______________
日期：______________	日期：______________

实训五 药品验收

一、实训目的

1. 熟悉药品（原料药和各种剂型药品）验收的基本操作程序和要求。
2. 掌握药品库区的划分。

二、实训范围

药品验收。

三、实训职责

保管员、验收员、销售部经理、仓储部经理。

四、实训准备

1. 场所：模拟药库。
2. 操作对象：各类型药品。
3. 操作所用工具或材料：主要验收工具和设备。

五、实训指导

（一）药库区域划分

（1）合格品库（区）　绿色。
（2）发货库（区）　绿色。
（3）中药饮片零货称取专库（区）　绿色。
（4）待验库（区）　黄色。
（5）退货库（区）　黄色。
（6）不合格品库（区）　红色。

（二）药品验收程序和要求

1. 保管员收货

（1）依据药品购进人员所做的“药品购进记录”和供货单位“随货同行单”对照实物进行核对后收货，并在“药品购进记录”和供货单位收货单上签字盖章。所收货的药品为进口药品时，应同时对照实物收取加盖有供货单位质量管理部门原印章的该批号药品的《进口药品检验报告书》《进口药品注册证》（或《生物制品进口批件》《进口药材批件》）的复印件和《进口药品通关单》复印件。

（2）根据销售部门所开具的“药品退货通知单”对照实物对销后退回药品进行校对后收货，并在退货单位的退货单上签字盖章。

（3）应将属购进的药品放置于待验区、将属销后退回药品放置于退货药品库（区），并做好退货记录，及时通知验收人员到场进行验收。

2. 验收员验货

（1）标准

①依据药品质量标准规定，逐批抽取规定数量的药品进行外观性状的检查和包装、标签、说明书及标识的检查。

②依据药品购进合同所规定的质量条款进行逐批验收。

（2）验收的场所、步骤与方法

①在待验区内首先检查药品外包装是否符合规定要求。

②符合规定的，予以记录并开箱检查药品内包装、标签和说明书是否符合规定。

③符合规定的，予以记录并根据来货数量抽取规定数量的样品到验收养护室进行外观性状的检查，并做好检查记录。

④符合规定要求后，对已开箱药品进行复原，并用本企业的封签封箱。

⑤在药品验收记录上填写药品质量状况、验收结论和签章，并将药品验收记录交档案人员归档；同时通知保管人员办理药品入库手续。

⑥凡发现有不符合规定情况时，应填写《药品拒收报告单》，交质量管理人员复查处理。

（3）要求

①药品入库时先进入待验区，由验收员根据购货凭证、清单，首先清点大件数量，同时检查外包装是否完整、牢固，有无受潮、污损、破碎等异常情况及特殊管理药品有无醒目标记等，如发现数量不符或包装质量异常，即与业务经营部门联系，做适当处理后或继续验收或退回原处。

②内容

Ⅰ、中西成药：验收员逐项核对品名、规格、有效期、批准文号、产品批号、生产日期，生产厂名、地址或供货商、注册商标、有无合格证等。

Ⅱ、中药饮片；应有包装并印有或贴上标签，注明品名、规格、产地、生产企业、产品批号、生产日期等内容。

Ⅲ、除检查包装内容中的项目外，还应有主要成分、适应证（功能主治）、用法用量、注意事项、禁忌、不良反应、贮存条件等内容。特殊管理药品、外用药品应有规定的专用标识和警示说明。验收整件包装中应有产品合格证。

Ⅳ、验收员应根据不同批号开箱抽样检验。

③抽样原则：样品应具有代表性和均匀性。

④抽样规定

Ⅰ、抽样件数：按批取样。设批总件数（桶、袋、箱）为 x，当 $x \leqslant 3$ 时逐件随机取样；当 $x \leqslant 300$ 时按取样量 $\sqrt{x}+1$ 随机取样；当 $x>300$ 时按取样量 $\sqrt{x}/2+1$ 随机取样。

Ⅱ、抽样部位：在每件中从上、中、下不同部位抽 3 个以上小包装进行检查。

Ⅲ、抽样数量：片剂、胶囊剂等抽样 100 片（粒）；注射液 1 ~ 20mL 抽样 200 支，50mL 或 50mL 以上抽样 20 支（瓶）；散剂 3 袋（瓶）、颗粒剂 5 袋（块）；酊剂、水剂、糖浆剂等分别为 10 瓶；气雾剂、膏剂、栓剂分别为 20 瓶

（支、粒）。

Ⅳ、注意：如外观检查有异常现象需复验时，应加倍抽样复查；如对药品内在质量有疑问，需报质量管理部门抽样检验。

⑤不合格药品的具体情况

Ⅰ、内、外包装破碎、污损。

Ⅱ、药品超过或即将超过有效期。

Ⅲ、药品标签无印有批准文号、产品批号、有效期、生产企业等内容或不符合《药品包装标签和说明书管理规定》（暂行）的要求。

Ⅳ、药品性状发生变化。

Ⅴ、其他不符合规定要求的。

⑥验收员验收完毕，认真做好验收记录，并在入库通知单及购货凭证上加盖“质量验收专用章”，并签名，以便仓储部办理入库手续，财务部凭盖有质量验收专用章的购货凭证付款，并签名。

（三）验收注意事项

（1）首营药品应有该批号的检验报告书。

（2）有效期药品入库，必须重点核对药品生产批号、生产日期、有效期，并做好登记手续。

（3）中药材及中药饮片入库时必须有包装，并核对检查其品名、产地、规格、数量、质量，如发现有虫蛀、霉变、走油、跑味等质量不合格现象或与货单不符的不得入库。个别饮片如果不易辨别真伪的，必须送有关部门检验合格方能入库。实施文号管理的中药材和中药饮片，在包装上还应标明批准文号。

（4）特殊管理药品应实行双人验收，特殊管理药品的验收，除按一般药品的要求检查外，还必须对其包装上的警示标记仔细验明。即黑底白字的“毒”字、绿白相同的“精神药品”字样、蓝白相间的“麻醉药品”字样。验收时可根据检验报告书或产品合格证验收。外观检查验收质量，可从塑料袋或瓶外察看，不得任意拆开内包装。入库验收应逐件验收到最小包装，清点数量，检查包装密封情况，包装应有封签，验收入库应做详细登记。签字负责。

（5）进口药品应符合规定要求的《进口药品注册证》或《医药产品注册证》，《进口药品检验报告书》或《进口药品通关单》复印件，两份复印件注册证号应相符，批号应与实物相符。同时检查如下内容。

①包装的标签应有以中文注明的药品名称、主要成分以及注册证号，并有中文说明书。

②《进口药品注册证》或《医药产品注册》应有以下内容：药品通用名称、商品名、主要成分、剂型、规格、包装规格、有效期、公司或生产厂名及地址、注册证有效期、检验标准、注册证号、批准时间、发证机关及印鉴等。

③进口药品必须是从该口岸药品检验所所在城市的口岸组织进口的。

④售后退回药品根据退货凭证或有关单据，按购进药品验收程序进行验收，并按规定办理合格入库手续，如不符合质量标准则按“不合格药品管理制度”处理。

⑤在规定时限内完成药品到货，验收员应于24h内进入现场验收。特殊管理药品、贵细药品、冷藏药品则随到随验。在一般情况下，药品到货后应于3～5d内验完。

（四）药品验收操作记录

（1）药品入库凭证。

（2）药品入库验收记录。

（3）进口药品入库验收记录。

（4）首次购进药品验收表（包括代购代销）。

（5）药品拒收报告单。

（6）特殊管理药品入库验收记录。

（7）毒性、麻醉药品（饮片、药材）检查记录。

六、实训内容

1. 抽签确定操作对象。通过抽签得到自己验收操作药品类型。

2. 根据操作对象选择相应的验收工具。

3. 根据操作对象类型，依据相关验收要求，按验收程序进行相应的验收操作。

4. 根据验收操作结果和相应的判断依据，对所验收药品合格与否下结论。

5. 根据验收操作过程和GSP要求，做好验收记录工作。

七、评分标准

1. 根据操作对象类型，正确选择相应的验收工具、设备，得10分。

2. 根据操作对象类型，依据正确的验收要求，按验收程序完成验收操作，得90分。其中抽样操作具有代表性、均匀性，得5分；抽样数量计算准确，得5分；入库药品数量点收正确，得5分；明确外包装检查内容，得5分；明确包装内容验收范围，得5分；药品外观性状检查操作符合该药品类型要求，得55分；对所验收药品合格与否所下结论正确，得5分；验收记录符合要求，得5分。

3. 由于操作对象类型不同，所用验收时间不等，实际操作练习时建议用片剂或胶囊。数量点收时所给待验药品数量不宜太多。

4. 90分钟完成整个验收操作（由所用待验药品类型与待验药品数量决定），提前不加分。超时5分钟，在所得分数中扣5分；超时10分钟，在所得分数中扣10分；超时15分钟，在所得分数中扣20分；超时20分钟在所得分数中扣40分。

实训六　药品一般养护措施

一、实训目的

1. 了解药品养护的仪器和设备的使用。
2. 掌握药品一般养护措施。

二、实训范围

药品养护。

三、实训职责

保管员、仓储部经理。

四、实训准备

1. 以下每种剂型的药品各准备数种：散剂、颗粒剂、干糖浆剂、片剂、丸剂、胶囊剂、注射剂、水剂、糖浆剂、含醇制剂、油剂、搽剂、软膏剂、栓剂、气雾剂、膜剂等。

2. 要求每种药品有完整的说明书，教师为每种剂型药品设计一些养护问题，随药品一起发给学生。

如，“复方五味子糖浆”保管方法是①应密闭、避光，在阴凉处保存；②梅雨、炎热季节加强养护和检查，防止生霉、发酵；③不宜久贮；④过冷注意防冻。

3. 设计问题：①避光措施有哪些？②什么叫阴凉处？③现在是 4 月份，如何防湿降湿？④现在天气炎热，如何降温？⑤现在气温很低，如何防冻？（回答时间：1 分钟）

4. 既可在模拟药库也可在教室完成本实训。

五、实训指导

除复习各种剂型药品的养护外还可讲解以下常见药品养护措施。

（一）升温措施

一般冬季气温较低，尤其是我国长江以北地区，经常处于 0℃以下，甚至 -30 ~ -20℃，或更低。对一些怕冻药品的贮存必须采取升温措施，提高库内温度，保证药品有效安全。常采取的措施如下：

1. 暖气片取暖

暖气片取暖应注意暖气管、暖气片离药品一定的距离，并防止漏水情况。

2. 火炉取暖

火炉取暖应在火炉左、右、后三方用砖砌成防护墙，防护墙与货垛的距离不得少于0.5m。库内不能存放易燃易爆药品。生火炉期间应有专人看管，注意防火，加强消防措施。同时要防止库内因长时间燃烧而造成缺氧空间，导致人员煤气中毒事故。

3. 火墙取暖

火墙取暖应注意火墙暖库必须远离其他库房，添火口设在库外，库内药品要离暖墙1m以上，并经常检查墙壁有无漏火现象。库内不得贮放易燃易爆的物品。

（二）降温措施

温度越高，药品变质失效速度越快，尤其是生物制品、抗生素、疫苗血清制品等对温度要求比普通药品更严，药品在贮存期间必须保持适宜的温度。常用的措施如下：

1. 通风降温

药品往往怕热也怕潮，对于普通药品，只要库外温度和相对湿度都低于库内，就可以开启门窗通风降温；对装有排风扇等通风设备的仓库，可启用通风设备进行通风降温（危险药品除外）。

2. 冰块降温

对库内温度较高，需尽快降温的或不适宜开窗通风降温者，可采用加冰降温，一般是将冰块或冰盐混合物盛于容器中，置于库内1～2m的高度，让冷气自然散发、下沉。也可采用电风扇对准冰块吹风，以加速对流，提高降温效果。但要注意及时排除冰融化后的水，因冰融化后的水可使库内温度增高。故易潮解的药品不适宜。

3. 冷藏贮存

对一些不怕潮解对温度特别敏感的安瓿类注射剂，如，生物制品、脏器制剂、疫苗注射剂一般可置地下室或冰箱、冷藏库内贮存。

（三）升湿措施

若库内湿度过低，应采取提高湿度的措施如下：

（1）向库内地面洒水，或以喷雾设备喷水。

（2）库内设置盛水容器、挂湿麻袋或湿草袋，使水自然蒸发。

（四）降湿措施

在气候潮湿的地区或阴雨季节，药品库房往往需要采取空气降湿的措施。宜把库内相对湿度控制在75%以下，常采用的措施如下：

1. 通风降湿

通风降湿一般应选择库外天气晴朗、空气干燥的时机，打开门窗进行通风，使地面水分、库内潮气散发出去。

2. 密封防潮

一般可采用纸封闭门窗缝隙，必要时，在进出通道挂上厚棉帘，阻止外界空气中的潮气入侵库内。对药品数量不多的可密封垛堆货架或货箱。

3. 人工吸潮降湿

当库内空气湿度过高，室外气候条件不适宜通风降湿时，宜采取人工吸潮降湿措施。一般采用生石灰（吸水率为自重 20% ~ 30%）、氯化钙（100% ~ 150%）、硅胶、钙镁吸湿剂等进行吸湿，有条件的还可采用降温机吸湿。

（五）避光措施

有些药品（如酒剂、酊剂、合剂、注射剂等）对光敏感，容易光解、变色等，在保管过程中必须采取相应的避光措施。采用避光容器或其他避光材料包装（药品的包装必须符合药品的性质），药品在库贮存期间应尽量置于阴暗处。凡能透光的门均可悬挂深色布帘进行遮光，特别是一些大包装药品，分装剩余部分应及时遮光密闭，防止漏光，造成药品氧化分解、变质失效。

（六）防火措施

药品的包装尤其是外包装，大多数是可燃性材料，所以防火是一项常规性的工作。在库内四周墙上适当的地方挂有消防用具和灭火器，并建立严格的防火岗位责任制。库内外应有防火标记或警示牌。消防栓应定期检查，危险药品库应严格按危险药品有关管理方法进行管理。

（七）防鼠措施

被老鼠污染的药品，不能再供药用，为此，必须防鼠灭害。一般可采用以下措施：

（1）库外防鼠仓库四周应保持整洁，不乱堆放杂物，同时要定期在仓库四周附近投放灭鼠药，以消灭鼠害源。

（2）堵塞通道门窗空隙及其他一切可能窜入鼠害的通道。

（3）关好门窗，库内无人时，应随时关好库门、库窗（通风时例外），特别是夜间。

（4）杀鼠灭害，加强库内灭鼠，可采用电猫、鼠笼、鼠夹等工具，对库内杀鼠灭害。

（八）药典规定常用贮藏术语

（1）遮光系指用不透光的容器包装，例如棕色容器或黑纸包裹的无色透明、半透明容器。

（2）密闭系指将容器密闭，以防止尘土及异物进入。

（3）密封系指将容器密封，以防止风化、吸潮、挥发或异物进入。

（4）熔封或严封系指将容器熔封或用适宜的材料严封，以防止空气与水分的侵入，并防止污染。

（5）阴凉处系指不超过 20℃。

(6) 凉暗处系指避光并不超过20℃。

(7) 冷处系指2～10℃。

六、实训内容

1. 学生抽取一种药品和问卷，先认真阅读说明书，然后按学号顺序口头回答问卷上的问题。

2. 其余同学补充，老师评价，打分。

七、评分标准

1. 每个同学回答5个以上问题，每个问题完全回答正确，15分。

2. 回答流利，15分。

3. 在规定时间内回答完毕，10分。

实训七 药品出库复核

一、实训目的

1. 熟悉药品出库复核的基本操作程序和要求。

2. 掌握特殊药品出库的法律要求。

二、实训范围

药品出库。

三、实训职责

保管员、发货员、复核员、仓储部经理。

四、实训准备

1. 操作场所：模拟仓库（或校医务室药房）。

2. 操作对象：仓库贮存的各类型药品。

3. 操作所用工具或材料：药品质量检查和拆零拼装所用的工具、设备等。

4. 各种表格。

5. 问卷列若干问题，其中有一部分是关于不能出库的问题。

五、实训指导

（一）药品出库程序和要求

程序凭单理货—货单复核—记录并签字发货—销账、盘点。

(二)要求

(1)发(理)货员凭有效凭证,遵循“先产先出,近期先出和按批号发货”的原则,按凭证所列项目,对照实物核对品名、规格、批号、数量、有效期、生产厂商、收货单位等项目,并进行包装和外观质量检查,同时做好复核记录。药品出库必须有正式凭证,如有问题或手续不全的,拒绝发货。

(2)复核员必须对发货员所发货物进行复核,接有效凭证和复核记录,对实物仔细核对上述所列项目和质量状况,经确认无误后,应在复核记录上签名。复核人员必须按凭证及运输单据逐一核对到站、收货单位、品名、规格、批号、数量、厂名等项目。每复核完一个品种后复核人员应在发货单上或凭证上签字,方可发货。

(3)麻醉药品、一类精神药品,医疗用毒性药品、贵重药品的复核必须两个人进行并签字。

(4)发货员凭复核员复核记录发货,并将发票附件、药品销售清单、运输托运单等票据随同货物一起发往客户。进口药品应将加盖原印章的注册证和口岸药品检验报告书复印件随药品同行。

(5)发零货时的拆零拼箱,应选择合适的包装物料,包扎牢固,外包装应注明“拼箱标记”。发货后及时清理现场和包装物料,拆零工具专位存放。

(6)药品出库时发现包装内有异常响动和液体渗漏、外包装出现破损、封口不牢、衬垫不实、封条严重损坏、包装标识模糊不清或脱落,药品超过有效期等质量问题,应立即停止发货,并报质量管理部门和业务部门处理。出库药品应进行外观质量检查,若发现质量可疑或不合格一律不准出库。

(7)药品出库复核应在当天完成,对来不及复核的怕热、怕冻药品,应采取降温、防寒措施,将药品移入恒温室或冷藏库中。

(8)及时做好出库复核记录,并保存至超过药品有效期 1 年,但不得少于 3 年。

(9)药品出库后,要立即销账,进行动态盘点,如发现账货不符,要及时查明原因,采取措施,认真处理。

(三)药品出库复核注意事项

(1)不同客户的药品应隔开适当距离,并分别配置客户标志牌,其清单票据亦不可夹放在一起,应分别放置,避免搞错。

(2)拆零拼箱不可将液体药品与固体药品混装。

(3)对无效凭证或口头通知不得复核和发货。

(四)记录

(1)特殊管理药品销售跟踪记录(批发、连锁配送中心)。

(2)药品出库复核记录。

六、实训内容

1. 两人一组，抽签决定，一人扮演发货员，另一人扮演复核员。

2. 发货员凭有效单证并遵循药品发货原则进行理货。

3. 复核员对发货员所理出的货物与出货单进行核对并记录、签名。

4. 发货员凭已签字盖章的复核记录发货。

5. 当遇到发零货时，根据所发药品特点及发运要求进行相应的拼箱、包装处理并做好相应的标识。

6. 两人分别抽取一份问卷，在问卷上所列的选项中选择药品出库复核发现什么质量问题不能出库。

七、评分标准

1. 发货员能准确判断出库凭证的有效与否，5 分；能遵循药品发货原则进行理货，10 分；所理货物与单证相符，20 分。

2. 复核员对发货员所理出的货物与出货单进行核对无误，35 分；记录、签名符合要求，10 分。

3. 发货员凭已签字盖章的复核记录发货并附上符合要求的单据，10 分。

4. 发零货时，发货员与复核员分别根据不同的零货发货单，进行拆零与拼箱、包装、包扎、设置标识等操作。根据所发药品特点及发运要求进行相应的包装，材料选择正确的，10 分；拆零、拼箱、包装、包扎、设置标识等操作符合要求的，分别得 6 分。

5. 对问卷所选答案正确，15 分。

6. 用 150 分钟完成整个操作（届时视在库待发药品类型及数量决定），提前不加分。超时 5 分钟，在所得分数中扣 5 分；超时 10 分钟，在所得分数中扣 10 分；超时 15 分钟，在所得分数中扣 20 分；超时 20 分钟在所得分数中扣 40 分。

实训八　店 面 布 置

一、实训目的

1. 熟悉药店外装潢要求。

2. 能根据适用、美观、舒适的原则布置店面。

二、实训范围

店面布置。

三、实训职责

售货员、售货组长、药店经理。

四、实训准备

1. 准备多张药店外装潢、内布局照片。

2. 准备 $40m^2$ 以上的空房间一间。

3. 准备柜台一个，空药架多个，不同色彩、大小的药品说明书多张，不同颜色标价卡多张，POP 广告多张，立式广告牌多个，顾客意见簿一本，桌一张，椅多把，灯笼、彩色气球多个，称重秤一把，服务承诺，荣誉牌，经营许可证，彩色粉笔多支，大白纸多张，剪刀两把等。

4. 学生预习后可根据自己创意自带道具。

五、实训指导

（一）外装潢

商店的外装潢要求要让人一眼就看出商店所提供的商品和服务。

1. 体现风格

药店的外装潢风格即药店的外部特点，要充分体现出药店的价格、店格、人格，所以在装潢设计时要注意是否充分考虑到“三格”；是否站在顾客的立场上考虑问题；根据地形状况从远处能否看清；与周围环境是否协调；与商圈内顾客的需求、喜好、生活方式是否吻合；与经营药品、店内装潢、陈列橱窗、展出方式是否协调等。

商圈是指以店铺坐落点为圆心，向外延伸某一距离，以延伸距离为半径，形成一圆形的消费图。商圈大小视其业务业种不同而有所区分，以零售业而言，一般以方圆 500m 为主商圈，方圆 1000m 为次商圈。商圈的形态一般有商业区、住宅区、文教区、办公区、混合区等。

2. 适应环境

外装潢适应环境重点放在如何吸引顾客，发挥有效技能上。一般可用大块玻璃使药店的透视性得以改善，特别指出的是，店内装潢、药品的摆放技巧、各类器物甚至营业员的态度、仪表都可发挥外装潢的作用。

（二）内布局

药店内布局要求是适用、美观、舒适。

1. 柜台设计的基本要求

柜台设计以中等身材的人的身高为标准，高度与宽度一般掌握在 80cm × 50cm 左右，层次一般为三层，从上至下比例为 3∶3∶4。

2. 药架设计的基本要求

（1）小型药店　药架设计一方面要做到营业员举手可取，另一方面要考虑消费者的视线角度。

（2）大型药店　虽空间较高，易产生空旷感，但不宜加高货架，除可利用光线来改变空间感觉外，还可以用货架上置放灯箱广告的方法弥补。

（3）陈列架　大约三四层，按四层从上到下比例为3.5∶1.5∶2.5∶2.5；按三层从上至下比例为4.5∶2∶3.5，高度控制在2.0～2.2m。最上层适宜陈列礼品包装、酒类，所以较高一些；二三层放一些盒装、瓶装药，所以较矮一点。

（4）药品说明书　一般由生产厂家编制好后放于药品包装里，是药品情报的重要来源之一，商家可将之略加润色后即可成为一份不错的促销用品，润色时要注意三个“便于”：便于阅读，便于选择，便于使用，其次要在大小、样式、色彩等方面认真考虑，最后要符合国家有关规定。

（5）标价卡　药品要实行明码标价，在标价卡上必须写明药名，规格、单位、价格，有些标价卡还要求写明货号、产地等信息，标价卡的颜色一般有三种：红色表示政府定价、蓝色表示政府指导价、绿色表示市场调节价。标价卡要注意有清晰统一的字体（最好打印）、价格标明准确无误、纸质结实、大小统一，置于显眼的地方。

（6）POP 广告（point of purchase）　指在零售店店头或店内将广告物以各种方式提示，以唤起顾客购买欲望的方法。POP 广告制作方便、便宜，可取代营业员过多介绍药品的语言，能提起顾客的注意，能帮助顾客下定决心，以提高营业额。

（7）其他　如柜台上放置一些小广告牌；墙壁上挂顾客意见簿；用电视播放介绍药品的录像；请名医坐堂；醒目标明服务热线电话等。

（三）药店布局的基本原则

1. 药店的营业面积足够大

（1）一般至少在 $40m^2$ 以上；有一定规模的要在 $100m^2$ 以上。

（2）营业、办公、生活等场所必须分开或隔离。

2. 努力吸引顾客进店

（1）品牌店名及标识。

（2）荣誉牌及服务承诺牌。

（3）让顾客进店后能轻松地观察到所陈列的药品，并能最快地找到自己需要的药品。

（4）尽量延长顾客在店内的停留时间，如在店堂内合理地设置报刊栏、宣传栏，内容可涉及药品知识、新药信息、用药和保健的方法等，并经常更换内容。

（四）药店基本布局

（1）顾客流动线即顾客进入药店后移动的线路。

(2) 店堂布局的核心是顾客流动线的设计，成功的设计能最大限度地延长顾客在药店的停留时间。

(3) 顾客走动多的地方往往利于药品的促销，走得少的地方则为滞销区。

六、实训内容

1. 以照片为例，向学生讲授药店外装潢、内布局的要求、技巧和原则，并评价各照片上药店布置的优缺点。有条件可带学生实地考察参观药店的布置。

2. 学生 10 人一组，进行药店布置。$50m^2$ 的店要求在 30min 内完成。

3. 教师点评。

七、评分标准

1. 符合药店布置基本原则，20 分。

2. 最大限度地延长顾客流动线，20 分。

3. POP、荣誉牌、服务承诺等摆放醒目，顾客易见易读，20 分。

4. 店内布置大方、不显杂乱、进店后感觉视野开阔，20 分。

5. 布置有创意、有主题，20 分。

6. 说明：提前完成不加分，超时以分钟为单位，每超时 1 分钟在总分中扣除 1 分。

实训九　药 品 陈 列

一、实训目的

1. 熟悉零售药店新导入销售药品进行陈列的操作程序和要求。

2. 完成药品陈列操作。

3. 掌握药品陈列的原则和方法。

二、实训范围

药品陈列。

三、实训职责

售货员、售货组长、药店经理。

四、实训准备

模拟药店；药品多种（也可用中包装、小包装盒代替）；货柜、货架、标价牌等道具；药店货位分配定位图表一张。

五、实训指导

（一）复习 GSP（药品经营质量管理规范）药品陈列的原则和有关规定摘录

第七十六条　在零售店堂内陈列药品的质量和包装应符合规定。

第七十七条　药品应按剂型或用途以及储存要求分类陈列和储存：

1. 药品与非药品、内服药与外用药应分开存放，易串味的药品与一般药品应分开存放。

2. 药品应根据其温湿度要求，按照规定的储存条件存放。

3. 处方药与非处方药应分柜摆放。

4. 特殊管理的药品应按照国家的有关规定存放。

5. 危险品不应陈列。如因需要必须陈列者，只能陈列代用品或空包装。危险品的储存应按国家有关规定管理和存放。

6. 拆零药品应集中存放于拆零专柜，并保留原包装的标签。

7. 中药饮片装斗前应做质量复核，不得错斗、串斗，防止混药。饮片斗前应写正名正字。

（二）药品陈列注意

1. 保持量感

所谓量感，是指陈列的药品数量要充足，给消费者以丰满、丰富的印象。量感可以使消费者产生有充分挑选余地的心理感受，进而激发购买欲望。这样，就要求合理确定库存、架存的关系，并及时补充架存药品。

2. 突出特点

药品的功能和特点是消费者关注并产生兴趣的集中点。将药品独有的优良性能、造型、包装等特殊性在陈列中突出出来，可以有效地刺激消费者的购买欲望。例如，把气味芬芳的药品摆放在最能引起消费者嗅觉感受的位置；把款式新颖的药品摆放在最能吸引消费者视线的位置；把销量好或目前正在推广的药品摆放在显要位置，都可以起到促进消费者购买的心理效应。

（三）常见药品陈列

1. 醒目陈列

药品的摆放应力求醒目突出，以便迅速引起消费者的注意。合理设计摆放高度。消费者走进商店，经常会无意识地环视陈列商品，通常，无意识的展望高度是 0.7～1.7m，同视觉轴大约 30 度角上的商品最容易让人清晰感知，60 度角范围内的商品次之。在 1 米的距离内，视觉范围平均宽度为 1.64m；在 2 米的距离内，视觉范围达 3.3m；在 5m 的距离内，视觉范围是 8.2m；到 8m 的距离内，视觉范围就扩大到 16.4m。因此，商品摆放高度要根据商品的大小和消费者的视线、视角来综合考虑。一般来说，摆放高度应以 1～1.7m 为宜，与消费者的距离 2～5m，视觉宽度保持在 3.3～8.2m。在这个范围内摆放，可以提高商品的能视度，使消费者清晰地感知商品形象，同时便于触摸。

2. 裸露陈列

好的商品摆放，应为消费者观察、触摸以及选购提供最大便利。多数药品应采取裸露陈列，应允许顾客自由接触、选择以便减少心理疑虑，降低购买风险，坚定购买信心。

3. 艺术陈列

这是通过药品组合的艺术造型进行陈列的方法。各种药品包装都有其独特的审美特征，如有的款式新颖，有的造型独特，有的格调高雅，有的色泽鲜艳，有的图案美丽等。在陈列中，应在保持药品独立美感的前提下，通过艺术造型，使各种药品巧妙布局，相映生辉，达到整体美的艺术效果。可以采用直线式、形象式、艺术字式、单双层式、多层式、均衡式、斜坡式等多种方式进行组合摆放，赋予药品陈列以高雅的艺术品位和强烈的艺术魅力，从而对消费者产生强大吸引力。

4. 连带陈列

有些药品在使用上具有连带性，如感康等抗感冒药、维 C 银翘片、止咳糖浆等止咳药等，为引起顾客潜在的购买欲望，方便其购买相关药品，可采用连带陈列方式，把具有连带关系的药品相邻摆放，达到促进销售的目的。

5. 重点陈列

药店经营药品种类繁多，少则几百种，多则上千种，要使全部药品都引人注意是不可能的，可以选择顾客大多需要的药品为陈列重点，同时附带陈列一些次要的、周转缓慢的药品，使消费者在先对重点药品产生注意后，附带关注到大批次要产品。

6. 季节与节日陈列

季节性强的药品，应随季节的变化不断调整陈列方式和色调，尽量减少店内环境与自然环境的反差。这样不仅可以促进季节商品的销售，而且使消费者产生与自然环境和谐一致、愉悦顺畅的心理感受。

7. 背景陈列

将待销售的药品布置在主题环境或背景中。这在卖点很强的节日中体现得尤为明显。如世界哮喘日（5 月 5 日）、世界糖尿病日（11 月 14 日）、全国高血压日（10 月 8 日）等，以有关宣传资料为背景陈列治疗用药品，再配以免费测试、营造气氛，效果都不错。

总之，在实践中，往往是综合运用各种方法进行药品陈列。从某种程度来讲，店长应该是个陈列专家，要不断提高店面人员综合素质。药品陈列是一个永远的话题。

六、实训内容

1. 进行实训练习的学员，对需进行陈列的药品品种类型进行抽签，决定其操作对象。

2. 根据其所抽出的药品品种类型的用途和剂型特点进行分类，并按零售现场的条件、药品用途和剂型特点、预测的销售规律和消费者可能的购买习惯，在遵守相关法规的前提下，提出该药品应陈列在本店的哪个区域，以什么方式陈列来促进销售？说明理由。

3. 确定了陈列位置与陈列方式后，进行哪些准备工作？

4. 对药品进行陈列操作。

5. 对所完成的陈列工作进行检查，看是否符合原有要求。

七、评分标准

1. 完成实训内容 2，得 20 分。其中对药品陈列位置的合适定位为 5 分，说明理由，正确得 5 分；采取合适的陈列方法得 5 分，说明理由并正确得 5 分。

2. 完成实训内容 3，得 30 分。其中陈列药品准备正确、陈列区位准备得当、商品说明及标牌设置合理各得 10 分。

3. 完成实训内容 4，得 45 分。其中所陈列药品符合 GSP 对药品陈列的要求，得 15 分；所陈列药品如是处方药达到易见、OTC（非处方药）药品达到易见易取，指导购买、方便销售操作，得 15 分；所陈列药品能突出药品的特点，展示手法能吸引顾客注意力、美观、整洁，得 15 分。

4. 完成实训内容 5，得 5 分。

说明：整个操作过程要求在 50min 内完成，提前不加分，超时以分钟为单位，每超时 1 分钟在总分中扣除 1 分。

实训十　接 待 顾 客

一、实训目的

1. 熟悉不同顾客的柜台接待方法。

2. 掌握不同情况下的顾客接待方法。

二、实训范围

接待顾客。

三、实训职责

售货员、售货组长、药店经理。

四、实训准备

1. 准备模拟柜台、药品品种。

2. 准备白大褂、纸、笔等道具，同学自带。

五、实训指导

（一）不同顾客的柜台接待方法

1. 接待不同进店意图的顾客

一般来说，来店顾客大致可以分为三类。

（1）前来实现既定购买目的的顾客　这类顾客有明确的购买目标，进店后目光四处搜索，脚步轻快，最后集中到目标上，购买心理是“求速”。因此，营业员应马上接近，迅速成交。

（2）前来巡视药品行情的顾客　这类顾客无明确的购买目标和打算，进入店内是希望碰上自己心仪的药品，一般步子不快，神情自若，随便环视药品。对这类顾客，营业员应让他在轻松自由的气氛下随意观赏，注意不要用眼睛老盯着顾客，以免使其产生戒备心理，也不要过早接近。

（3）前来参观浏览和看热闹的顾客　这类顾客无购买意图，进店目的是感受气氛、消磨时光，动作上行走缓慢，东瞧西看，但也不排除有冲动性购买的行为或为以后购买而观看药品。对这类顾客，营业员不要急于接触，但应随时注意其动向，当他对某件药品感兴趣时才进行接触。

2. 接待不同身份、不同爱好的顾客

（1）接待新顾客　对新顾客一定要态度和蔼、礼貌周全，以求留下好印象。

（2）接待老顾客　对老顾客进店时，营业员要主动热情地打招呼，可直接询问要购买什么，还应主动向老顾客介绍推荐新产品，使其感到商家如同至亲好友。

（3）接待急顾客　急于购买的顾客一般有两种情况：一种是急切需要购买，如有的是要赶车船、有的是病人急用、有的是要去接人等；另一种是性情急躁的顾客。他们的购买特点是：目标明确，要求交易迅速，往往一临柜台，就高声急呼。营业员接待方法是按其所需快速拿递，迅速结账交货，但不要忘记提醒顾客看清药品，不要搞错。

（4）接待“精”顾客　这类顾客往往有很多问题要问，营业员要不厌其烦，主动介绍直到其满意为止。

（5）接待老、幼、病、残、孕顾客　这类顾客在心理和生理上有特殊的情况，营业员要与其他顾客商量，让他们优先购买，同时，根据不同情况，妥善接待。

①老年顾客记性差，动作慢，精挑细选，营业员要耐心、提醒、介绍，帮助其挑选中意的药品。

②小孩子来买药品，往往是急来、急买、急走、不挑选、不看找零、拿了就走，因此容易出错，营业员要采取询问、帮助、关照的方法，找零、开票一定要

交代小孩看清、拿好，有些儿童不宜的药最好不要售给小孩，告诉他由大人来才卖。

③对病人要关怀备至，注意问病给药，做好参谋，精心服务。

④对病残顾客，尤其是聋、哑、盲人和手脚伤残的顾客，更要关怀备至，接待盲人要仔细问清需要，认真负责地帮助他们挑选合适的药品，钱、货应逐件放到他们手中，并一一交代清楚，接待聋、哑人，要多出示药品，让他们多挑多选，并要学会一些哑语（手势）以便弄清意思，满足其需要；接待手脚伤残的顾客，要把药品放在他们的面前，让他们慢慢挑选，买好后要注意包扎牢固。

⑤接待孕妇顾客，要注意问清楚所购药品是否自己服用，要认真介绍应用注意事项，热情细心。

（6）接待需要参谋的顾客　有许多顾客缺乏医药知识，面对众多功效类同的药物品种常拿不准买哪一种好。因此，愿意征求营业员的意见。接待这类顾客，营业员不能说“哪种都行，都有效”，这会让顾客大失所望，可能就不买了，即使买了，心里也对你的不愿帮忙耿耿于怀，因此，营业员要根据自己的专业知识大胆热情地谈出自己的看法，即使你的观点与顾客不一致，顾客也会感谢你。

（7）接待自有主张的顾客　这类顾客经验丰富，自信心强，轻易不接受别人的观点，不愿与营业员多做交流。接待这类顾客，营业员要让其自由挑选，不必在旁过多地介绍推荐，以免让顾客觉得你在骚扰他。

（8）接待结伴而来的顾客　顾客结伴而来的形式多种多样，如夫妻、情侣、朋友、同事、同学、一家老小等，在选购时，往往意见不一致，有时发生小争论。接待这类顾客，如果顾客之间意见一致，营业员可按正常接待方法接待，如果意见有分歧，营业员首先要注意细心观察，辨明主次，分辨出谁是购买者，谁是出钱者，以确定接待方法；另外，要统一意见，当好参谋，特别要注意尊重买主的意见。

（9）接待操外语、方言的顾客　接待这类顾客时，营业员要特别注意弄清他们的意思，满足他们的需求。平时要多努力学习外语和积累各类药名的英文名读音，至少能听懂当地方言。

（二）不同情况下的柜台接待方法

1. 交易繁忙时

在顾客多、交易繁忙的情况下，营业员要耳目灵敏、沉着冷静、聚精会神地接待好顾客。接待方法是：一是要坚持按先后次序，依次接待；二是要灵活采取“四先四后”的方法，即先易后难、先简后繁、先急后缓、先特殊后一般；三是要做到接一问二招呼三，同时接待几位顾客。交易繁忙时接待要点在于“快”，但快要以周到、细致为前提，取货、递货、收钱、找零要交待清楚，要抬头售货，眼观六路、耳听八方、态度和蔼、语言简练。

2. 柜台缺货时

柜台缺货时，营业员不应该只简单地回答“没有”或“无货”，使顾客失望，而要积极向有关部门反映，组织货源，还要妥善采取以下接待方法。

(1) 预约购期　估计近期到货的药品，营业员可把到货时间告诉顾客，保证其能按时购买。

(2) 预约定购近期到不了的货　可请顾客在缺货登记簿上留下姓名、地址、电话号码、手机号码和需要的品名、规格、数量。等货到后，通知顾客前来购买。

(3) 推荐代用品　如本柜台有功效相近的品种，又适合顾客用的，可介绍给顾客。

(4) 推荐别的药店。

(三) 退换药品

退换药品无疑会给营业员的正常工作增添麻烦，但营业员应该认识到，药品退换工作是售后服务的一个重要方面，对这类顾客接待的好坏，处理问题是否恰当，直接关系到药店的信誉。因此，营业员必须认真对待，妥善处理。

1. 态度诚恳、热情接待

接待退换药品的顾客，营业员的态度必须比接待购买药品的顾客还要热情诚恳，倾听顾客退货的原因，只有这样，才能使顾客感到营业员的亲切和对自己的尊重，从而会增强对营业员处理退换货的信任感。

2. 区别情况、妥善处理

营业员应该本着负责精神，区别退换情况，做出处理。

(1) 退换的一般药品，经检查只要没有污损，没有超过有效期，不影响其他顾客的利益和再次出售，都要主动给予退货。

(2) 对本店出售的过期失效、残损变质、称量不足的药品，不但应退换，而且要主动道歉，如果顾客因此而受损失、酿成事故，还应给予赔偿或按国家有关规定处理。

(3) 如果因顾客使用不当、保管不善而造成的残损、变质或购买后超过有效期的，一律不予退换，但要用礼貌而委婉的语言，耐心讲清道理，说明不能退换的原因。

注：卫生部2002年下发的《医疗机构药事管理办法》第二十八条规定：为保证患者用药安全，药品一经发出，除医方责任外，不得退换。目前尚无针对药店统一退药的规定，各药店都自行制定自己的退药规定。

3. 收找钱票发生差错

这种情况通常是营业员精力不集中、没有唱收唱付等原因所造成的，差错发生时，双方都很着急，很容易发生争吵，因此，营业员首先要冷静，用正确的方法妥善处理，不能一错再错。方法如下：

（1）询问　营业员用冷静、温和的语言向顾客问明交款和找款的数额、面值、新旧程度及交款时的情节。

（2）回忆　营业员在问顾客时，自己也要认真回忆当时收找票款的过程，同时与顾客所说的情况进行对照，看是否一致。

（3）检查　根据询问和回忆的结果，检查记录和钱票箱中的钱票。如果是自己错了，应将多收的退回，少收的补上，然后向顾客表示歉意；如果自己没有错，而是顾客错了，也不要责怪，可以主动说一声“没关系”缓和矛盾。

（4）调查　营业员和顾客通过回忆之后，仍各持己见时，可向周围的目睹者做调查，请他们帮助回忆、证实。

（5）盘点　如各方都无足够的资料分清责任，在情况许可的条件下，可进行盘点。如当时无法盘点，可晚上找一名监点人进行盘点，次日将盘点结果告诉顾客。

（6）请示　如通过以上方法双方意见仍不能统一，营业员更要冷静，对个别态度急躁的顾客要忍让，切不可冲撞或责备顾客，闹大矛盾，应该请顾客到办公室同领导一起商量解决的办法。

（四）营业员有不顺心事时

人都有不顺心的时候，营业员有不顺心事时如何接待顾客，关键是营业员如何正确对待自己的不顺心的事。一般一个合格的营业员要能自我控制，积极克服自己个人的消极因素，很快进入角色，一如既往地进行营业服务。

六、实训内容

（一）角色分配

1. 营业员

2. 顾客

①新顾客；②老顾客；②急顾客；③“精”顾客；⑤老年顾客；⑥幼儿顾客；⑦病人顾客；⑧孕妇顾客和残疾顾客等。

（二）情景设计

情景一：顾客拿不定主意。

情景二：顾客自有主张。

情景三：顾客结伴而来。

情景四：顾客操方言。

情景五：交易繁忙。

情景六：柜台缺货。

情景七：顾客退换药。

情景八：营业员不顺心。

情景九：找钱出差错。

（三）操作

两个学生一组，抽签决定营业员和某一类顾客，抽签选情景，准备 3 分钟后进行表演，表演时其余同学注意观察，表演完后讨论，指出其成功和不足之处，教师当场归纳，打分，然后再进入下一组的表演。

七、评分标准

1. “四声”（顾客入店有迎声、顾客提问有答声、顾客要求有回声、顾客离店有送声）、“四心”（接待顾客热心、解答问题耐心、听取意见虚心、排忧解难诚心）服务，20 分。
2. 营业员对各类顾客的接待符合要求，30 分。
3. 情景表演逼真、生动，无夸张、做作，10 分。
4. 营业员表情、语言、礼仪等符合规范，20 分。
5. 有创意、新意，20 分。

实训十一　药 品 咨 询

一、实训目的

1. 掌握问病给药的基本程序和注意事项。
2. 能根据本药店现有非处方药品进行推荐。

二、实训范围

药品咨询。

三、实训职责

售货员、售货组长、药店经理。

四、实训准备

1. 准备模拟药店一间、药品多种。
2. 让同学模拟药店营业员、患者。

五、实训指导

（一）“问病给药”

“问病给药”是药店为广大群众提供药学服务的重要方式之一，系指不需医师处方而根据患者所求，由具有一定医药理论水平和实践经验的药学技术人员，凭患者主述病症和问望后售给对症的非处方成药，并指导患者合理用药。

（二）问病内容

1. 问病症

病人感受最明显最严重的症状及其发病时间、部位、性质、持续时间，伴随症状有哪些。症状是持续性还是间歇性；是进行性加重还是逐渐减轻或持续未变；是规律性或周期性发作，还是时愈时发。哪些症状减轻或消失，又有哪些新症状出现。

2. 问病前患者是否进行过检查和治疗，结果怎样

若已进行过治疗，则应问明使用过的药物名称、剂量和疗效。过去健康状况，患过何种疾病，预防接种情况以及手术、外伤、中毒和过敏史等。

3. 问病后饮食、睡眠、体重、体力、大小便及精神状态有无改变等。

4. 必要时需了解的一般内容

社会经历、职业及工作条件、起居与卫生习惯、饮食规律与质量、烟酒嗜好与摄取量、个人性格及有无精神创伤。婚否、对方健康状况、性生活情况、夫妻关系等。双亲与兄弟、姐妹及子女的健康与疾病状况，特别应询问是否有与患者同样的疾病，有无与遗传有关的疾病等。

5. 必要时需了解的女性病人的内容

月经初潮年龄、月经周期和经期天数、经血的量和色、经期症状、有无白带、末次月经日期、闭经日期、绝经年龄。妊娠与生育次数和年龄、人工或自然流产的次数、有无死胎、手术、产褥热及计划生育情况等。

通过问病，初步判断疾病的原因（如外伤、中毒、感染等）、诱因（如气候变化、环境改变、饮食起居失调）以及起病症急缓等情况。

如遇无法叙述清楚病情的情况，如代人购药、患者是小儿等，则应视具体情况推荐选购安全性大的药品。

（三）问病要点

1. 态度

语言通俗，亲切和蔼，热情耐心，让病人感觉到值得信赖。

2. 用语技巧

一般用先问感受最明显、容易回答的问题，如“你感到哪里不舒服?”，其次询问需要经过思考才能回答的问题，如“你的疼痛在什么情况会减轻或加重?”。问病时应避免套问和暗示性诱问，如“你上腹痛时向左肩放射吗?”而应问“你腹痛时对别的部位有什么影响吗?”如“你伴有夜间盗汗吗?”这样的提问往往会使病人在不甚解其意的情况下随声附和，给判断疾病和给药针对性造成困难。

3. 边问边听边思考

在问病的过程中，要边听患者的叙述，边观察病人，并随时分析病人所陈述的各种症状间的内在联系，分清主次、辨明因果、抓住重点、深入询问。在倾听

病人陈述病情的时候，要根据所述事实，联想到有哪些可能的疾病。以此为指导详细询问，并逐步将一些疾病排除，将某些疾病保留。对诊断和鉴别诊断有意义的部分，要询问清楚无误。

（四）示例

1. 感冒

（1）定义　感冒是一种极为常见的呼吸道感染性疾病。不能和流行性感冒（流感）及上呼吸道感染（上感）混为一谈。

（2）病因

①病毒：引起感冒的病毒有多种，如鼻病毒、腺病毒、冠状病毒、疱疹病毒、埃可病毒等。

②不良的生活习惯：如自身防护不当，不能随季节温差而适时增减衣服，气温骤降，局部抵抗力下降；夏天近距离用电扇或空调温度过低，皮肤局部受冷，抵抗力下降。不良饮食习惯，如喜食盐味重的饮食，使口腔内唾液溶菌酶减少。小儿偏食，使维生素A及维生素C缺乏，呼吸道防御屏障削弱。以上不良生活习惯都易使病毒乘机而入引起感冒。

③个人体质较弱、精神紧张、过度疲劳、免疫功能减低，或有其他慢性疾病，如慢性咽炎、支气管扩张、结缔组织病和慢性肾炎等患者全身免疫功能低下，都是易引起感冒的因素。

（3）问病要点

①发烧吗？

普通感冒一般不发热，个别有37.2℃左右的微热。

②有哪些具体病状？

如全身酸痛、咽痛、流涕、鼻塞、打喷嚏。

③有无眼红、痒，鼻痒、阵发性打喷嚏等情形。

患者只有这些症状而无其他感冒症状，则可能为过敏性鼻炎而非感冒。

④症状持续了几天了？

一般感冒持续3~7天即可痊愈，若超过7天仍未缓解，反而加重，则可能有并发症发生，建议去医院就医。

⑤有无其他疾病，如高血压、甲亢、糖尿病、青光眼等。

⑥正在服用什么药？

⑦是否咳嗽、有痰？

感冒后期开始咳嗽。

评估：患者有鼻塞、流涕、咽干、身体懒倦、有低热，可判断为普通感冒。

（4）给药

①西药非处方药

单方：阿司匹林，卡巴匹林钙（速克痛）、阿司匹林、维生素C泡腾片、对乙酰氨基酚（必理通、泰诺林、百服宁）、布洛芬（芬必得）、贝诺酯（百乐来、扑炎痛）、双水杨酯片，磺酸（润宁、泰瑞宁）、阿苯片。

复方：复方盐酸伪麻黄碱缓释胶囊（新康泰克）、双扑伪麻片（银得菲、服克）、美息伪麻片（白加黑）、复方氨酚烷胺胶囊（快克、新速效感冒片、感康）、复方氨酚葡锌片（康必得）、美扑伪麻口服液（祺尔百服宁）、氨咖愈敏溶液（平安感冒口服液）、复方锌布颗粒剂（锌可康）、氨酚美伪滴剂（时美百服宁）、小儿氨酚黄那敏片等。

②中成药非处方药

患者怕冷，属风寒感冒；风寒感冒冲剂、荆防冲剂、感冒清热颗粒、发汗解热丸、感冒疏风片、感冒软胶囊等。

患者发热明显，属风热感冒：风热感冒冲剂、桑菊感冒片、银翘解毒片、羚翘解毒片、热炎宁颗粒、清开灵软胶囊等。

患者发烧、头昏、胸闷等中暑症状，为暑湿感冒：藿香正气软胶囊、广东凉茶等。

③何时就医：如患者服用抗感冒药 5 ~7 日症状仍不缓解，咳嗽、咳痰加重，胸部憋闷，喉头刺痛，体温达到或超过 39℃，可能合并细菌感染而成为肺炎，应立即去医院就医。

2. 流行性感冒（流感）

（1）定义　是由流感病毒引起的一种极易传染的呼吸道疾病。

（2）病因　流感病毒有甲、乙、丙三型，并有多种亚型，尤其甲型每隔几年即产生新的病毒株，人们难以对其产生持久免疫力。患者常因吸入空气中含病毒的小颗粒或通过接触流感患者污染的物品而被传染。

（3）问病要点

①你是突然发烧的吗？体温多少度？

流感起病急，高烧可达 39℃。

②你寒战吗？浑身酸痛吗？头痛吗？

流感以突发高热、寒颤、浑身酸痛、头痛为主要表现。

③有鼻塞、流涕、打喷嚏等症状吗？

这些呼吸道症状比全身酸痛症状出现晚。

④发烧到今天是第几天？

流感发热持续 3 ~5 天。

⑤你周围同事或你家人也有发烧的吗？

⑥来之前你服用什么抗感冒药？

避免重复推荐药品。

评估：患者起病突然，体温高，呼吸道症状逐渐发生，周围同事及家人有同样症情，估计是流感。

（4）给药同普通感冒，但应注意：

①可选用含金刚烷胺、人工牛黄、板蓝根浸膏、葡萄糖酸锌的复方制剂。

②为预防细菌合并感染，可用一些抗菌药。

③建议患者卧床休息、多喝水、注意室内通风等。

④症状持续时间长或严重以及老人、小儿、孕妇患者，建议去医院就医为好。

3. 失眠

（1）定义　也称睡眠障碍，如入睡困难，睡着后多次醒来，过早醒来即不能入睡等都称失眠症。

（2）病因

①应急状态或环境改变，破坏了人体的正常生活或生物钟规律。

②患有精神性或躯体性疾病。

③不适当的药物影响。

（3）问病要点

①你失眠多长时间了？

失眠通常只是暂时的，但也有长期失眠的。

②你失眠的具体情况是怎样的？

入睡困难，睡着后多次醒来，或过早醒来后不能再次入睡，老年人最后一种情况常见。

③你近来工作繁忙吗？精神紧张吗？或有何不顺心的事吗？

如下岗的问题影响了精神、情绪不安，引起了失眠。

④你患有其他什么疾病？

呼吸系统、心血管或胃肠疾患的病人常伴发失眠。

⑤你去看过医生吗？用过哪些药？

便于协助患者选药。

评估：患者夜晚难以入睡、多梦、白天感到疲劳、打瞌睡，确系睡眠发生障碍，产生失眠症。

（4）给药

①西药非处方药：氯美扎酮（芬那露），谷维素、天麻素等。

②中成药非处方药。

患者伴心慌、面色苍白或苔黄、唇舌色淡，为心血亏虚失眠。可用养血安神丸、脑乐静、安神定颗粒、复方宝颗粒、复方枣仁胶囊、夜宁糖浆等。

患者伴心慌、口渴、盗汗、面颊及舌红，为阴虚火旺失眠。可用枣仁安神颗粒，神衰康胶囊、琥珀安神丸等。

（5）何时就医　如果患者失眠已持续数月之久，伴发情绪波动、精神紧张、疲乏，或伴有呼吸、心血管系统疾患，建议去医院就医。

六、实训内容

（一）角色安排

1. 营业员
2. 患者

（二）情景

（1）患者为学生，最近学习紧张，过度疲劳，昨天又淋雨，现在头痛、嗓子干、全身不舒服，怀疑是感冒，想买抗感冒药。

（2）患者男性，30 岁，前几天患感冒，现感冒症状已消除，但出现频繁咳嗽，有痰。拟购一种止咳祛痰药。

（3）患者女性，35 岁，一年前下岗在家，经常为家庭生活与前途发愁，晚间入睡困难，多梦，白天精神疲乏，感觉昏昏沉沉，怀疑神经衰弱。

（4）患者小儿，4 岁，厌食，希望买一种助消化药（学生扮演其家长）。

（5）患者女性，45 岁，经常出现胃部不舒服，上腹疼痛，还有些恶心、吐酸水，不想吃东西，想买胃药，

（6）患者女性，16 岁，自觉双眼奇痒、畏光、流泪、有异物感，想买对症眼药水。

（7）患者男性，55 岁，粪便干结、排除困难、伴有下腹部膨胀感，寻求相关药物。

（8）患者男性，28 岁，脚趾间糜烂、流黄水，刺痒难忍，怀疑是癣。

（9）患者男性，32 岁，经常感到咽部干、疼、有异物感，多痰，热饮时咽疼，怀疑是咽炎，拟选消炎药。

（10）患者男性，24 岁，全身风疹块，瘙痒难耐，自觉过敏，要求买一种抗过敏药。

（三）熟悉模拟药店中的药品

（四）根据抽签情景认真准备

（1）疾病定义。

（2）主要病症。

（3）问病要点。

（4）给模拟药店中现有西药非处方药的依据。

（5）给模拟药店中现有中成药非处方药的依据。

（6）何时就医。

（五）操作

两个学生一组，抽签决定营业员和患者，抽签选情景，准备 3 分钟后进行表演（课前要认真预习），表演时其余同学注意观察，表演完后讨论，指出其成功和不足之处，教师当场归纳，打分，然后再进入下一组的表演。

七、评分标准

1. 问病的态度和蔼亲切，语言通俗，气氛融洽，10 分。
2. 问病要点清楚、全面，20 分。
3. 疾病判断准确，10 分。
4. 能准确说出所推荐西药非处方药和中成药非处方药依据、应用注意等，50 分。
5. 何时就医，10 分。

实训十二　药店药品入库管理

一、实训目的

1. 学会对药品入库进行计算机管理。
2. 掌握一般的计算机维修。

二、实训范围

药店药品入库管理。

三、实训职责

保管员、验收员、药店经理。

四、实训准备

1. 准备装有药店管理系统的计算机。
2. 准备拟入库的药品一批。

五、实训指导

1. 入库单流程

（1）选择供货单位。

（2）选择药品　支持条码/拼音/自编码，录入后回车。

（3）录入数量和单价。

（4）此药 GSP 验收数据。

（5）此药加入入库单。

（6）保存入库单。

2. 入库说明

（1）入库日期，是指药品到货日期。

（2）选择供货单位，录入单位的拼音，回车即可。

（3）票据日期，是指发票上的日期，一般情况票据日期要小于入库日期。

（4）票据号，是指原始票据上的单号，GSP 数据可以不录。

（5）选择药品，支持拼音、条码、自编码、汉字。

（6）采购数量、采购单价录入后回车，采购全额自动计算。

（7）销售价是指正常销售的价格。

（8）批号必须录入，录入批号回车才能产生助记码。

（9）货位，必须选择，不能为空，可以按上下光标键选择。

（10）合格证，是指整箱整件进货时，会有一张出厂合格证。

（11）外观质量、验收结论，这是 GSP 数据，一般是选择合格。

（12）验收人，下拉列表（销售员管理）中的销售名单，默认为是第一个销售员的姓名。

（13）生产日期，可以任意选择东西，其目的是为了 GSP 报表产生数据，也可以不填。

（14）标记是软件的特色功能，此药打上标记后，说明这个药品来源比较特殊，在特定的条件下会暂时消失。

（15）数据录入完毕后，点击“保存入库单”。

3. 修改入库单

药品入库系统应具备入库单维护功能及时根据用户需求进行数据的添加、删除、修改、保存等操作。

六、实训内容

1. 讲解示范药品入库、修改入库单等操作和各栏目意义。
2. 指导学生录入一批药品，供货单位、票据号等可自拟。

七、评分标准

1. 能正确理解各栏目的意义，40 分。
2. 能正确进行药品入库录入和修改，60 分。

实训十三　药店库存管理

一、实训目的

1. 掌握用计算机进行药品库存管理。
2. 掌握库存盘点、价格管理、效期管理、药品处理、拆零管理、柜台报警与移动货位、库存报警与采购计划等。

二、实训范围

药店药品库存管理。

三、实训职责

保管员、验收员、售货员、药店经理。

四、实训准备

1. 准备装有药店管理系统的计算机。

2. 自拟库存盘点、价格管理、效期管理、药品处理、拆零管理、柜台报警与移动货位、库存报警与采购计划训练情景。

五、实训指导

（一）库存盘点

1. 盘点流程

（1）盘点查询，选择货位，进行查询。

（2）打印盘点表。

（3）组织人员进行盘点。

（4）直接修改数据。

（5）盘点完成。

2. 盘点说明

含零库存查询：是指没有库存数量的记录也查询出来。

（二）价格管理

查询到药品，双击即可修改价格。

修改价格后，别忘记修改“价格加拼音查询码”。

（三）药品处理

药品处理，是指对库存中的某些药品进行处理。

1. 药品处理方法

例如，柜台 g1 中有 47 盒感康，有 1 盒感康申请退货，暂时放在 g2 处。

操作方法：先查询感康，然后再处理数量，处理情况选择“申请退货”，移动货位到“g2”，再点击“确定处理”。操作会显示感康处理成功。

2. 药品处理情况查询

例如，要查询已经申请退货的药品。在处理情况处选择“申请退货”，然后点击“查询”即可。

（四）拆零库管理

拆零库管理界面与销售时选择的拆零库是同一个界面，这里是对拆零库进行维护，查看全部拆零库存，可以看到所有拆零库存的药品，都是有数量的记录，修改拆零价格。

（五）柜台报警与移动货位

柜台报警是指柜台数量不够，但库存中又有的药品。

柜台报警的药品需要进行移动货位，从库房移动到柜台。

移动货位的操作过程，只需要回车回车再回车即可。

六、实训内容

1. 讲解各项目操作和各栏目意义。
2. 演示操作。
3. 设计情景让学生操作。

七、评分标准

1. 能正确理解各项目、各栏目的意义，30 分。
2. 操作分，70 分。

实训十四　出库作业流程

一、实训目的

1. 了解物品出库的依据和出库的形式。
2. 能够熟练进行物品的出库操作。

二、实训范围

药店药品出库管理。

三、实训职责

保管员、验收员、售货员、药店经理。

四、实训准备

哈尔滨市仓储有限公司 2013 年 4 月 16 日接到客户哈尔滨珍宝岛制药有限公司的出库请求，要在 2013 年 4 月 20 日从该中心提取 50 箱板蓝根口服液。40 箱双黄连注射液，20 箱山楂丸，出货方式为自提，请仓库工作人员完成货物的出库作业。

五、实训指导

（一）物品出库的依据

商品出库必须依据货主开出的商品出库凭证方可进行。在任何情况下，仓库都不得擅自动用、变相动用或者外借货主的库存商品。

货主的出库通知或出库请求的格式不尽相同，不论采用何种形式，都必须是符合财务制度要求的有法律效力的凭证，要坚决杜绝凭信誉或无正式手续的发货。仓库业务部门根据提货人的提货凭证办理提货手续，并签发出库单，指示仓库保管部门交货。

（二）出库业务程序

1. 出库前的准备工作

可分为两个方面：一方面是计划工作，即根据货主提出的出库计划或出库请求，预先做好物品出库的各项安排，包括货位、机械设备、工具和工作人员，提高人、财、物的利用率；另一方面是要做好出库物品的包装和标志标记。发往异地的货物，需经过长途运输，包装必须符合运输部门的规定，如捆扎包装、容器包装等，成套机械、器材发往异地，事先必须做好货物的清理、装箱和编号工作。在包装上挂签（贴签）、书写编号和发运标记去向，以免错发和混发。

2. 出库程序

出库程序包括核单备货—复核—包装—点交—登账—清理等过程。出库必须遵循“先进先出，推陈储新”的原则，使仓储活动的管理实现良性循环。

不论是哪一种出库方式，都应按以下程序做好管理工作。

六、实训内容

把全班同学分成若干个学习小组，每个学习小组5~6人，指定一名学生作为小组负责人，负责小组人员角色分工，完成以下任务：

1. 报关员根据订单信息和货物存储货位，进行出库准备，包括货位的分拣、包装等。

2. 学生根据要求和提货任务进行出库时的交接工作。

3. 提交相关的单据。

学习小组间互评其完成情况，老师进行点评。

七、评分标准

1. 出库准备完整，分拣、包装，30分。

2. 操作分，70分。

实训十五　医院药剂科管理

一、实训目的

1. 对药剂科各部门、各岗位的工作性质、任务、特点及具体操作或实验的要求进行一般性认识和了解。

2. 联系实际学习初步的工作方法和经验，从而巩固课堂上学到的书本知识。

二、实训范围

医院药剂科。

三、实训职责

药士、药师、保管员、药剂科主任。

四、实训准备

1. 药品陈列柜若干，各类药品。

2. 药剂人员工作手册。

五、实训指导

医院药剂科实习的总体要求是：了解医院机构分布与职能的总体情况，包括主要病区的分类、辅助检查、后勤供应及行政管理等各部门的分布与职能；熟悉药剂科及其所属各科室的工作任务及工作情况，熟悉药剂科和有关临床与医疗科室的业务关系；熟悉我国药政法规、条例和医院药剂工作条例及今后药剂科的发展方向；掌握药物调剂与药学咨询服务的基本技能；培养药学研究的基本思路和创新意识。

（一）岗前教育及基本知识学习

岗前学习及职业道德教育，一方面要学生真正地了解和理解医院药学实践及药房的工作性质，另一方面树立起学生职业道德的警戒线，以免在日后的实习和工作中在人际关系以及医患关系的处理上会出现偏差。职业道德教育应包括药学科研、药品生产、药品供应、药房工作四个部分的职业道德规范文件的学习。其次全面了解医院药学在临床实践中的地位及任务、医院药学的基本内容、学科发展的历史及前景、国内的现状及目前存的问题、新药开发研究的过程、内容及GCP的要求、治疗药物监测的有关知识等。

（二）医院制剂和检验

1. 灭菌制剂

了解灭菌制剂的要求、灭菌设备的构造及操作要点；掌握湿热灭菌法和无菌操作法各项基本要领；掌握灭菌制剂工艺操作及质量控制要求。

2. 普通制剂

学习片剂、胶囊剂、软膏（乳胶）剂、溶液剂（乳浊液、悬浊液）等的配制原理及方法、质量检查、稳定性情况、保存方法及用途等。

3. 制剂检验

学习医院制剂检验的有关规章制度、特点及方法，药检所需要的基本仪器和设备及其实际操作。

（三）药物调剂

了解门诊西药房、中药房、住院药房的工作程序，如收方、划价、审查处方、调配药物与发放，处方药品统计与报销，领取药品的手续，调配发药前的准备工作；了解常用药物拉丁名称（包括缩写）及剂量（尤其是剧毒药剂量）；了解目前常用药物的临床资料，如药理作用、适应证、不良反应、剂量用法、禁忌证及相互作用等；了解国家关于毒药、麻醉药品、精神药品、医疗用毒性药品的管理法规以及本院使用与保管情况；了解药品说明书的书写规范；了解目前国内外新药与临床应用的概况以及国内开展临床药学的情况。了解中药材、中药饮片及中药成方制剂的常规鉴别方法。

（四）药库

了解药库的工作任务、基本管理制度；了解各类药品（化学药、生物制品、中成药、中药饮片等）的陈列、保管、应用方面的基本知识；了解中药饮片质量的检查，验收及药品的储藏保管方法，仓储管理制度，药品进出库账册的填写，报表的制作及有关制度。了解药库品种及抢救用药；了解药品预算、药品统计、日消月结、领取、报销及药品发放等工作程序及注意事项；了解药库的设施和设备使用要求。

（五）见习综述

通过查阅门诊处方、调剂药物等方式实际调查掌握30种左右常用药物在临床应用中的实际状况，发现不合理处方，并加以分析整理。调查内容应包括药物的名称（化学名、商品名、别名等）、药理作用及使用方法、使用中的注意点、剂型剂量以及药物体内过程，如可能应参加临床药师或医师的查房。每名学生负责1~2种常用药物或新药的调查报告或文献综述。内容应包括药物基本理化性质、药理作用及机制、临床适应证、毒副作用、配伍禁忌、与其他药物的相互作用、本类药物动力学特征、体内外药物浓度等，查阅参考20种以上的工具书或文献。

（六）药师工作职责

（1）负责药品的预算、请领、分发、保管、采购、报销、回收、下送、登记、统计和药品制剂与处方调剂等工作。

（2）主动深入科室，征求意见，不断改进药品供应工作，检查科室药品的使用、管理情况、发现问题及时处理，并报告。

(3) 认真执行科室的各项规章制度和操作规程，严格管好毒、麻、精等特殊管理药品，严防差错事故。

(4) 经常检查各种设备、衡器、量器等，保证性能良好、计量准确。

(5) 做好自身专业知识的深造，并负责药士的业务学习和技术指导，担任教学和进修、实习人员的具体培训。

六、实训内容

学生根据教师提出的问题及方案进行分组练习，并进行讨论，互相指出不足。

七、评分标准

1. 理论

明确药师的工作职责及规范，30 分。

2. 实操

在操作中能理解药师工作，并能及时付药并无任何差错，70 分。

实训十六　门诊西药房实习

一、实训目的

1. 全面熟悉门诊西药房的工作程序、工作性质和范围。

2. 熟悉国家关于西药有毒药物、麻醉药物的管理法规以及使用与保管情况，熟悉常用西药的药品信息。

3. 掌握门诊西药房的调剂工作，能进行简单的西药处方不合理分析并能采取适当的处理方法。

二、实训范围

门诊西药房。

三、实训职责

医生、护士、药房调剂人员、医师、保管员、药房主管。

四、实训准备

准备处方、药品、展柜、小框、包装纸等。

五、实训指导

处方是由注册的执业医师和执业助理医师在诊疗活动中为患者开具的、由药学专业技术人员审核、调配、核对，并作为发药凭证的医疗用药的医疗文书，具有明确的技术意义、经济意义和法律意义。进入西药房后，必须首先学会熟识处方信息。

（一）处方格式、内容及正确书写方法

1. 处方格式和内容

处方分为前记、正文和后记三个部分，必须熟悉每一部分的内容。

处方前记：包括医疗、预防、保健机构名称，处方编号，费别、患者姓名、性别、年龄、门诊或住院病历号，科别或病室和床位号、临床诊断、开具日期等，并可添列专科要求的项目。

处方正文：西药/中成药处方正文中应分列药品名称、规格、数量、用法用量。

处方后记：包括医师签名和（或）加盖专用签章，药品金额以及审核、调配、核对、发药的药学专业技术人员签名和（或）加盖专用签章。

2. 处方格式常见问题

（1）前记中医疗、预防、保健机构名称，处方或医嘱领药单印刷顺序号，费别，患者姓名（必须与病历持有人即患者完全一致，如有误所有产生的一切后果由处方医师全权负责）、性别、年龄、门诊或住院病历号，科别或病室和床位号，临床诊断（暂不能下诊断时写上初步印象），开具处方日期（格式××××年××月××日××时）等栏目有缺项。麻醉药品和第一类精神药品处方除以上栏目外，缺少必需的患者身份证件编号和代办人身份证件编号。

（2）正文无 Rp 或 R 标示，药品书写未顶格、未顶行（在 Rp 或 R 标示后留空格和空行）或未分列药品名称、规格、数量、用法、用量等栏目。

（3）后记中“医师签名或加盖专用签章，以及审核、调配、核对、发药的药师双人签名或加盖专用签章”等栏目有缺项。

（4）处方用纸颜色不符合要求　急诊处方、普通处方、麻醉的药品、第一类精神药品处方、第二类精神药品处方的印刷用纸应分别为淡黄色、白色、淡红色、淡红色、白色，并在处方右上角以文字标注。

3. 处方书写规范常见问题

（1）开具处方时，处方前记、正文、后记规定的各项目中有缺项，或与病历记载不相一致；确实无法填写的应当将空栏划去以示无效。

（2）开具处方时使用了规定（开处方必须用蓝黑色钢笔书写，不得用铅笔或圆珠笔）外的红笔、铅笔和易褪色的笔或者用双色笔。

（3）每张处方未限于一名患者的用药。

（4）处方书写字迹难以辨认，或修改处缺签名或加盖签章及未注明修改日期。

（5）处方药品名称用不规范的中文或英文书写或自行编制药品缩写名或用代号；处方文字使用混乱，如中文和拉丁文混用。

（6）药品剂型、规格、用法、用量书写欠准确、规范或不清楚，如使用“遵医嘱”“自用”等含糊不清字句。

（7）年龄未写实足年龄，婴幼儿未写日龄、月龄，0～4 周写日龄，4 个月～2 周岁写月龄，且应标明体重××千克，2～18 周岁写实足年龄，并且≤18 周岁都应当用儿科处方，急诊可在右上角标明急诊字样。

（8）西药和中成药与中药饮片未分开开具；口服药品和外用药品、西药和中药同开一张处方。处方的每一药名必须另起一行，药物按主药、辅药、矫正药、赋形药的次序排列。

（9）开具西药、中成药处方，每一种药品未另起一行，第一品种未顶格书写；处方内拉丁药名第一个字母未大写；药物名称未与剂量同写一行。如果几种药物用量相同，可在最后一种药物的用量前加上“aa.”字，两种药物合用可用斜号“/”表示。

（10）开具处方后的空白处未划斜线，以示处方完毕。

4. 处方用药合理性常见问题

（1）对规定必须做皮试的药品，处方医师未注明过敏试验及结果判定。

（2）药品的适应证与临床主要诊断明显不符合。

（3）单张处方超过五种药品或针对性不强的“撒网式”用药。

（4）药品超剂量使用未注明原因及再次签名。每次应用的剂量不应超过剂量，如果有意超过时，必须在该剂量后加惊叹号，如“5.0!”以表示不是写错。普通处方超过 7 日用量；急诊处方超过 3 日用量；慢性病、老年病或特殊情况适当延长处方用药天数未加说明；麻醉药品、精神药品用量超过《麻醉药品、精神药品处方管理规定》要求，毒麻药超过一天的限制，剧毒药超过两天的限制。

（5）药品用法用量欠妥　包括剂型与给药途径不合理、药品剂量与用法不准确（与常用剂量相比，给药剂量不足或剂量过大、给药间隔时间不合理等）。

（6）有重复给药现象。

（7）有潜在临床意义的药物相互作用和配伍禁忌。

（8）选药不合理，存在用药禁忌。

（9）抗感染药物滥用。

5. 其他问题

（1）非本医疗机构注册医师开具的处方。

（2）不具备麻醉药品、第一类精神药品处方权的医师开具麻醉药品及第一类精神药品；不具备使用限制使用或特殊使用品种抗菌药物资格的医师开具限制使用或特殊使用品种抗菌药物处方（紧急情况除外）。

（二）药品调剂

西药调剂工作的一般程序和原则，各种药品的取用规则和核对制度，即按照工作程序完成审方、划价、配方、复核、发药等工作。

药品调剂工作是西药房的工作重点，只有严格遵循调剂工作程序才能确保给患者发放合格的药品。调剂工作程序包括审方、划价、配方、复核、发药等几个环节。药学专业技术人员应按操作规程调剂处方药品。调剂处方时必须做到“四查十对”，查处方，对科别、姓名、年龄；查药品，对药名、规格、数量、标签；查配伍禁忌，对药品性状、用法用量；查用药合理性，对临床诊断。

1. 审方

应当对处方用药适宜性进行审核

（1）患者姓名、年龄、性别、处方日期、医师签字等是否清楚，处方日期超过3日者，应请处方医师重新签字；公费者需查验公费证与号码，自费药经患者同意后计价。

（2）药名书写是否清楚准确，是否有重复给药现象，剂量是否超出正常量，用法是否恰当，剂型与给药途径是否合适，对儿童及年老体弱者尤需注意。

（3）毒、麻药品处方是否符合规定。

（4）如有临时缺药，应请处方医师改药后重新签字。

（5）如有药名、剂量等字迹模糊不清或重开药名、漏写剂量等，除重开药名可删去一味外，其余均要经处方医师确认、重新签字后计价。

（6）处方中药物本调剂室是否备全等。

（7）对规定必须做皮试的药物，处方医师是否注明过敏试验及结果的判断。

（8）处方用药与临床诊断的相符性。

（9）是否有潜在临床意义的药物相互作用和配伍禁忌。

2. 划价

必须准确、迅速，以缩短患者取药时间。

（1）西药/中成药计价方法

$$处方药价=\sum 药品单价\times数量$$

（2）自费药品价格应单列，原方复配结算应重新核算价格。

（3）计价完成后计价人签字，填写取药号并将取药凭证交予患者。

3. 调配、复核

先审方，再核对调配的药物和用量与处方是否相符；有无多、漏、错配；调配者有否签字等。

4. 发药

核对患者姓名、药品名称、用法、用量、取药凭证、剂数；按药品说明书或处方医嘱，向患者或其家属进行相应的用药交代与指导，包括每种药品的用法、用量及注意事项等。回答患者有关用药问题。

（三）药房调剂人员工作职责

（1）处方必须有药学专业技术人员进行调剂。

（2）加强业务学习，提高自身的业务素质，对窗口咨询病人提问应能从专业角度加以指导。加强对处方的审核，对不合格处方或违反规定的处方要及时与药师取得联系，更正签字后再进行调配。

（3）收到处方后认真审阅处方内容，进行“四查十对”，无误后方能调配。若有疑问的处方应及时与医师取得联系，对违反规定的处方有权拒绝调配，并做好记录。

（4）严格执行配方、发药双复核制度，防止差错事故发生。配方、发药人员均应在处方上签字或盖专用签章，如遇单人值班时，值班人员应同时履行配方、核对职责，并在处方上签字或盖专用签章。发生差错事故必须及时纠正并上报，尽量减少损失和影响，并登记事情经过和处理方法。

（5）对含有麻醉、毒性、精神药品处方的调配，应熟知此类药品的有关规定，并按照有关制度执行，对违反规定的处方，有权拒绝调配。

（6）发药时应向病人说明用法用量及注意事项，对特殊方法及年长病人详细说明，对病人提出的问题应做耐心解释，态度和蔼，礼貌服务，严禁与病人发生争吵。

（7）值班人员上岗时严禁随意带他人进入工作区，无关人员不得进入药房。

（8）带教实习生，应耐心讲解、指导，若发生差错事故，均由带教者负责。

（9）严格遵守电脑操作规程，加强学习，提高操作技能，遇到计算机故障，不得私自拆修，应通知信息科，请专业人员处理。

（10）对需做进销账的药品应做好进销记录，做到账物相符。

（11）保持配方、发药台面及地面的整洁卫生，药品用后放回原处。

（四）病区药房岗位职责

（1）上班人员应穿工作服、佩戴胸卡，自觉遵守各项规章制度，坚守工作岗位。

（2）做好发药前的准备工作，药品按使用频率结合药品分类进行定位存放，保持整洁，药架及盛药容器应干燥清洁，标签清楚，标示正确。

（3）认真仔细按各科电脑输入的处方及病人出院带药处方进行发药，对处方有疑问时应及时与各科室或医师联系，不得在情况不明下发药。

（4）发药流程严格执行双人复核发药，发药人和调剂人员要认真核对，避免差错，禁止闲谈。

（5）电脑出错没有打印出发药单时，可在历史查询中补打发药单，但此操作未经药房负责人允许不得使用，且历史发药单需经药房负责人签字生效后，方可作为发药单使用。避免因为发药单重复造成丢药、少药。

（6）病区退药由医生和护士写退药申请，退药申请需标明退药原因，药品名称、规格、数量、产地、药房按退药申请检查核对药品，再确认无误，签字盖章后，将退药申请通过取药护士交予微机操作人员，微机操作人员按退药申请内容打印退药单，将退药单和申请附在一起后交予窗口发药人核对、保存。

（7）根据有关规定严格保管好麻醉、精神药品等特殊管理药品，账物应相符，记录应完整，保持记录表、账簿整洁、清晰。做好药品的效期管理。

（8）抢救病人的用药必须随到随配，快速、准确。

（9）注意服务态度，不准与护士、病人发生争吵（不允许病人取药，但要求和病人耐心解释）。

（10）保持工作区域整洁卫生，个人用品不准随便放置，配方区内非工作需要不准科外人员进入。做好安全工作，防止事故发生。

六、实训内容

（一）角色安排

角色由临时抽签决定。

（二）过程

现成制剂的调配，任选 50 张合格西药处方，严格按照调剂规程进行正确调配。

七、评分标准

（一）评分办法

现成剂型的调配：速度 50 分，质量 50 分。

（二）速度评分

10 张处方在 20 分钟内完成调配全过程，50 分，提前不加分，超过 1 分扣 5 分，超过 5 分钟停止操作。

（三）质量评分

急症处方先配，按处方先后顺序调配取药；取药操作规范，计数准确，才能将药瓶（盒）正确归位；包装完好，不撒漏药品；不调配发霉变质药品；包装上病人姓名、用法用量及用药注意事项填写正确、完全符合得 50 分，不符合药品每项扣 5 分。

实训十七　门诊中药房实习

一、实训目的

1. 通过门诊中药房的实习，全面熟悉门诊中药房的工作程序、工作性质和范围。

2. 熟悉门诊中草药调剂过程，能进行简单的中药饮片辨认，掌握中草药调配方法及常用中药的配伍。

3. 熟悉中药斗谱的排列原则。

4. 能完成中药处方的收方、审方、调配、复核及发药的过程。

二、实训范围

门诊中药房。

三、实训职责

医生、护士、药房调剂人员、医师、保管员、药房主管。

四、实训准备

准备处方、调剂台、药橱、中草药、包装袋、研钵、镊子等。

五、实训指导

（一）中药处方的概念与处方应付

1. 中药处方的概念

处方又称“药方”，中医处方是医师辨证论治的书面记录和凭证，反映了医师依据法定处方等处方用药的要求，既是给中药调剂人员的书面通知，又是中药调剂工作的依据，同时也是依法经营、计价、统计的依据。

2. 中药处方的书写格式

规范的中医处方可由以下几部分组成。

（1）处方前记　医院全名，门诊号或住院号，处方编号，年、月、日，科别，患者姓名、性别、年龄、婚否、单位、住址等。

（2）脉案　包括病因、症状、脉象、舌苔、治疗方法。

（3）处方正文　包括处方药味、剂量、剂型及用法。饮片处方通常按“君、臣、佐、使”及药引子顺序，以单剂量书写（指一日用量），剂量单位用 g，同时注明总剂数，如有特殊炮制要求或用炮制品须注明炮制类别（如酒炙、醋炙等），特殊煎法也须注明（如先煎、后下、烊化等）。

（4）处方方尾　处方下方印有医生、药师调配及发药等人员签字处，同时还有药费价一项。处方必须由医师签字或盖章后方能生效，药剂人员配毕处方后必须由校对人员校对，双方签名后可将药品发出。

3. 处方应付

处方应付是指中药调剂人员在中药饮片配方操作时，根据中医处方要求，按照《中药炮制规范》的规定配付药物。各地区《中药炮制规范》一般都有配方应付专门的项目，作为本地区中药调剂人员进行配方的依据。

(二) 中药的配伍与用药禁忌

1. 中药的配伍

(1) 配伍的概念　按照病情需要和用药法度，把两种以上的中药配合应用，称为中药的配伍。

(2) 配伍的种类　前人把单味药的应用同药与药之间的配伍关系总结为七个方面，称为药物的“七情”。

单行——即用单味药治病。病情比较单纯，选用一味针对性较强的药物即能获得疗效，如清金散，单用一味黄芩治轻度肺热咳血。

相需——即性能功效相类似的药物配合应用，可以增强原有疗效。例如，石膏与知母配合，能明显增强清热泻火的治疗效果；大黄与芒硝配合，能明显增强攻下泻热的治疗效果。

相使——即在性能功效方面有某些共性的药物配合使用，而以一种药为主药，另一种药为辅药来提高主药的疗效。例如，脾虚水肿，用补气利水的黄芪与利水健脾的茯苓配合时，辅药茯苓能提高主药黄芪补气利水的治疗效果。

相畏——即一种药物的毒性反应或副作用，能被另一种药物减轻或消除。例如，生半夏的毒性能被生姜减轻或消除，所以说生半夏畏生姜。

相杀——即一种药物能减轻或消除另一种药物的毒性或副作用。例如，生姜能减轻或消除生半夏的毒性或副作用，所以说生姜杀生半夏的毒。由此可知，相畏、相杀实际是同一配伍关系的两种不同提法，都是指药物间相互拮抗。

相恶——即两药合用，一种药物能使另一种药物原有功效降低，甚至丧失药效。例如，人参恶莱菔子，即莱菔子能削弱人参的补气作用。

相反——即两种药物合用，能产生或增强毒性反应或副作用。例如，甘草与甘遂配伍即可产生毒性反应。

2. 用药禁忌

用药禁忌是指使用药物时应注意和禁忌的问题，主要包括配伍禁忌、病证用药禁忌、妊娠用药禁忌、饮食禁忌四个方面。

(1) 配伍禁忌　配伍禁忌是指某些药物配伍应用后会产生毒副作用或降低和破坏药效，故当避免配合应用。即药物“七情”中提到的“相恶”和“相反”。

(2) 病证用药禁忌　病证用药禁忌，也称证候禁忌。由于药物的药性不同，其作用各有专长和一定的适应范围。一般来说，热性病证忌用温热性药；寒性病证，忌用寒凉性药；虚弱病证不宜用攻伐药；邪实病证不宜用补虚药等。

(3) 妊娠用药禁忌　凡能影响胎儿生长发育，有致畸作用，甚至造成堕胎的中药均为妊娠禁忌药。根据药物对胎儿损害的程度不同，将妊娠禁忌药分为禁用与慎用两大类。禁用的多为剧毒药或药性作用峻猛之品，如水银、砒霜、雄黄、轻粉、斑蝥、马钱子、蟾酥、川乌、草乌、藜芦、巴豆、甘遂、大戟、芫花、牵牛子、商陆、麝香、水蛭、虻虫、三棱、莪术等。慎用药则主要是活血祛淤药、行气导滞药及辛热滑利之品，如牛膝、川芎、红花、桃仁、姜黄、牡丹皮、枳实等。

（4）服药时的饮食禁忌　服药饮食禁忌是指服药期间对某些食物的禁忌，也称食忌，即通常所说的忌口。一般来说，服药期间应忌食生冷、辛热、油腻、腥膻、有刺激性的食物。

此外，根据病情的不同饮食禁忌也有区别。如热性病应忌食辛辣、油腻食物；寒性病应忌食生冷；肝阳上亢、头晕目眩、烦躁易怒等应忌食辣椒、大蒜、白酒等辛热助阳之品；脾胃虚弱者应忌食油炸黏腻、寒冷坚硬、不易消化的食物；疮疡、皮肤病患者，应忌食鱼、虾、蟹等腥膻发物及辛辣刺激性食品。

（三）中药调剂操作技能

中药调剂按工作内容分为审方、计价、调配、复核与发药五部分，但在实际工作中，审方虽是调剂的关键环节，一般却不专门设岗位，由计价、调配和复核三个岗位共同完成。实习生主要从事中药配方的操作过程。中药配方操作，习称"抓药"，是把格斗内中药饮片按处方要求和《中药炮制规范》的规定调配齐全并集于一处的操作过程。中药配方是药物用于临床的重要环节，配方的准确和质量直接关系到患者的用药安全。

1. 中药配方操作的主要程序

（1）审方　调配人员接到已计价收费的处方后，应再次进行审方，审查有无配伍禁忌和孕妇禁忌的药物，毒性中药的用量用法等，确认无误后方可进行调配操作。

（2）对戥　每次操作前先检查定盘星的平衡度是否准确。

（3）称取饮片　先将调剂台面打扫干净，然后将处方置调剂台上，其左侧压一重物，以免移动。称药前，看准要称取的克数，左手持戥杆，用左手拇指将砣弦固定于要称取克数的戥星上，右手取药放入戥盘后，用右手拇指和食指提起戥纽，举至眉齐，左手放开，以检视戥星克数与所称饮片是否平衡。如有差异，增减饮片至平衡为准（注：称取克数 = 单味药物剂量 × 剂数）。

（4）分剂量　对一方多剂的处方应按"等量递减""逐剂复戥"的原则将称取的饮片倒在包装纸上，不能主观估量分剂或随意抓配。

（5）为了便于核对，要按处方药味所列顺序称取后，间隔平放，不可混放一堆。遇有体积松泡饮片应先称，如茵陈、淫羊藿等，以免覆盖前药；遇有黏度大或带色的饮片应后称，如熟地、黄精、青黛等，放在其他饮片之上，以免污染药盘或包装纸。

（6）需要捣碎的饮片，称取后放入专用铜缸内捣碎后分剂量。注意放入铜缸前，检查铜缸是否是洁净、有无残留物；捣碎有特殊气味或毒性饮片后，应及时将铜缸洗刷干净，以免影响其他处方的调配。

（7）遇有需临时炮制加工的饮片，应在称取生品后交专人依法炮制，如酒当归、炒党参等。

（8）遇有需特殊处理的饮片，如先煎、后下、包煎、另煎、冲服和烊化等，应分剂量后单包并注明用法再放入群药包内。有鲜药时，分剂量后单包，并注明用法后另包，不与群药同包，以便于低温保存。

2. 中药发药注意事项

（1）坚持三对，即对取药凭证、对患者姓名、对汤药剂数；查外用药专用包装。

（2）向患者交代用法用量、煎煮方法及饮食禁忌，特别要注意需要特殊处理的中药的用法，是否有自备药引、鲜药的保存等。

（3）回答患者提出的有关用药问题。

六、实训内容

（一）对戥

戥称是调剂工作中常用的称量工具。一般中药饮片称量常用的戥称规格有1～125g、1～250g、1～500g；贵重和毒麻中药饮片常用戥秤的规格有0.1～50g。每次使用前要对戥，正确的对戥方法是把秤杆放在左手中指和虎口上，砣绳挂小指端，空盘、用右手提起秤弦置于秤标的零的位置上进行校正，检查无误后方可开始调配。

（二）一方单剂量调配

任选10张处方进行单剂量调配，严格按照正确的调剂规程进行正确的调配。

七、评分标准

（一）评分办法

对戥：速度40分，质量60分。

（二）速度评分

10张单剂量处方在20min内完成调配全过程得50分，提前不加分，超过1分钟扣5分，超过5min停止操作。

（三）质量评分

急症中药处方先配，按中药处方先后顺序调配取药；取药操作规范，计数准确，脚注领会正确，戥秤使用符合要求；包装纸包装牢固，整齐美观；不调配发霉变质中药；包装上病人姓名、用法用量及用药注意事项填写正确了。完全符合得50分，不符合药品每项扣3分。

实训十八　指导家庭保管药品

一、实训目的

1. 能正确指导家庭保管药品。
2. 指导合理贮存常用药品。

二、实训范围

家庭药品保管。

三、实训职责

家庭成员。

四、实训准备

准备每种剂型的 OTC 药品数种。

散剂、颗粒剂、干糖浆剂、片剂、丸剂、胶囊剂、水剂、糖浆剂、含醇制剂、油剂、搽剂、软膏剂、栓剂、气雾剂、膜剂等。

要求每种药品有完整的说明书。

既可在模拟药店也可在教室完成本实训。

五、实训指导

家庭个人保管药品注意事项如下：

1. 药品放在适宜的地方，应避免日光直射、高温，潮湿。注意有无发霉变质现象，遇有变质，不得应用。防备小儿误食误用。含剧毒的药品尤应妥善保存。

2. 瓶装成药应注意按瓶签说明使用与保管。如糖浆剂、口服液、合剂等易发霉、发酵变质的瓶装中成药，用多少取多少，只能倒出，不宜再往回倒入，更不宜将瓶口直接往嘴里倒药，以免污染，开瓶后要及时用完；未用完的最好放在冰箱内，并尽快用完。遇有变质，及时扔掉。

3. 注意检查批号、有效期和失效期。不能用超过有效期或已到失效期的药品。当然，若药品保管不善，也可能提前变质，保管得好，也可能延长使用期限。但原则上超过有效期或已到失效期的药，一般不能再用；若经药检部门检查合格，可酌情延长使用期限。

4. 贮放时要贴好标签，写清药名、规格，切勿凭记忆无标签存放。对名称、规格有疑问的药，切勿贸然使用，以免发生意外。

六、实训内容

1. 学生两人一组，抽取一种药品。
2. 一人宣讲该药品家庭保管注意事项，一人听讲，然后交换。
3. 其余同学补充，老师评论。
4. 每一组在两分钟内完成。

七、评分标准

1. 能正确解释说明书中关于贮藏方面的术语，10 分。
2. 指导正确，30 分。
3. 指导全面，30 分。
4. 语言流利，无方言、不好理解的句子，10 分。
5. 在规定时间内完成，20 分。

参考文献

1. 徐文强．药品生产过程验证．北京：中国医药科技出版社，2008.
2. 王行刚．药物制剂设备与操作．北京：化学工业出版社，2010.
3. 崔福德．药剂学实验指导．北京：人民卫生出版社，2004.
4. 曹春林．中药制剂注解．上海：上海科学技术出版社，1995.
5. 关力．药事法规管理．北京：中国轻工业出版社，2014.
6. 吴英．药品质量检测技术．北京：中国农业大学出版社，2009.
7. 庄越．实用药物制剂技术．北京：人民卫生出版社，1999.
8. 张星海．天然产物生产与实训技术．北京：化学工业出版社，2011.
9. 郑俊民．片剂包衣的工艺和原理．北京：中国医药科技出版社，2001.
10. 王军．天然药物化学实验教程．广州：中山大学出版社，2007.
11. 庄义修．中药前处理技能综合训练．北京：人民卫生出版社，2009.
12. 梁治齐．微胶囊技术及其应用．北京：中国轻工业出版社，1999.
13. 张健泓．药物制剂技术实训教程．北京：化学工业出版社，2007.
14. 周小雅．制剂工艺与技术实验手册．北京：中国医药科技出版社，2008.
15. 李洪．中药制剂生产技能综合训练．北京：人民卫生出版社，2009.
16. 任晓文．滴丸剂的开发和生产．北京：化学工业出版社，2008.
17. 劳动和社会保障部．医药商品购销员．北京：中国劳动和社会保障出版社，2014.
18. 王金香．药品质量检测实训教程．北京：化学工业出版社，2007.
19. 屠锡德．药剂学．北京：人民卫生出版社，2002.
20. 熊野娟．固体制剂技术．北京：化学工业出版社，2009.
21. 刘春华．药品法规知识问答．北京：金盾出版社，2008.
22. 张兆旺．中药药剂学实验．北京：中国中医药出版社，2007.
23. 温博栋．半固体及其他制剂技术．北京：化学工业出版社，2009.
24. 孙智慧．药品包装学．北京：中国轻工业出版社，2010.
25. 唐献猷．现代中药炮制技术．北京：化学工业出版社，2011.
26. 黄儒强．生物发酵技术与设备操作．北京：化学工业出版社，2006.
27. 王建明．分散体系理论在制剂学中的应用．北京：北京医科大学出版社，1995.
28. 邱玉华．生物分离与纯化技术．北京：化学工业出版社，2007.
29. 钱清华．药物合成技术．北京：化学工业出版社，2008.
30. 秦枫．中药制药技术技能实训教程．北京：中国轻工业出版社，2010.
31. 张雪荣．药物分离与纯化技术．北京：化学工业出版社，2008.
32. 孙怀远．药品包装技术与设备．北京：印刷工业出版社，2012.
33. 郑俊民．经皮给药新剂型．北京：人民卫生出版社，2006.
34. 李卫民．中药现代化与超临界流体萃取技术．北京：中国医药科技出版社，2002.
35. 朱玉玲．实用药品 GMP 基础．北京：化学工业出版社，2009.
36. 李锡霞．分析化学学习指导与实训．北京：人民卫生出版社，2004.
37. 杨剑．检测实验室管理．北京：中国轻工业出版社，2012.

38. 杨茂春．制剂质量标准与配制检验规程．北京：中国医药科技出版社，2005.
39. 李玉华．使用药品 GSP 基础．北京：化学工业出版社，2012.
40. 闫丽霞．药物制剂技术．武汉：华中科技大学出版社，2012.
41. 邓冬梅．连锁药店运营管理．北京：化学工业出版社，2011.
42. 杨茂春．制剂岗位标准操作规程．北京：中国医药科技出版社，2005.
43. 刘冬．发酵工程．北京：高等教育出版社，2007.
44. 上官万平．医药营销代表实务．上海：上海交通大学出版社，2010.
45. 孙师家．药品购销员实训教程．北京：化学工业出版社，2007.
46. 罗合春．生物制药设备．北京：人民卫生出版社，2013.
47. 林强．制药工程专业综合实验实训．北京：化学工业出版社，2011.
48. 沈颜红．药品经营企业从业人员培训教程．北京：中国医药科技出版社，2013.
49. 乔德阳．实用医药市场营销．北京：化学工业出版社，2009.
50. 龚荒．商务谈判与推销技巧．北京：清华大学出版社，2013.
51. 许继英．仓储与配送实务．北京：化学工业出版社，2012.
52. 国家中医药管理局．中药固体制剂工．北京：中国中医药出版社，2009.
53. 刘岩．药品储存与养护技术．北京：中国医药科技出版社，2013.
54. 王喜艳．药物质量检测技术．北京，中国轻工业出版社，2012.
55. 吴英．药品质量检测技术．北京：中国农业大学出版社，2009.
56. 孙丽冰．医药商品经营与管理．北京：化学工业出版社，2010.
57. 劳动和社会保障部．安全生产基础知识．北京：中国劳动和社会保障出版社，2004.
58. 郑艳群．商务谈判．武汉，华中科技大学出版社，2013.